应用型本科经济管理类专业基础课精品教材
高等教育"十三五"应用型人才培养规划教材

# 管 理 学

## ——原理与实务

主  编　文大强

副主编　曾方俊　赵　翔　蒙　慧

　　　　李　莉　张　盛

参  编　何　玲　马玉杰　程　琳

北京理工大学出版社
BEIJING INSTITUTE OF TECHNOLOGY PRESS

## 内 容 简 介

管理学是人类近代史上发展最迅猛，对经济社会发展影响最为重大的一门学科。管理学是一门理论性和实践性都很强的课程。本书包括企业管理概论、管理理论的演进、决策、计划、组织、领导、激励方法、有效沟通、控制、管理创新十章。全书既论述了管理学相关理论的历史演变，又展示了进入 21 世纪管理学的最新发展及未来趋势；既充分吸收和借鉴了国内外学术界的最新成果，又明确澄清了现有文献的缺陷与不足；既从中国国情出发引入现代管理理论的精髓，又使中国的管理案例及中国对管理理论的贡献得到了充分体现；既注重基础理论掌握，又突出了实务应用。

本书可作为应用型高等本科教育经济管理类专业相关课程的教材，也可作为高职高专、成人高校经济管理类专业的教学用书，还可以供各种工商企业中从事管理工作的人员或其他有志于学习和掌握管理学基础知识的人员参考。

**图书在版编目（CIP）数据**

管理学：原理与实务/文大强主编 . —北京：北京理工大学出版社，2018.8（2018.9 重印）

ISBN 978 - 7 -5682 -6076 -3

Ⅰ. ①管…　Ⅱ. ①文…　Ⅲ. ①管理学 - 高等学校 - 教材　Ⅳ. ①C93

中国版本图书馆 CIP 数据核字（2018）第 184897 号

出版发行 / 北京理工大学出版社有限责任公司

社　　　址 / 北京市海淀区中关村南大街 5 号

邮　　　编 / 100081

电　　　话 / （010）68914775（总编室）

　　　　　　（010）82562903（教材售后服务热线）

　　　　　　（010）68948351（其他图书服务热线）

网　　　址 / http：//www. bitpress. com. cn

经　　　销 / 全国各地新华书店

印　　　刷 / 北京紫瑞利印刷有限公司

开　　　本 / 787 毫米 × 1092 毫米　1/16

印　　　张 / 17

字　　　数 / 410 千字

版　　　次 / 2018 年 8 月第 1 版　2018 年 9 月第 2 次印刷

定　　　价 / 45.00 元

责任编辑 / 王晓莉

文案编辑 / 赵　轩

责任校对 / 周瑞红

责任印制 / 李志强

图书出现印装质量问题，请拨打售后服务热线，本社负责调换

# 前 言

　　管理是人类最基本的社会实践活动之一，其形式多种多样，任何一个组织都离不开管理。人类社会活动遇到的基本矛盾就是人们所追求的目标与资源有限的矛盾，这也是管理的基本矛盾。由此而引出管理的基本问题：稀缺的资源如何在相互竞争的多目标之间合理分配？分配后的有限资源如何提高其利用效率？如何使一定的资源获得更大的产出？如何使单个组织的行为目标与社会整体目标相一致？如何通过创新使组织实现可持续发展？等等。概括地说，管理就是管理者运用计划、组织、领导、控制等管理职能来配置和使用资源，以实现组织目标并协调组织行为与外部环境关系的活动。学习和掌握管理学的基本原理与方法，对于个人管理好自己的生活、事业和家庭，对于职业的管理人员管理好所辖范围的工作，对于政府官员提高工作效率等，都具有重要的现实指导意义。

　　管理学作为管理学科体系中的基础学科，其主要任务就是要揭示各种管理活动的共性及其所要遵循的共同规律，是一门致用之学，具有很强的实践性。本书立足于现代企业组织的管理活动过程实践，在比较系统地介绍企业、企业管理的产生、发展及其本质特征的基础上，介绍了管理思想的发展历程、企业管理的一般原理和企业管理的基础工作，而后重点论述了管理职能（决策、计划、组织、领导、控制和管理创新）的原理与应用。

　　本书在突出基本理论、基本原理和基本方法的同时，注意知识更新，力求尽可能将国际上最新管理成果和我国改革开放的有益经验引入教材；在编写方式上，每章均穿插了多种体现以学生为中心的教学方法设计，在明确"重点难点"的基础上，开篇以最贴切的案例进行导入，正文叙述中辅以小案例、小思考、小知识等，结尾以"知识结构图"和"学习指导"厘清知识脉络，最后以"拓展阅读"进行思维和眼界的拓展。本书力求内容系统、全面、丰富，可读性强，实用性好，力求探索一种应用型本科"讲、读、研、练"一体化的教材模式，致力于培养理论基础扎实、知识口径宽厚，兼具良好人文素质及创造、创新、创业精神与实践能力的应用型人才。其基本特色是：注重系统性和适用性，突出通俗性和趣味性，强调权威性和实践性。本书受到了贵州省教育厅"工商管理省级重点支持学科"项目资助（项目编号：黔学位合字 ZDXK〔2016〕18 号）。

　　本书由文大强教授任主编，负责全书体系构思、大纲编写和统稿定稿工作，曾方俊副教授、赵翔副教授、蒙慧教授、李莉副教授、张盛副教授任副主编，何玲、马玉杰、程琳参与了本书的编写工作。具体分工为：文大强编写第一章，赵翔编写第二章，张盛编写第三章，曾方俊编写第四章和第八章，李莉编写第五章，马玉杰编写第六章，程琳编写第七章，何玲编写第九章，蒙慧编写第十章。

本书在编写过程中，参阅了国内外大量的著作和文献，引用了一些经典之论，由于篇幅有限，未能在参考文献中一一列出，在此一并表示衷心感谢！

由于本书编写时间仓促，编写水平有限，书中难免存在错误和疏漏之处，敬请同行和读者批评指正，以便修订再版时加以更正。

编　者

2018 年 6 月

# 目 录

# 第一章

# 企业管理概论

## ★ 本章提要

　　随着社会的形成和发展，人类的生产活动、工程技术活动、科学研究活动、军事活动、商务活动、金融活动、政治活动和教育活动等，都需要很好地进行计划、组织、领导和控制，才能有序地开展并取得预期的结果。在经济全球化、一体化进程加速的今天，各种组织特别是经济组织间的竞争日益激烈，管理作为人类活动中极为重要的活动，受到人们前所未有的关注与重视。

　　本章在阐述管理的概念、性质和职能等一般管理理论的基础上，重点介绍企业管理的基本理论，包括企业及企业管理的概念、企业的目标与责任、现代企业组织类型、现代企业制度、管理者的角色与技能、企业管理基本原理与基础工作等。本章的学习，旨在让学生对现代企业及其管理有一个概括的了解，为以后各章的学习奠定理论基础。

## ★ 重点难点

　　重点：1. 把握企业、管理的概念和特征。

　　　　　2. 熟悉企业组织类型、企业的功能。

　　　　　3. 理解企业的目标和社会责任、企业管理现代化。

　　　　　4. 掌握企业管理的基本原理与基础工作的内容。

　　难点：1. 管理者的角色与技能。

　　　　　2. 现代企业制度的特征和内容。

## ★ 引导案例

### 管理真就这么重要吗？

　　（1）生活故事：有一个男孩在临近上学的前一天得到爸爸送的一条崭新长裤，穿上一试，裤子长了一些，他请奶奶帮忙把裤子剪短一点，可奶奶说，眼下家务太多，让他去找妈妈。而妈妈回答他，今天她已经与别人约好去逛街。男孩又去找姐姐，但是姐姐有约会。于是，这个男孩非常失望，担心明天穿不上这条裤子，他带着这种心情入睡了。

奶奶忙完家务事，想起孙子的裤子，就去把裤子剪短了一点；姐姐回来后心疼弟弟，又把裤子剪短了一点；妈妈回来后，同样也把裤子剪短了一点。可以想象，第二天早上大家会发现这种没有管理的活动所造成的恶果。

（2）阿波罗登月计划：这是美国在大型项目研制上运用系统工程的管理方法而取得成功的一个实例。阿波罗计划始于 1961 年 5 月，至 1972 年 12 月第 6 次登月成功结束，历时约 11 年，耗资 255 亿美元。阿波罗登月计划指的是美国组织实施的一系列载人登月飞行任务，其目的是实现载人登月飞行和人对月球的实地考察，为载人登陆行星飞行和探测进行技术准备，它是世界航天史上具有划时代意义的一项成就。在工程高峰时期，参加工程的有 2 万家企业、200 多所大学和 80 多个科研机构，总人数超过 30 万人。阿波罗登月计划的全部任务由地面、空间和登月三部分组成，是一项庞大而复杂的工程。阿波罗登月计划的成功主要在于整个项目在计划进度、质量检验、可靠性评价和管理过程等方面都采用了系统管理方法，并创造了"计划评审技术"和"图解评审技术"，实现了时间、质量技术与经费管理三者的统一。在实施工程的过程中，信息和方案被及时地提供给各层决策机构，供各层决策者使用，保证了各个领域的相互平衡，从而使阿波罗登月计划如期完成了总体目标。如果没有系统管理的方法，如此大型而复杂的项目是难以想象的。

**问题引出：**

（1）从人们生活中的小事到大型的阿波罗登月计划，都离不开管理，管理真就这么重要吗？那什么是管理呢？

（2）由谁来进行管理呢？管理者需要扮演什么角色，需要具备怎样的理念、素质和技能呢？

# 第一节　现代企业概述

## 一、企业概念与特征

### （一）企业概念

企业（Enterprise）是指集合土地、资本、劳动力、技术、信息等生产要素，在创造利润的动机和承担风险的环境中，有计划、有组织、有效率地进行某种事业的经济组织。为生存它必须创造利润；为创造利润它必须承受环境的考验，必须承担风险；为降低风险，增加利润，它必须讲求效率；为提高效率，它必须注意经营方法，要有计划、有组织地进行有效的控制。构成企业的要素如图 1-1 所示。

企业是为了满足社会需要并获取盈利，依照法定程序成立的具有法人资格，从事生产、流通、服务等经济活动，实行自主经营，享受权利和承担义务的经济组织。企业是一个与商品生产相联系的历史概念，它经历了家庭生产时期、手工业生产时期、工厂生产时期和现代企业时期等发展阶段，世界上第一个工厂企业是 1771 年在英国建立的。

企业包括工业（Industry）、商业（Business）等行业。工业就是将原料进行加工，使其改变形状或性质，进而以科学方法生产产品，扩展市场达到销售目的的过程。商业是以营利

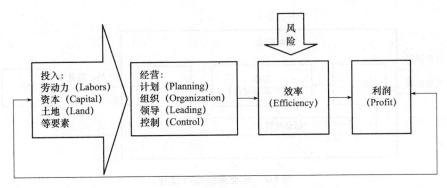

图 1-1 构成企业的要素

为目的，直接或间接供应货物或劳务，以满足购买者的需要的活动。货物包括原料、半成品、制成品，劳务则指为满足他人的需要所提供的一种服务。

综上所述，企业的含义可归纳成如下几个要点：

（1）企业是个别经济单位，或为工业，或为商业，在一定时期内，自负盈亏。

（2）企业从事经济活动，集合土地、资本、劳动力、信息等生产要素，创造货物及劳务，以满足顾客需要。

（3）企业是一种营利组织，其生存的前提在于"利润的创造"。

**（二）企业系统**

现代企业具有明显的系统特征，即具有整体性、相关性、目的性和动态环境适应性等。因此，企业也可以被看成一个"输入—转换—输出"的开放式循环体，其中，企业的输入就是企业从事生产经营活动所必需的一切要素资源，转换和输出就是企业合理地配置这些资源要素，运用物理的、化学的或生物的方法，按照预定的目标向消费者生产或提供新的产品或服务，实现物质变换和增值，满足社会需要，获得经济效益。

企业系统的基本资源要素主要包括人力资源、物力资源、财力和信息等。

（1）人力资源，包括机器操作人员、技术人员、管理人员和服务人员。人力资源是企业的主体和灵魂，人的素质的高低决定企业经营的成败。

（2）物力资源，包括土地资源、建筑物和各种物质要素，也就是企业生存的物质环境，主要有机器设备、仪表、工具等劳动手段；天然资源或外购原材料、半成品或成品，属于劳动对象。企业的生产效率和质量在很大程度上取决于这些物质要素。

（3）财力，即资金，这是物的价值转化形态。资金周转状况，是反映企业经营好坏的晴雨表。

（4）信息，包括各种情报、数据、资料、图纸、指令、规章制度等，它是维持企业正常运营的神经细胞。企业信息吞吐量是企业对外适应能力的综合反映，信息的时效性可以使企业获得利润或产生损失。

企业系统是由人设计和控制的系统，它是由许多子系统构成的多层、多元的大系统。企业系统运行过程如图 1-2 所示。

**（三）企业家与资本家**

企业家是指集合土地、资本和劳动力等生产要素，从事生产或分配的人，企业管理也就是

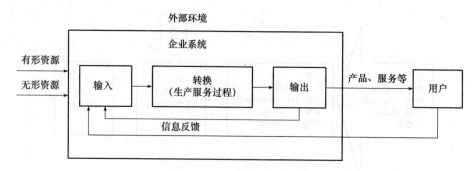

**图1-2 企业系统运行过程**

实际从事企业经营的人，利用其管理功能（计划、组织、领导及控制等）以提高效率，增加利润。资本家是指提供生产要素"资本"的人。资本也就是增加收入，帮助生产的蓄积之财。

资本家与企业家不能混为一谈。在近代，管理权与所有权逐渐分离，经营企业者，不一定是出资的人，而出资的资本家，不一定实际经营企业。

**（四）企业应具备的条件**

企业应具备如下条件：

（1）企业要有一定的组织机构，有自己的名称、办公和经营场所、组织章程等要素。

（2）企业应自主经营、独立核算、自负盈亏、具有法人资格，必须依据国家的相关法律、法规设立，取得社会的认可，履行义务，拥有相应的权利，并依法开展经营活动，受到法律的保护。

（3）企业是一个经济组织，包括物质资料的生产、流通、交换和分配等领域。铁路、民航、银行、矿山、农场、电站、轮船制造等都是企业，它区别于学校、医院、政府机构、慈善机构、教会等非经济组织。

**（五）现代企业的特征**

现代工业又称为"大机器工业"，是在自然经济条件下的"个体手工业"和资本主义"工场手工业"的基础上发展起来的，表现出鲜明的特征，具体表现为以下几点：

1. 比较普遍地运用现代科学技术手段开展生产经营活动

现代企业采用现代机器体系和高技术含量的劳动手段开展生产经营活动，生产社会化、机械化、自动化、计算机化程度较高，并比较系统地将科学知识应用于生产经营过程。

2. 生产组织日趋严密

现代企业内部分工协作的规模和细密程度极大提高，劳动效率呈现逐步提高的态势。

3. 经营活动的经济性和营利性

现代企业必须通过为消费者提供商品或服务，借以实现企业价值增值的目标。经济性是现代企业的显著特征。企业的基本功能就是从事商品生产、交换或提供服务，通过商品生产和交换将有限的资源转换为有用的商品和服务，以满足社会和顾客的需要。一切不具备经济性的组织不能称为现代企业。营利性是现代企业的根本标志，现代企业作为一个独立的追求利润的经济组织，它是为营利而开展商品生产、交换或从事服务活动的，营利是企业生存和发展的基础条件，也是企业区别于其他组织的主要依据。

**4. 环境适应性**

现代企业与外部环境之间的关系日益密切，任何企业都不能孤立存在，企业的生存和发展离不开一定的环境条件。所以，企业是一个开放系统，它和外部环境存在着相互交换、相互渗透、相互影响的关系。企业必须从外部环境接受人力、资金、材料、技术、信息等因素的投入，然后通过企业内部的转换系统，把这些投入物转换成产品、劳务以及企业成员所需的各种形式的报酬，作为产出离开企业系统，从而完成企业与外部环境之间的交换过程。

美国管理学家卡斯特是现代管理系统理论的主要代表者，他将企业外部环境划分为一般外部环境和特殊外部环境两个层次。

生存环境对企业成长会产生重大的影响。企业管理者对外部环境的变化能否及时地做出反应和做出何种反应，取决于他对外部环境的察觉和认知。这个过程实际就是对外部环境的调查、预测和决策。另外，企业的生存环境还包括企业的社会责任，如开发新产品，提供新服务等；以及企业的公共关系，也就是与社会利益集团即社会公众（即股东、工会、债权人、消费者、政府和社区等）建立起一种互相了解、互相信赖的关系。

**5. 对员工福利和社会责任的重视，形成特有的企业精神**

现代企业具有公共性和社会性，其要想谋求长远发展，必须得到股东、员工、顾客及社会公众的支持，因此利润、员工福利和社会责任构成企业存续的三个基本因素。企业的一切经营活动，尤其是扩展，无不借资金以成之，而资金最可靠的来源，则是企业的盈余，企业的利润是企业存续的第一要素。企业是生产设备和由员工组成的一种经济组织，而人是机器设备的主宰者。生产效率的高低，受人为因素的影响最大，因此现代企业为求生存，必须尊重员工的人性，重视员工的福利，以提高士气，建立互信。企业是整个社会的一部分，若不重视社会大众的利益，甚至剥夺其利益，妨害社会安宁，污染环境，则必然遭到谴责和抵制，以致不能生存，因此现代企业的管理者，无不重视社会责任。

现代企业是现代市场经济和社会生产力发展的必然产物，它较好地适应了现代市场经济和社会发展的客观要求，具有自己独有的特征。现代企业与传统企业的比较如表1-1所示。

**表1-1 现代企业与传统企业的比较**

| 项目 | 现代企业 | 传统企业 |
|---|---|---|
| 出资人数 | 较多且分散 | 较少且集中 |
| 出资情况 | 以股东出资为基础，数额较大 | 以个人出资为主，数额较少 |
| 企业规模 | 较大 | 较少 |
| 法律形式 | 企业法人 | 自然人 |
| 承担责任 | 有限责任 | 无限责任 |
| 产权结构 | 所有权与经营权分离 | 所有权与经营权合一 |
| 管理方式 | 较先进，以现代化管理为主 | 较落后，以家族式管理为主 |
| 企业形式 | 以公司制企业为主 | 以个体、独资和合伙企业为主 |
| 技术条件 | 设备先进，应用现代科技 | 设备落后，手工操作占较大比重 |
| 稳定情况 | 企业经营较稳定 | 企业经营不稳定 |

**（六）企业的功能及强化企业管理的意义**

**1. 企业的功能**

（1）对社会慈善机构及服务机构而言，企业可以提供救济金、奖学金和各种服务基金。

（2）对政府而言，企业应按期纳税，执行政府的相关政策，与政府共谋经济发展。

（3）对股东而言，企业应报告其财务状况及经营情况，分配优厚而平稳的股息，保障股东投资安全。

（4）对职工而言，企业需提供良好的工作环境和合理的工作报酬，提供适当的工作保障，重视工作的安全性，给予员工发表意见的机会。

（5）对顾客而言，企业需提供价格合理的产品或服务，源源不断地供应充足而品质良好的商品。

（6）对供应商而言，企业需创造合理的采购条件，准时支付账款。

**2. 强化企业管理的意义**

在宏观经济体制转变、微观管理转型的形势下，企业管理仍然处于重要的地位。

（1）企业管理是企业长寿的根基，是培育企业核心竞争力的重要途径。生产经营活动是企业的基本活动，企业的主要特征是进行商品生产或提供服务。因此，生产怎样的产品、生产多少、何时生产满足用户和市场的需求，就成为企业经营的重要指标。企业管理就是要把这种处于理想状态的经营目标，通过组织产品制造过程转化为现实。

（2）市场力量对比的变化对企业管理提出更高的要求。在卖方市场条件下，企业是生产型管理。因为产品在市场上处于供不应求的状态，所以只要产品生产出来，就能够卖出去。企业管理关心的是如何提高生产效率，增加产量。但是，在市场经济条件下，市场变成了买方市场，竞争加剧，市场对商品的要求出现多元化趋势，不但要求品种多、质量高，而且要求价格便宜、服务周到、交货准时，这种对产品需求的变化无疑对企业管理提出新的挑战。

（3）企业领导角色的转化要求强化企业管理。在现代市场经济条件下，企业的高层经理人员要集中精力，做好与企业的长期发展密切相关的经营决策，这需要有一套健全有力的企业管理系统作为保证。否则，如果企业的高层经理人员纠缠于日常管理活动，便难以做好企业的宏观决策。从这个意义上讲，企业管理属于企业发展基础性的工作。

## 二、企业的目标与责任

### （一）企业的目标

所谓企业的目标，是企业在一定时期内要达到的目的和要求。其一般用概括的语言或数量指标加以表示。如发展生产、扩大市场、革新技术、增加利润、提高职工收入和培训职工等方面的要求，都要用目标表示出来。一个企业，要实现一定的目的和追求，通常是将这些目的和追求转化为在一定时期内要达到的规定性成果——目标，并通过达到这些成果来实现企业的目的。

目标对于人们开展活动具有引导和激励作用。它可以统一和协调人们的行为，使人们的活动有明确的方向，可以激发人们的努力，可以衡量人们的工作成绩。对于一个企业来说，如果没有明确的目标，企业的生产经营活动就会没有方向，管理就会杂乱无章，企业就不能获得良好的成效。

企业目标一般通过一定的规定性项目和标准来表达，它可以定性描述，也可以定量描述。任何目标都是质和量的统一体。对目标进行定性描述，可以阐明目标的性质与范围，对目标进行定量描述，可以阐明目标的数量标准。企业的目标往往是一个目标体系，其目标内容是多元的，是以一定的结构形式存在的。从目标的结构看，企业目标可分为主要目标和次要目标、长期目标和短期目标、定性目标和定量目标。企业在一定时间内所要达到的目标习惯上划分为企业对社会贡献目标、市场目标、利益与发展目标、成本目标和人员培训目标等方面，具体表现为产品品种、产量、质量、固定资产规模、市场占有率、利润额、上缴税金和福利基金等方面。

利润永远是企业的根本目标，利润是企业生存的根本，没有利润，说什么大道理都是伪命题。但是创造利润并不是企业的唯一目的，在企业获得利润后，就会体现出其他的目的。企业制定目标需要遵循 SMART 法则：Specific（明确的）、Measurable（可测量的）、Attainable（可达到的）、Relevant（相关的）、Time-scoped（有时间限度的）。

### 1. 社会贡献目标

社会贡献目标是现代企业的首要目标。企业能否生存，取决于它能否取得较好的经济效益，是否对社会有所贡献。企业的发展，取决于企业生产的产品满足社会需要的程度。企业对社会的贡献是通过它为社会创造的实物量和价值量来表现的。企业之所以能够存在和发展，是因为它能够为社会做出某种贡献，否则它就失去了存在价值，所以每个企业在制定目标时，必须根据自己在社会经济中的地位，确定其对社会的贡献目标。贡献目标可以表现为产品品种、质量、产量和缴纳税金等。

### 2. 市场目标

市场是企业的生存空间。企业的生产经营活动与市场紧密联系，确定市场目标是企业经营活动的重要方面。广阔的市场和较高的市场占有率，是企业进行生产经营活动和稳定发展的必要条件。因此，企业要千方百计地扩大市场销售领域，提高市场占有率。市场目标可用销售收入总额来表示。为了保证销售总额的实现，企业还可以将某些产品在地区的市场占有率作为辅助目标。企业经营能力的大小，要看其占有市场的广度和深度以及市场范围和市场占有率的大小。市场目标既包括新市场的开发和传统市场的纵向渗透，也包括市场占有份额的增加。而有条件的企业，应把走向国际市场、提高产品在国外市场的竞争力，列为一项重要目标。

### 3. 利益与发展目标

利益目标是企业生产经营活动的内在动力。利益目标直接表现为利润总额、利润率和由此所决定的公益金的多少。利润是销售收入扣除成本和税金后的差额。无论是企业的传统产品还是新产品，其竞争力都受到价格的影响。企业为了自身的发展和提高职工的物质利益，必须预测出未来各个时期的目标利润。企业要实现既定的目标利润，应通过两个基本途径：一是发展新产品，充分采用先进技术，创名牌产品，取得高于社会平均水平的利润；二是改善经营管理，薄利多销，把成本降到社会平均水平之下。对于企业来说，前者需要较高的技术，难度较大，而后者能够保持较高的市场占有率和长期稳定的利润率，并给消费者带来直接利益，所以利益目标是带来利润的综合性指标，它是企业综合效益的表现。

利益目标不仅关系到员工的切身利益，也决定企业的长远发展。企业的发展标志着企业经营的良性循环得到社会广泛承认，使它有更多资金从事技术开发、产品开发，提高生产能力，增加品种、产量和销售额，提高机械化、自动化水平。企业经营管理的内在力，是它的物质利益和发展目标。企业要在一定时期内，根据经营思想和经营方针的要求，制定自己的利益与发展目标。随着企业生产的增长，职工的物质利益应在国家法律、政策许可的范围内有相应的提高，企业的各个环节要与物质利益结合起来，调动职工的积极性。为此，企业必须制定近期和远期的职工物质利益增长目标。

4. 成本目标

成本目标是指在一定时期内，企业为达到目标利润，在产品成本上达到的水平。它是用数字表示的一种产品成本的发展趋势，是根据所生产产品的品种数量、质量、价格的预测和目标利润等资料来确定的，是成本管理的奋斗目标。确定目标成本时，要对市场的需要、产品的销价和原材料、能源、包装物等价格的变动情况以及新材料、新工艺、新设备的发展情况进行分析，结合企业今后一定时期内在品种、产量、利润等方面的目标，以及生产技术、经营管理上的重要技术组织措施，从中找出过去和当前与成本有关的因素，取得必要的数据，根据这些数据和企业本身将要采取的降低成本的措施，制定出近期和远期的目标成本。

5. 人员培训目标

提高企业素质的一个重要方面是提高员工的业务、技术、文化、政治素养。企业贡献大小，企业的兴旺发达都与此有关。要使员工具有专业技术的开发能力，就要在员工培训上下功夫。企业的经营方针和目标明确以后，需要有相应素质的人来实施完成。所以，企业在一定时期内的员工培养目标是保证各项新技术和其他各个经营目标实现的根本条件。

企业目标具体项目和标准的确定，要考虑企业自身的状况和企业的外部环境，处理好企业内外部的各种关系。企业制定目标时，必须让员工知道他们的目标是什么，怎样的活动有助于目标的实现，以及何时完成这些目标，而且目标应该是可考核的。

**（二）企业的责任**

1. 企业责任的概念

企业责任是指企业在争取自身的生存发展的过程中，面对社会的需要和各种社会问题，为维护国家、社会和人类的利益，所应该履行的义务。

企业作为一个商品生产者和经营者，它的义务就是为社会经济的发展提供各种需要的商品和劳务。它的身份和地位，决定了在国民经济体系中它必须对国家、社会各方面承担相应的责任。

2. 企业责任的内容

企业承担的责任范围广，内容复杂，下面仅介绍其主要的社会责任。

（1）企业对员工的责任。企业在生产经营活动中使用员工的同时，要肩负保护员工人身安全，培养和提高员工政治、文化技术等多方面素质，保护员工合法权益等责任。

（2）企业对社区的责任。企业对所处的社区有维护社区正常环境，适当参与社区教育、文化发展、环境卫生、治安事务，支持社区公益事业的责任。

（3）企业对生态环境的责任。在生态环境问题上，企业应当对所在的社区、区域、国家或社会，乃至全人类的长远利益负责，要维护人类的生态环境，适应经济社会的可持续发展。企业作为自然资源（能源、水源、矿产资源）的主要消费者，应当承担起节约自然资源、开发资源、保护资源的责任，企业应当防止环境造成污染和破坏，整治被污染破坏的生态环境。

（4）企业对国家的责任。企业对国家的责任涉及社会生活中政治、法律、经济、文化等各个领域，包括企业对国家大政方针、法律政策的遵守；遵守国家关于财务、劳动工资、物价管理等方面的规定；接受财税、审计部门的监督，自觉照章纳税；管好、用好国有资产，使其保值增值等。

（5）企业对消费者和社会的责任。企业向消费者提供的产品和服务，应能使消费者满意，并重视消费者即社会的长期福利，致力于社会效益的提高，如向消费者提供商品、服务信息，注意消费品安全，强调广告责任，维护社会公德。

## 三、现代企业组织类型

### （一）按照企业组织形式分类

现代企业按其组织形式一般可以分为单一企业、多元企业、经济联合体和企业集团。

1. 单一企业

单一企业是指一厂一店就是一个企业。这类企业的经营领域往往比较单一和专业化，独立核算，自负盈亏。

2. 多元企业

多元企业是指由两个以上不具备法人资格的工厂或商店组成的企业，它是按照专业化、联合化以及经济合理的原则由若干个分散的工厂或商店所组成的法人组织。如由两个以上分公司组建的公司，由一些分店组成的连锁企业等。

3. 经济联合体

经济联合体是指由两个以上的企业在自愿互利的基础上，打破所有制、行业、部门和地区的界限，本着专业化协作和合理分工的原则，进行部分或全部统一经营管理所形成的经济实体。它是一个具有法人资格的经济组织，主要形式有专业公司、联合公司、总公司和各类合资经营企业。

4. 企业集团

企业集团是企业联合组织中最成熟、最紧密和最稳定的企业运行模式，是由两个或两个以上的企业以资产为纽带而形成的有层次的企业联合组织，其中的成员企业都是相对独立的企业法人。其特点是规模大型化、经营多元化、资产纽带化。企业集团一般分为四个层次：第一层为核心层，通常由一个或几个大企业构成，如集团公司、商业银行、综合商社等，它们对集团中其他成员企业有控股或参股行为；第二层为紧密层，一般由核心层的控股子公司构成；第三层为半紧密层，由紧密层的子公司或核心层的参股公司构成；第四层为松散层，主要是由与前三个层次的企业有协作或经营关系的企业构成，彼此之间不是资产纽带关系，但可以有资金融通关系。

### （二）按照企业规模分类

就经济学原理而言，企业规模的大小应取决于"内部经济原理"与"内部不经济原理"两者的权衡。所谓的"内部经济"，是指随着产业的生产规模扩大，在某一限度内，其单位成本降低，效率增加，收益提高。所谓的"内部不经济"，是指生产规模扩大到某一限度之后，若再扩大生产规模，则单位成本提高，效率降低。故企业规模与效率大小的关系可表述为："企业规模的大小在不超过合理限度时，效率随其规模的扩大而增加。"

企业规模的大小，一般是按照企业的年度销售额、投资额的大小、生产能力、资产总额、员工人数等指标来进行分类的，一般可以分为大型企业、中型企业和小型企业三类。我国统计上大中小型企业划分标准如表1-2所示，部分非工业企业大中小型企业划分标准如表1-3所示。

表 1-2　统计上大中小型企业划分标准

| 行业名称 | 指标名称 | 计算单位 | 大型 | 中型 | 小型 |
|---|---|---|---|---|---|
| 工业企业 | 从业人员数<br>销售额<br>资产总额 | 人<br>万元<br>万元 | 2 000 及以上<br>30 000 及以上<br>40 000 及以上 | 300～2 000<br>3 000～30 000<br>4 000～40 000 | 300 以下<br>3 000 以下<br>4 000 以下 |
| 建筑业企业 | 从业人员数<br>销售额<br>资产总额 | 人<br>万元<br>万元 | 3 000 及以上<br>30 000 及以上<br>40 000 及以上 | 600～3 000<br>3 000～30 000<br>4 000～40 000 | 600 以下<br>3 000 以下<br>4 000 以下 |
| 批发业企业 | 从业人员数<br>销售额 | 人<br>万元 | 200 及以上<br>30 000 及以上 | 100～200<br>3 000～30 000 | 100 以下<br>3 000 以下 |
| 零售业企业 | 从业人员数<br>销售额 | 人<br>万元 | 500 及以上<br>15 000 及以上 | 100～500<br>1 000～15 000 | 100 以下<br>1 000 以下 |
| 交通运输业企业 | 从业人员数<br>销售额 | 人<br>万元 | 3 000 及以上<br>30 000 及以上 | 500～3 000<br>3 000～30 000 | 500 以下<br>3 000 以下 |
| 邮政业企业 | 从业人员数<br>销售额 | 人<br>万元 | 1 000 及以上<br>30 000 及以上 | 400～1 000<br>3 000～30 000 | 400 以下<br>3 000 以下 |
| 住宿和餐馆业企业 | 从业人员数<br>销售额 | 人<br>万元 | 800 及以上<br>15 000 及以上 | 400～800<br>3 000～15 000 | 400 以下<br>3 000 以下 |

说明：

①工业企业包括采矿业，制造业，电力、燃气及水的生产和供应业三个行业的企业。

②工业企业的销售额以现行统计制度中的年产品销售收入代替；建筑业企业的销售额以现行统计制度中的年度工程结算收入代替；批发和零售业企业的销售额以现行报表制度中的年销售额代替；交通运输和邮政业企业，住宿和餐饮业企业的销售额以现行统计制度中的年营业收入代替；资产总额以现行统计制度中的资产合计代替。

③大型和中型企业须同时满足所列各项条件的下限指标，否则下划一档。

表 1-3　部分非工业企业大中小型企业划分标准

| 行业名称 | 指标名称 | 计算单位 | 大型 | 中型 | 小型 |
|---|---|---|---|---|---|
| 农林牧渔企业 | 从业人员数<br>销售额 | 人<br>万元 | 3 000 及以上<br>15 000 及以上 | 500～3 000<br>1 000～15 000 | 500 以下<br>1 000 以下 |
| 仓储企业 | 从业人员数<br>销售额 | 人<br>万元 | 500 及以上<br>15 000 及以上 | 100～500<br>1 000～15 000 | 100 以下<br>1 000 以下 |
| 房地产企业 | 从业人员数<br>销售额 | 人<br>万元 | 200 及以上<br>15 000 及以上 | 100～200<br>1 000～15 000 | 100 以下<br>1 000 以下 |
| 金融企业 | 从业人员数<br>销售额 | 人<br>万元 | 500 及以上<br>50 000 及以上 | 100～500<br>5 000～50 000 | 100 以下<br>5 000 以下 |
| 地质勘查和水利环境管理企业 | 从业人员数<br>销售额 | 人<br>万元 | 2 000 及以上<br>20 000 及以上 | 600～2 000<br>2 000～20 000 | 600 以下<br>2 000 以下 |
| 文体、娱乐企业 | 从业人员数<br>销售额 | 人<br>万元 | 600 及以上<br>15 000 及以上 | 200～600<br>3 000～15 000 | 200 以下<br>3 000 以下 |

| 行业名称 | 指标名称 | 计算单位 | 大型 | 中型 | 小型 |
|---|---|---|---|---|---|
| 信息传输企业 | 从业人员数<br>销售额 | 人<br>万元 | 400 及以上<br>30 000 及以上 | 100～400<br>3 000～30 000 | 100 以下<br>3 000 以下 |
| 计算机服务<br>及软件企业 | 从业人员数<br>销售额 | 人<br>万元 | 300 及以上<br>30 000 及以上 | 100～300<br>3 000～30 000 | 100 以下<br>3 000 以下 |
| 租赁企业 | 从业人员数<br>销售额 | 人<br>万元 | 300 及以上<br>15 000 及以上 | 100～300<br>1 000～15 000 | 100 以下<br>1 000 以下 |
| 商务及科技<br>服务企业 | 从业人员数<br>销售额 | 人<br>万元 | 400 及以上<br>15 000 及以上 | 100～400<br>1 000～15 000 | 100 以下<br>1 000 以下 |
| 居民服务企业 | 从业人员数<br>销售额 | 人<br>万元 | 800 及以上<br>15 000 及以上 | 200～800<br>1 000～15 000 | 200 以下<br>1 000 以下 |
| 其他企业 | 从业人员数<br>销售额 | 人<br>万元 | 500 及以上<br>15 000 及以上 | 100～500<br>1 000～15 000 | 100 以下<br>1 000 以下 |

说明：

①销售额按相关行业的"产品销售收入""商品销售收入""主营业务收入""营业收入""经营收入""工程结算收入"等科目发生额计算。

②其他企业是指在《统计上大中小型企业划分办法（暂行）》（国统字〔2003〕17 号）和本表中未列示的行业企业，具体包括从事卫生、社会保障和社会福利业、公共管理和社会组织等行业的企业。

③大型和中型企业须同时满足所列各项条件的下限指标，否则下划一档。

### （三）按照企业的所有制关系分类

**1. 国有企业**

国有企业是生产资料归全民所有，并且以代表全民的国家作为所有者的一种企业形式。其基本特点是：国家作为全体人民的代表拥有企业的财产所有权，企业规模较大，技术设备较先进，技术力量强，是国民经济的主导力量，如邮政、电信、石油等。兴办国有企业的目的表现在国家财政、社会福利、经济以及国防和政治等诸多方面。

**2. 集体所有制企业**

集体所有制企业是生产资料归群众集体所有的一种企业形式，我国集体所有制企业存在着多种具体形式。农村有生产、供销、信用、消费等各种合作经济组织，股份合作经济组织和股份经济组织，从事农、林、牧、副、渔生产和工业、建筑业、运输业以及其他服务性劳动生产经营活动；城镇主要有手工业合作社或股份合作社，合作或股份合作工厂，街道工业生产或生活服务组织以及机关、学校、部队等单位举办的集体经济组织等。乡镇企业是集体所有制企业的典型代表。

集体所有制企业的特点：①生产资料归集体所有；②坚持自愿结合，自筹资金，自负盈亏的原则，具有较大的经营管理自主权；③实行民主管理，企业管理人员由企业全体成员民主选举或罢免。

**3. 个体私营企业**

个体私营企业是指企业的生产资料归私人所有，并主要依靠雇主从事生产经营活动的企业。在我国现阶段，私营企业的产生和存在是由当前生产力发展水平决定的，是国家政策法令所允许的，它是社会主义经济的重要组成部分。我国私营企业一般有三种形式：独资企业、合伙企业、有限责任公司。

4. 中外合资经营企业

中外合资经营企业是把国外资本引入国内，同国内企业合股经营的一种特殊形式的企业。其特点是：共同投资、共同经营、共负盈亏、共担风险。

5. 中外合作经营企业

中外合作经营企业是中外各方根据平等互利的原则建立的契约式经营企业，中外各方的权利、义务、责任，由共同签订的合同、协议加以确定，而不是根据出资额来确定，合作经营一般由中方提供场地、厂房、设施和劳动力等，由外方合作者提供资金、技术、主要设备、材料等。合作双方根据商定的合作条件，进行合作项目或其他经济活动，确定产品分成、收入分成或利润分成比例。

6. 外资企业

外资企业是指除土地外，全部由外方投资经营的企业，其全部资本都是外国资本，企业所有权、经营权及利润全部归外方投资者所有，但这种外资企业，必须遵守我国有关政策和法律，并依法缴纳税金。

**（四）按照企业内部生产力各要素所占比重分类**

1. 劳动密集型企业

劳动密集型企业是指使用劳动力较多，技术装备程度低，产品成本中活劳动消耗所占比重大的企业。如纺织、服装、日用五金、饮食、儿童玩具等企业，多属于劳动密集型企业。

2. 资本密集型企业

资本密集型企业是指原材料成本较高，产品生产技术复杂，所需技术装备水平较商业生产单位产品所需投资较多，使用劳动力较少的企业。它一般具有劳动生产率高、物资消耗省、活劳动消耗少、竞争能力强等优点。如钢铁企业、重型机器企业、汽车制造企业、石油化工企业等，通常划归资本密集型企业。

3. 技术密集型企业

技术密集型企业是指运用现代化、自动化等先进的科学技术装备较多的企业。如计算机企业、计算机软件企业、飞机制造企业、技术咨询管理公司等。有的技术密集型企业需要较多具有高度科学技术知识和能力的科技人员从事科研与生产经营，因此也被称为知识密集型企业。

**（五）按企业财产组织形式分类**

1. 独资企业或个人企业

独资企业或个人企业是企业形式中一种最古老、最基本的企业形式，是指由一人出资兴办的企业，企业财产完全归投资者个人所有，企业由个人经营和控制。投资人以其个人财产对企业债务承担无限责任。这种企业不具有法人资格，在法律上为自然人企业。虽然独资企业有企业的名称、住所、法定的注册资本，但在法律上，这种企业的财产等同于业主个人的财产，流行于小规模生产时期，在这种企业中，企业家往往集资本家、经理甚或工人等职责于一身。

独资企业的优点是规模较小，经营方式比较灵活，决策迅速及时，制约因素较少，业主能够独享利润，企业保密性强，有利于竞争，成本支出较低。其缺点是自然人对企业的影响较大，企业没有独立的生命，如果业主死亡或由于某种原因放弃经营，企业就随之消亡；由于个人资本有限，业主经营才能有限，信用不足，取得贷款的能力较差，企业发展制约因素较多，规模有限；当经营失败、企业的资产不足以清偿企业的债务时，业主对企业承担无限责任。

独资企业至今仍普遍存在，而且在数量上占大多数。在美国，独资企业约占企业总数的75%。独资企业一般只适用于零售商业、服务业、家庭农场、开业律师、个人诊所等。

2. 合伙企业

合伙企业是指由两个或两个以上的出资者共同出资兴办，联合经营和控制的营利性组织。合伙人共同出资，合伙经营，共享收益，共担风险，并对合伙企业债务承担无限连带责任。合伙人的出资可以是金钱或其他财物，也可以是权利、信用与劳务等，每一个合伙人的权利与义务在合同中都需写明。成立合伙企业时需要有书面协议，以合伙合同形式规定该合伙经济组织的合伙人的范围、组织管理、出资数额、盈余分配、债务承担及入伙、退伙、终止等基本事项。企业的财产归合伙人共同所有，由合伙人统一管理和使用，合伙人都有表决权，不以出资额为限；合伙人经营积累的财产，归合伙人共同所有。每个合伙人对企业债务负无限连带清偿责任。

合伙企业有很多优点，主要是成立法定手续简便，花费较低廉。合伙人对企业的债务负全责，因此信用方面较好，容易向外筹措资本，提高了决策能力。但合伙企业同时也存在许多与独资企业相同的缺点，表现在：由于所有的合伙人都有权代表企业从事经济活动，重大决策都需要得到所有合伙人的同意，因而容易造成决策上的延误；合伙人有一人退出或加入都会引起企业的解散和重组，企业存续相对不稳定；此外，企业规模存在局限性。因此，在现代经济生活中，合伙企业所占比重小，不如独资企业普遍，如在美国，合伙企业只占全部企业的7%左右。合伙企业一般适合于资本规模较小，管理不复杂，经营者对经营影响较大，个人信誉因素相当重要的企业，如会计师事务所、律师事务所、广告事务所、经纪行、零售商业、餐饮业等。

3. 公司制企业

公司制是企业发展的高级形式，具有以下特征：一是公司是法人，具有独立的法人主体资格，并具有法人的行为能力和权利。二是公司实现了股东最终财产所有权与法人财产权的分离，即不再是所有者亲自经营自己的财产，而将其委托给专门的经营者即公司法人代为经营，也就是实现了企业财产权与经营权的分离。三是公司法人财产具有整体性、稳定性和连续性。由于股东投入企业的资本不能抽回，公司的财产来源稳定，不被分割而保持了一定的稳定性和整体性，公司的股份可以转让，但公司的财产不因股份的转让而变化，公司的财产可以连续使用，保持了一定的连续性。只要公司存在，公司的法人就不会丧失财产权，公司的信誉大为提高。四是公司实行有限责任制度。对股东而言，他们以其出资额为限对公司承担有限责任。对公司法人而言，公司以其全部自有资本为限对公司的债务承担责任，有限责任一般只有到公司破产时才表现出来。从实际情况来看，目前公司的组织形式主要有股份有限公司和有限责任公司。

（1）股份有限公司。股份有限公司是指公司全部资本划分为等额股份，股东以其所持股份为限对公司承担有限责任，公司以全部资产对其债务承担责任的企业法人。设立股份有限公司，应当有 5 人以上为发起人，股东无人数限制。其特征是公司以自己的法人资格，取得并拥有资产，承担债务，签订合同，履行民事权利和义务；法律规定其股东人数的最低限，但不规定最高限，因而股份有限公司拥有众多股东，投资主体呈现出极度的分散化、多元化和社会化，是社会化程度最高的企业，可以广泛吸纳社会资金，便于资本集中，有效扩大企业规模，并分散企业经营风险；公司的资产，其最终所有权与法人财产权能够很好地分离，绝大部分小股东对企业的生产经营活动几乎没有影响，而对企业的生产经营活动有支配权的企业经理层往往并不拥有很多公司股份，能很好地实现企业自主经营；为了保护股东权益，各国法律一般要求股份有限公司公开其账目，具体包括经营报告书、资产负债表、利润表、盈余分配表、财产目录等，这有利于投资者了解企业经营状况，确保社会资源流入生产经营状况好的企业，优化微观资源配置。

（2）有限责任公司。有限责任公司是指由 2 个以上 50 个以下股东共同出资设立，每个股东以其出资额为限对公司承担责任，公司以其全部资产对其债务承担责任的企业法人。有限责任公司也是一种法人企业制度，能以自己的名义开展活动并享有权利，承担义务，法律对有限责任公司股东人数有严格的规定，如《中华人民共和国公司法》规定，有限责任公司股东必须在 2 人以上 50 人以下；由于股东人数较少，利益目标明确，因而有限责任公司能够较好地监督企业经理，防止其损害股东的权利，但筹资渠道较为狭窄，无法像股份有限公司那样大规模集中资本；有限责任公司的股东相对比较稳定，股权流动性差，社会化水平比股份有限公司低。公司的资本不分成等额股份，而是由各股东协商认购，公司不发行股票，以股权证书作为利益凭证，企业成立的法律程序较为简单。

有限责任公司的特点主要表现在五个方面。第一，股东人数是有限制的。一般对有限责任公司的股东人数都有最高和最低的数量限制，如英国、法国、日本等国家的标准为 2～50 人，如有特殊情况超过 50 人时，必须向法院申请特许。这与股份有限公司有着根本的区别。第二，不公开发行股票。有限责任公司的股份由全体股东协商入股，一般不分为等额股份，股东交付股金后，由公司发给出资证明书，股东凭出资证明书代表的股权享受权益。股金可以是货币，也可以是实物、工业产权和土地使用权等，出资证明书不能像股票那样可以自由流通买卖。第三，严格限制股权的转让。第四，公司的设立比较简便。第五，注册资本额起点低。在我国，有限责任公司注册资本的最低限额为 10 万元。

公司制企业是商品经济发展和现代化大生产的产物，是适合于现代企业经营的一种企业组织形式。其优点：一是资本社会化是众多分散的、数量有限的资产所有者通过股份的财产组合机制实现资本联合，进行规模化生产；二是有限责任解除了投资者的后顾之忧，鼓励和刺激了投资的欲望和积极性；三是资本所有者在一定条件下可以将自己拥有的股权转让出去，较方便地转移所有权；四是企业管理制度化、科学化，管理效率高，企业寿命长，如美国通用汽车公司有百年历史，杜邦化学公司有 200 年历史。正因如此，公司制企业形式被现代市场经济国家的企业普遍采用。

4. 股份合作制企业

股份合作制企业是指企业全部资本划分为等额股份，主要由员工股份构成，员工股东共同劳动、民主管理、利益共享、风险共担，依法设立的法人经济组织。企业享有全部法人财产权，以其全部财产对企业承担责任；股东以其出资额为限，对企业承担责任。企业实行入股自愿、民主管理、按股分红相结合的投资管理原则。股份合作制企业是股份制和合作制的结合，具有股份制和合作制的双重特征，是一种新型的企业组织形式。

股份合作制企业具有如下的法律特征：①入股自愿。参加股份合作制企业的成员，可以依照自己的意愿决定是否入股，所投入股份可以转让，在特定情况下可以退出。允许退股是股份合作制与一般股份制的不同之处。②劳动联合与资本联合相结合。股份合作制企业的员工，一般来说既是企业的劳动者，也是企业财产的出资者，具有双重身份。员工的这种双重身份，能有效地促使员工认真负责地工作。③收益分配实行按劳分配与按股分红相结合。股份合作制企业的收益分配，不仅以入股的份额为标准，也以劳动者所提供的劳动为标准进行分配。

# 第二节　现代企业制度

现代企业制度是以公司制度为主体的市场经济体制的基本成分，它包括两个方面的含义：第一，现代企业制度是市场经济体制的一个最基本的成分，也就是说，现代企业制度是市场经济体制的基本制度。第二，现代企业制度主要是指现代公司制度，即公司制度是现代企业制度最典型的组织形式。

## 一、现代企业制度的特征

现代企业制度既不同于高度集中的计划经济体制下的企业制度，也不同于早期的原始的以自然人为主体的企业制度，是"产权明晰、权责明确；政企分开，自主经营；机制健全、行为合理；管理科学、注重效率"的所有权与经营权相分离的法人制度。

### （一）产权明晰，权责明确

在现代企业制度下，所有者与企业的关系演变成投资者与企业法人的关系，即股东与公司的关系。这种关系与其他企业制度下的所有者与企业的关系主要区别如下：

（1）投资者投入企业的财产与他们的其他财产严格分开，边界清楚。投资者将财产投入企业后，成为企业的股东，对企业拥有相应的股东权利，包括参加股东大会和行使股东大会赋予的权利，按照股本取得相应收益的权利、转让股权的合法权利等。企业依法成立之后，对股东投入企业的资产及其增值拥有法人财产权，即对财产拥有占有、使用和处分的权利。

（2）投资者仅以投入企业的那部分资产对企业的经营承担有限的责任，企业以其全部资产对债权人承担有限责任。

（3）在企业内部存在一定程度的所有权和经营权的分离。所有者将资本交给具有经营管理专门知识和技能的专家经营，这些专家不一定是企业的股东，或者不是企业的主要股东，他们受股东委托，作为股东的代表经营管理企业，即职业经理人。

### （二）政企分开，自主经营

在现代企业制度下，政府与企业是两种不同性质的组织。政府是政权机关，虽然对国家的经济具有宏观管理的职能，但是这种管理不是对企业生产经营活动的直接干预，而是实行间接调控，即主要通过经济手段、法律手段及发挥中介组织的作用对企业的活动和行为进行调节，引导、服务和监督，以保持宏观经济总量的大体平衡和促进经济结构的优化；保证公平竞争，使市场机制发挥正常的作用；健全社会保障体系，保持社会稳定，维护社会公平；保护经营环境，提高生活质量。企业是以营利为目的的经济组织，是市场活动的主体，它必须按照价值规律，按照市场要求组织生产和经营。因此，政府和企业在组织上和职能上都是严格分开的。

### （三）机制健全，行为合理

机制原指机器的构造和动作原理，将其引入生物学和医学领域后，机制被认为是生命系统的内在工作方式，包括其结构和结合方式、内在的相互联系。机制概念后来被引入经济领域和企业领域，是指一个经济生命体的结构和运作原理。在经济领域，机制概念被大量使用，如按系统划分，有投入机制、转换机制、产出机制、反馈机制；按组织划分，有权力机制、责任（压力）机制、利益机制；按功能划分，有动力机制、激励机制、竞争机制、约束机制、决策机制、应变机制等。

在现代企业制度条件下，企业是市场的主体，企业的生产经营计划需要根据市场的情况自主决定，企业所需的资金、技术装备和原材料、劳动力等生产要素需要从市场上获得，产品通过市场销售，企业具有健全的产销机制。

根据现代企业制度原则建立起来的企业具有健全的激励和动力机制，投资者、经营者、职工和企业自身的利益都能得到较好的体现，他们的积极性能得到较好的发挥。

在现代企业制度条件下，企业主要依靠自身的力量发展，它的资金积累有稳定的来源，而且可以根据企业的需要来自主决定投资项目，具有健全的发展机制。在现代企业制度下，在企业内部，领导制度健全、权责合理。领导层次之间、领导者之间，既有明确的分工，又相互联系、相互制约，具有健全的权力约束机制；各个利益主体之间，既有利益的一致性，又存在着差异，并相互制约，具有健全的利益约束机制；企业是独立的利益主体，必须自负盈亏，其预算约束是硬的而不是软的，具有健全的预算约束机制。

健全的企业经营机制能使企业避免盲目借贷、盲目投资、偏重消费、忽视投资等问题，产生合理的企业行为。企业在注重自身效益的同时，也注重社会的效益，达到两者有机统一。

### （四）管理科学，注重效率

在现代企业制度下，管理科学主要体现在管理者的素质高，管理组织结构合理，管理制度健全，管理方法科学，管理手段先进，能最大限度地调动企业全体职工的积极性，提高工作效率和生产效率，使企业能取得较好的经济效益。

## 二、现代企业制度的内容

现代企业制度基本内容包括三个方面：现代企业产权制度，即公司法人产权制度；现代企业组织制度，即公司组织制度；现代企业管理制度，即公司管理制度。

### （一）现代企业产权制度

市场经济本质上是商品经济，各经济主体通过市场结成一定的经济关系，等价交换是共同遵循的最基本的规则。而进入市场的各经济主体，必须首先明确所有权主体及界区，才可能建立真正的商品经济关系，如果某经济主体的产权关系本身具有不确定性，那么真正的商品交换就不可能出现。不仅如此，市场经济的运作机制是价格机制，而市场价格也只有在交易双方所有权主体、界区明确时才可能形成。显然，作为市场经济基本主体的企业，必须明确其所有权主体和界区，这是企业进入市场的前提条件。

最初，历史上出现的商品经济所要求的所有权主体和界区明确，是以私有制为基本形式的，业主企业就是依据所有权原则确定其市场主体身份。随着古典商品经济向现代经济转化，所有权与经营权开始分离。如何能使企业作为市场主体既具备商品经济交换的必要条件，又满足社会化大生产的要求而不断扩大规模呢？现代企业制度提供了使这两个要求都得到满足的企业组织形式。在公司法人制度下，原始所有权蜕变为股权，公司法人则获得了公司财产的法人所有权，公司法人可以像业主企业一样参与市场交易。企业法人制度下的产权明晰化，使企业具备了一个对交换对象具有独占权的真正市场主体的身份，按照等价交换原则参与各类市场交易活动，这是现代企业制度不可缺少的首要内容。

从产权演变发展过程看，企业产权制度大体有以下四种类型：

（1）个体产权制度，以家庭经营为依托，以小商品生产为特征。

（2）企业主产权制度，最初表现为独资企业，后来发展为合伙制企业或家族控股公司。

（3）法人产权制度，是指承认企业具有独立的法人地位，并拥有出资者投资形成的企业法人财产，使企业能独立地支配和运用法人财产进行经济活动并承担相应民事责任的制度。其以股份公司为典型代表。

（4）国有产权制度，产权归国家所有，资源遵循行政化配置，国家统负盈亏。

产权制度不明确，企业不知为谁而办，是企业长不大、活不长的重要原因之一。

### （二）现代企业组织制度

采取怎样的组织形式来组织公司，是现代企业制度包含的第二个重要内容。公司制企业在市场经济的发展中，已经形成一套完整的组织制度。其基本特征是：所有者、经营者和生产者之间，通过公司的决策机构、执行机构、监督机构，形成各自独立、权责分明、相互制约的关系，并以法律和公司章程加以确立和实现。

公司是由许多投资者即股东投资设立的经济组织，必须充分反映公司股东的个体意志和利益要求；同时，公司作为法人，应当具有独立的权利能力和行为能力，必须形成一种以众多股东个体意志和利益要求为基础的、独立的组织意志，以自己的名义独立开展业务活动。

在市场经济长期发展的过程中，国外的公司法已经形成了在公司组织制度方面的两个相互联系的原则，即企业所有权和经营权相分离的原则，以及由此派生出来的公司决策权、执行权和监督权三权分立的原则。由此形成了公司股东大会、监事会并存的组织机构框架，如图1-3所示。

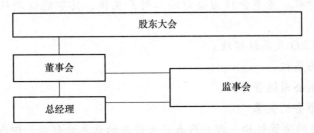

**图1-3　公司的组织机构框架**

公司的组织机构通常包括股东大会、董事会、监事会及经理人员四大部分，按其职能，分别形成决策机构、监督机构和执行机构。

1. 决策机构

股东大会及其选出的董事会是公司的决策机构。股东大会是公司的最高权力机构。董事会是股东大会期间的最高权力机构。

2. 监督机构

监事会是由股东大会选举产生的，对董事会及其经理人员的活动进行监督的机构。

3. 执行机构

经理人员是董事会领导下的公司管理与执行的机构。

这种组织制度既赋予经营者充分的自主权，又切实保障所有者的权益，同时又能调动经营者的积极性，因此，其是现代企业制度中不可缺少的内容之一。

★知识链接

### 董事会在公司治理中的角色定位

董事会是股东代表或股东推举的代表组成的会议机构，是股东大会的代理机构，受股东推举对公司的投资、生产、经营等重大问题进行决策、领导和监督，是公司治理的核心。

1. 从公司演化的角度看，董事会有以下四种形式

（1）立宪董事会。这种董事会是依照一定的法律程序，在某个权力主体的批准下成立的。政府颁布的公司法对公司而言就是一部宪法，董事会依照法律规定成立，仅具有形式上的意义。公司或者由创始人控制，或者由 CEO（首席执行官）控制。在规模小、技术水平低的私有公司中，这种董事会比较多。

（2）咨询董事会。随着公司规模的扩大和经营复杂程序的提高，CEO 需要更多专业人员的帮助，如技术专家、财务顾问、法律顾问等。这种公司需要招募专家进入董事会。如果这些人是公司外部的专家，如独立董事，则称为"外部人控制型"；如果这些人是选自公司内部的专职人员，则称为"内部人控制型"。

（3）社团董事会。随着股权分散化、公众化程度的提高，董事会内部将形成不同的利益集团，意见差别通过少数服从多数的投票机制解决。这样董事会需要经常召开会议，并且董事会成员必须尽量出席。一些大型的公开上市公司的董事会都属于这种类型。

（4）公共董事会。董事会成员包括政治利益集团代表，这种董事会仅在公有制或混合所有制的公司中存在。

2. 董事会的主要职能

（1）决策与监督权。董事会作为公司法人财产主体，其职能逐渐从管理、经营转为决策和监督。

（2）任免公司 CEO 及高级经理。

（3）行使战略决策权。

（4）监督和控制公司运营绩效。

3. 董事会与监事会的关系

董事会作为公司的决策机构，理应代表广大股东的意志和利益。但在实践中，董事会或者因为成员自身的利益，或者因为心有余而力不足，做出一些有损于中小股东的权益，不利

于公司前途的错误决策。监事会的职责就是对董事会和经理人实行监督。

4. 董事会在公司治理中的定位

董事会依照法律规定，按照权力分设、相互制约、协调发展治理原则设置，其具体定位是：

（1）在公司董事会中设置非执行量和独立的非执行董事，以对企业的经营战略提供外部人观点，制约董事会的执行董事。

（2）发挥董事会中负责审计、提名、薪酬的委员会作用，保证独立董事在这些委员会中占多数。

（3）提高上市公司的信息化水平和质量。

（4）允许或鼓励机构投资者成为制约企业管理层的力量、发挥其加强董事会独立性的作用。

5. 董事会与股东大会关系

公司的原始资本来源于全体股东的出资，由全体股东所组成的股东大会是公司表达意愿的机关。在法律上，股东大会是全体股东对公司行使控制权的最高权力机关，股东大会选择董事组成董事会，决定公司事务的决策与管理。股东大会与董事会之间是上下级、托管关系。公司以定期召开的"股东大会"形式作为最高权力机关，代表全体股东行使对公司的控制权，同时，成立"董事会"作为股东大会意志的执行机关，代表全体股东行使公司的经营权。

**（三）现代企业管理制度**

建立现代企业管理制度，就是要求企业适应现代生产力发展的客观规律，积极应用现代科学技术成果，包括现代经营管理的思想、理论和技术，有效地进行管理，创造最佳经济效益。这就要求企业围绕实现企业的战略目标，按照系统观念和整体优化的要求，在管理人才、管理思想、管理组织、管理方法、管理手段等方面实现现代化，并把这几个方面的现代化内容与各项管理职能（决策、计划、组织、指挥、协调、控制、激励等）有机地结合起来，形成完整的现代化企业管理制度。

现代企业管理制度包括以下五项制度：

（1）建立适应现代企业生产要求的领导制度。企业领导制度是关于企业内部领导权的归属、划分及行使等方面的规定。建立科学完善的企业领导制度，是搞好企业管理的一项根本的工作。现代企业领导制度应该体现领导专家化、领导集团化和领导民主化的管理原则。

（2）建立符合本企业特点、保证生产经营活动高效运行的人力资源管理与开发管理制度。

（3）建立比较完善的生产管理信息系统，推行计算机集成制造系统等现代生产管理手段。

（4）建立以资金筹集、资金利用和利润分配为中心的财务管理制度。

（5）建立以市场为中心，满足消费者需求的市场营销管理制度。

**（四）产权制度、组织制度和管理制度之间的关系**

现代企业产权制度、现代企业组织制度和现代企业管理制度三者相辅相成，共同构成了现代企业制度的总体框架。

现代企业产权制度确立了企业的法人地位和企业法人财产权，真正做到了不但企业有人负责而且有能力负责，实现了企业民事权利能力和行为能力的统一，使企业真正作为自负盈亏的法人实体进入市场，按照等价交换原则进行商品交换。现代企业产权制度是现代企业制度的基础。

现代企业组织制度以合理的企业组织结构，确定了所有者、经营者和职工三者之间的制约关系，做到出资者放心、经营者精心、生产者用心，从而使企业始终保持着较高的效率。

现代企业管理制度通过科学的生产管理、质量管理、销售管理、人力资源管理、研究与开发管理、财务管理等一系列管理体系的建立，有效地保证企业内部条件与外部环境相适应，使企业各项资源得到最有效的利用。

## 第三节　管理与管理者

### 一、管理的定义、要素与职能

#### （一）管理的定义

什么是管理？近百年来许多学者试图对管理进行定义。以下是具有代表性的几种观点。

1. 管理是由计划、组织、指挥、协调及控制等职能为要素组成的活动过程

这是由现代管理理论创始人法国实业家法约尔（Henri Fayola）于 1916 年提出的。他的论点经过许多人多年的研究和实践，尽管由于时代的变迁，管理的内容、形式和方法已发生了巨大的变化，但其观点基本上是正确的，并成为后来管理定义的基础。

2. 管理就是通过其他人来完成工作

这是美国学者福莱特（Follett）于 1942 年提出的最精简明晰的定义。这一定义包含以下三层含义：

（1）管理必然涉及其他人。

（2）管理是有目的的活动，管理的目的就是要通过其他人来完成工作。

（3）管理的核心问题是管理者要处理好与其他人的关系，调动人的积极性，让他们来为管理者完成工作。

3. 管理是一种实践，其本质不在于"知"，而在于"行"；其验证不在于逻辑，而在于成果；其唯一的权威就是成就

这是美国管理学大师彼得·德鲁克（Peter F. Drucker）于 1954 年和 1989 年提出的对管理的看法。彼得·德鲁克的学说充分反映了经验主义学派的观点，他一再强调管理是实践的综合艺术，他认为无论是经济学、计量方法还是行为科学都只是管理人员的工具。

4. 管理就是决策

这是 1978 年诺贝尔经济学奖获得者赫伯特·西蒙（Herburt Simon）提出的观点。他把决策过程分为以下四个阶段：

（1）调查情况，分析形势，搜集信息，找出决策的理由。

（2）制定可能的行动方案，以应对面临的形势。

（3）在各种可能的行动方案中进行抉择，确定比较满意的方案，付诸实施。

（4）了解、检查过去所抉择方案的执行情况，做出评价，制定新的决策。

决策过程实际上是任何管理工作解决问题时所必经的过程。所以从这方面看，管理就是决策是符合管理实际的。

5. 管理就是设计并保持一种良好环境，使人在群体里高效率地完成既定目标的过程

这是美国著名管理学家哈罗德·孔茨（Harold Koontz）和海因茨·韦里克（Heinz Weihrich）在1993年《管理学（第10版）》中仍坚持的观点。他们认为这一定义需要展开为：

（1）作为管理人员，需要完成计划、组织、人事、领导、控制等管理职能。

（2）管理适用于任何一个组织机构。

（3）管理适用于各级组织的管理人员。

（4）所有管理人员都有一个共同的目标。

（5）管理关系到生产率，意指效益和效率。

人们认为这一定义真正的闪光点，在于它首次提出了管理定义中包含了设计并保持一种良好环境。它满足了组织行为学和管理伦理学对管理提出的最基本的要求，也体现了管理对人的起码的尊重和关怀。这正是时代进步的一种标志。

6. 管理是对资源进行计划、组织、领导和控制，以快速有效地达到组织目标的过程

资源包括人、机械设备、原材料、信息、技术、资本等。这是美国学者加雷思·琼斯（Gareth R. Jones）等于2000年提出的。我国管理学家徐国华教授于1998年就已提出过类似的定义。

7. 管理是通过协调其他人的工作有效率和有效果地实现组织目标的过程

这是斯蒂芬·P·罗宾斯（Stephen P. Robbins）、玛丽·库尔特（Mary Coulter）于2005年《管理学（第8版）》中所表达的观点。这一定义强调：

（1）管理是协调其他人的工作。

（2）管理应当有效率和有效果。

（3）管理是实现组织目标的过程，这一过程包括各项管理职能。

以上这些关于管理定义的观点，从各个不同角度描绘了管理的面貌。综合前人的研究，并吸取管理学理论和实践发展的最新成果，人们认为对管理定义做如下表述可能较为完整和精辟。

管理是管理者为了有效地实现组织目标、个人发展和社会责任，运用管理职能进行协调的过程。这一简短的定义包含了丰富的内涵。

**（二）管理的内涵**

1. 管理是人类有意识、有目的的活动

管理的目的首先就是通过群体的力量实现组织目标。但是应当看到随着社会的发展，组织群体中的个体正在向自由劳动者的方向接近，他们越来越关心个人发展的前景，个人兴趣、个人爱好、个人感情及个人自我实现程度都会成为他们是否愿意在组织中工作或积极工作的原因。另外，组织与社会、组织与环境关系越来越密切，因而组织的社会责任也越来越重。所以，管理不再单纯是为了实现组织目标，同时也要十分关注实现组织中每个人的发展和实现组织的社会责任。

2. 管理应当是有效的

管理不仅要有较高的效率，同时还要有较好的效果。即不仅要正确地做事，而且要力争

做正确的事，这样才能又好又快地做事。这一点正是今天战略管理理论成为管理学的重要组成部分以后与过去"科学管理"时代的不同之处。

3. 管理的本质是协调

协调包括两方面的内容：一是组织内部各种有形和无形资源（如人、财、物、信息、技术、专利、社会关系、品牌、声誉等）之间的协调，使其组成一个有机整体，生成强大的竞争能力；二是组织与外部环境的协调。环境包括生态环境、自然环境、社会制度、生活方式、社会大众、法律道德、意识形态、宗教信仰、风俗习惯、政府政策、规章制度甚至某种潜规则等。只有环境友好型的组织才会有可持续发展的生命力。

4. 协调是运用各种管理职能的过程

协调是运用计划、组织、指挥、控制等管理职能的过程。

### （三）管理的必要性

管理实践的历史虽然悠久，但在过去几千年中管理始终只是一种零散的经验和某种闪光的思想。到了工业革命以后，随着现代工业技术的广泛应用和工商企业的大量发展，管理才得到了系统的研究和普遍的重视。但全球性的管理发展热潮是在第二次世界大战后形成的。在战争中受到严重破坏的各国在寻找恢复本国经济的途径的过程中，发现了美国制造业在战争期间的惊人绩效，认为学习美国企业的管理方法可能成为复苏本国经济的良方，所以纷纷开始学习美国企业管理的理论和方法。在十多年时间内这股管理热潮席卷了整个欧洲和日本，并取得了举世瞩目的成效。20 世纪 60 年代许多国家和地区，如巴西、墨西哥、土耳其、伊朗、新加坡、韩国、泰国等国家和中国的香港、台湾等地区，也都先后引进了先进的管理理论和方法，大力培养本国、本地区的管理人才，加强企业的管理工作，并在不同程度上取得了成效。20 世纪 70 年代初，世界性的管理热潮因石油危机而冷却了。

20 世纪 70 年代末，中国改革开放政策的实施，在全国掀起了加强管理的热潮。全国和各省、市都纷纷成立了企业管理协会，全国有 120 多所正规大学先后设置了管理专业，许多省市政府部门都组建了专门培训经济管理干部的经济管理干部学院或培训中心，1987 年 9 月南京大学与美国密苏里哥伦比亚大学合作创办了中国第一个正规的工商管理硕士（MBA）班。1990 年 10 月，全国 9 所院校开始试点培养 MBA。

1994 年清华大学经济管理学院院长朱镕基在给清华大学经管学院成立十周年的贺信中说："建设有中国特色的社会主义，需要一大批掌握市场经济的一般规律、熟悉其运行规则而又了解中国企业实情的经济管理人才。"1996 年朱镕基又在自然科学基金管理学部成立大会上呼吁"管理科学和管理教育也是兴国之道"。在全国迫切需要管理人才的背景下，1997 年实行了 MBA 入学考试制度改革，促进了全国 MBA 教育的迅猛发展。1998 年国家经贸委又制定了对全国国有企业管理干部开展大规模工商管理课程培训的计划，并把系统培训企业管理素质作为加速国有企业改革、提高企业管理水平、增强企业活力的重要措施。

在中国企业管理热潮的到来，尽管比发达国家迟了 25～30 年，但毕竟来了。中国管理热潮的到来，不只是由于政府和国家领导人的大力推动，更重要的是由于企业改革和经济发展实践的需要。随着企业改革的深化，人们将越来越认识到加强管理的必要性和迫切性。下列关于管理必要性的观点，已经成为全国上下的共识。

（1）作为发展中国家，资源短缺将是一种长期的经济现象，特别是资金、能源、原材料往往成为企业和社会经济发展的桎梏。如何将有限的资源进行合理的配置和利用，使其最大可能地形成有效的社会生产力，则是管理应当解决的问题。如果管理不善，不仅资源得不到合理使用，社会经济不能迅速发展，甚至可能导致行贿受贿、贪污腐败等一系列社会经济弊端的产生。

（2）作为发展中国家，科学技术落后是阻碍生产发展的重要因素之一。一般来说，无论是本国发明的科学技术，还是引进的科学技术，并不一定都能自动地形成很高的生产力。目前，许多科技发明被闲置，不少引进的项目技术水平一般，许多引进的先进设备也得不到充分利用，重复引进、重复布点的项目屡禁不止，伪劣产品充斥市场……各种各样不成功的事例随处可见。关键在哪里？关键仍在管理。宏观管理失控、微观管理又缺乏约束机制。实践一再证明，只有通过有效的管理，科学技术才能真正转化为生产力。

（3）高度专业化的社会分工是现代国家和现代企业建立的基础。把不同行业、不同专业、不同分工的各种人员合理地组织起来，协调他们相互间的关系，协调他们与政府的关系，协调他们与各种资源的关系，从而调动各种积极因素，都要靠有效的管理。如果管理不善，就不仅不能调动积极性或者只调动了一部分人的积极性，而且很可能引起社会或企业内部的矛盾和冲突，导致效率低下，从而阻碍社会或企业的发展。

（4）实现社会发展和企业或任何社会组织发展的预期目标，都需要靠全体成员长期的共同努力。把每个成员千差万别的局部目标引向组织的目标，把无数分力组成方向一致的合力，也要靠管理。如果管理不善，组织就像一盘散沙，内耗不止，毫无活力，不仅预期目标不可能实现，而且与强手相比距离越拉越远，最后可能找不到立足之地而被淘汰。

（5）近些年，以计算机技术为基础，信息技术、互联网等在中国各行各业中得到了空前迅速的应用和普及，一方面大大推进了中国管理现代化的进程，另一方面也使人们亲身感受到现代管理的巨大能量。管理通过迅猛发展的信息技术和知识经济，正在改变着人类经济活动、社会活动及日常生活的方式、方法和内涵。工作质量、服务质量和生活质量的提高，都依赖于管理水平的提高。没有管理工作质的飞跃，就不可能得到现代科技和物质文明所给予的一切，就可能成为21世纪的野蛮人，贫穷、落后将成为不可避免的事实。

### （四）管理的要素

管理的要素即构成管理活动的因素。从不同侧面看管理过程，会把管理分成不同的要素。注重过程的管理理论认为管理由管理者、管理对象和管理手段组成；资源管理理论则认为管理要素分为人力、物力、财力，还有时间、空间、信息等；职能管理理论认为管理的要素有五个：计划、组织、指挥、协调、控制。本书认为管理是一项有组织的社会活动，它包含四个要素：管理主体、管理客体、管理目标以及组织环境。

1. 管理主体

管理主体是回答由谁管理的问题，是指从事管理活动的人员，即通常所说的管理者。组织中的管理主体由两类人员构成：第一类人员是根据组织既定目标将目标任务分解为各类管理活动、工作任务，并督促完成既定目标的人员，这类人员通常是组织的核心人物，或者是组织的高层管理人员；第二类人员是从事各方面具体管理活动的人，这类人员通常是组织中的骨干人物，即组织的中层和基层管理人员。

2. 管理客体

管理客体是回答管理什么的问题，是指管理活动中作用的对象，即管理的接受者。一般来说，管理的客体大体可分成三类：第一类是组织中的一般成员，他们负责执行组织分配的工作任务，按照一定的运行规则进行工作；第二类是组织中的其他资源，包括物质资源，信息资源、关系资源等；第三类是与组织的发展相关的人力、财力、物力、信息等。

**3. 管理目标**

管理目标即回答为何而管的问题，它是整个管理活动的努力方向和所要达到的目的。管理目标具有一定的层次性，低层次的管理目标是指一项具体的管理活动的目标，低层次管理目标同时又是组织高层管理目标规定下的产物，管理的终极目标也就是组织的最高战略目标。

**4. 组织环境**

组织环境即回答在什么情况下管的问题。在 20 世纪初，法国工业家亨利·法约尔在其著作《工业管理与一般管理》中写道："管理就是计划、组织、指挥、协调和控制。"

**（五）管理的职能**

人类的管理活动具有哪些最基本的职能？这一问题经过了许多人近 100 年的研究，至今还是众说纷纭。自法约尔提出五种管理职能以来，有提出六种、七种的，也有提出四种、三种的，甚至两种、一种的。如表 1-4 所示，各种提法都是所列 14 种职能中不同数量的不同组合而已。最常见的提法是计划、组织、领导、控制。人们认为根据管理理论的最新发展，对管理职能的认识也应有所发展。许多新的管理理论和管理实践已一再证明：计划、组织、领导、控制、创新这五种职能是一切管理活动最基本的职能。

**表 1-4　管理职能表**

| 管理职能 | 古典的提法 | 常见的提法 | 本书的提法 |
| --- | --- | --- | --- |
| 计划（Planning） | ○ | ○ | 计划 |
| 组织（Organizing） | ○ | ○ | 组织 |
| 用人（Staffing） | | | |
| 指导（Directing） | | | 领导 |
| 指挥（Commanding） | ○ | | |
| 领导（Leading） | | ○ | |
| 协调（Coordinating） | ○ | | |
| 沟通（Communicating） | | | |
| 激励（Motivating） | | | |
| 代表（Representing） | | | |
| 监督（Supervising） | | | 控制 |
| 检查（Checking） | | | |
| 控制（Controlling） | ○ | ○ | |
| 创新（Innovating） | | | 创新 |

**1. 决策**

组织中所有层次的管理者，包括高层管理者、中层管理者和一线（或基层）管理者，都必须从事计划活动。所谓计划，就是指"制定目标并确定为达成这些目标所必需的行动"。虽然组织中的高层管理者负责制定总体目标和战略，但所有层次的管理者都必须为其工作小组制定经营计划，以便为组织做贡献。所有管理者必须制定符合并支持组织的总体战略目标。另外，他们必须制定支配和协调其所负责的资源的计划。在计划过程中必须进行决策。决策是计划和修正计划的前提，而计划又是实施决策的保证。计划与决策密不可分。归根结底，计划是为决策服务的，是实施决策的工具和保证。

2. 组织

计划的执行要靠他人的合作。组织工作正是源自人类对合作的需要。合作的人们如果想要在执行计划的过程中，获得比各合作个体总和更大的力量、更高的效率，就应根据工作的要求与人员的特点，设置岗位，通过授权和分工，将适当的人员安排在适当的岗位上，用制度规定各个成员的职责和上下左右的相互关系，形成一个有机的组织结构，使整个组织协调地运转，这就是管理的组织职能。

目标决定着组织结构的具体形式和特点。例如，政府、企业、学校、医院、军队、教会、政党等社会组织由于各自的目标不同，其组织结构形式也各不相同，并显示出各自的特点。反过来，组织工作的状况又在很大程度上决定着这些组织各自的工作效率和活力。在每一项计划的执行中，在每一项管理业务中，都要做大量的组织工作，组织工作的优劣同样在很大程度上决定着这些计划和管理活动的成败。任何社会组织是否具有自适应机制、自组织机制、自激励机制和自约束机制，在很大程度上也取决于该组织结构的状态。因此，组织职能是管理活动的根本职能，是其他一切管理活动的保证和依托。

3. 领导

计划与组织工作做好了，也不一定能保证组织目标的实现，因为组织目标的实现要依靠组织全体成员的努力。配备在组织机构各种岗位上的人员，由于在个人目标、需求、偏好、性格素质、价值观、工作职责和掌握信息量等方面存在很大差异，在相互合作中必然会产生各种矛盾和冲突，因此就需要有权威的领导者进行领导，指导人们的行为，通过沟通增强人们的相互理解，统一人们的认识和行动，激励每个成员自觉地为实现组织目标共同努力。管理的领导职能是一门非常奥妙的艺术，它贯穿整个管理活动中。在中国，领导者的概念十分广泛，不仅组织的高层领导、中层领导要实施领导职能，而且基层领导也要实施领导职能，而担负领导职能的人都要做人的工作、重视工作中人的因素的作用。

4. 控制

人们在执行计划过程中，由于受到各种因素的干扰，常常使实践活动偏离原来的计划。为了保证目标及为此而制定的计划得以实现，就需要有控制职能。控制的实质就是使实践活动符合于计划，计划就是控制的标准。管理者既要有预防下属和事态失控的充分措施，防患于未然，同时也必须及时取得计划执行情况的信息，并将有关信息与计划进行比较，发现实践活动中存在的问题，分析原因，及时采取有效的纠正措施。纵向看，各个管理层次都要充分重视控制职能，越是基层的管理者，控制的时效性越强，控制的定量化程度也越高；越是高层的管理者，控制的时效性要求越弱，控制的综合性越强。横向看，各项管理活动、各个管理对象都要进行控制。没有控制就没有管理。有的管理者以为有了良好的组织和领导，目标和计划自然就会实现，实际上无论什么人，如果你对他放纵不管，只是给他下达计划，布置任务、给他职权、给他奖励而不对他工作的实绩进行严格的检查、监督，发现问题不采取有效的纠正措施，听之任之，那么这个人迟早将会成为组织的累赘，甚至会完全毁掉他。所以，控制与信任并不对立。管理中可能有不信任的控制，但绝不存在没有控制的信任。

**5. 创新**

迄今为止很多研究者没有把创新列为一种管理职能。但是，最近几十年来，由于科学技术迅猛发展，社会经济活动空前活跃，市场需求瞬息万变，社会关系也日益复杂，每位管理者每天都会遇到新情况、新问题，如果因循守旧、墨守成规，就无法应付新形势的挑战，也就无法完成负责的任务。许多管理者事业获得成功的关键就在于创新。要办好任何一项事业，大到国家的改革，小到办实业、办学校、办医院，或者办一张报纸，推销一种产品，都要敢于走新的路，开辟新的天地。所以，创新自然地成为管理过程中不可或缺的重要职能。

各项管理职能都有自己独有的表现形式。例如，决策职能通过目标和计划的制定及行动的实施表现出来，组织职能通过组织结构的设计和人员的配备表现出来，领导职能通过领导者和被领导者的关系表现出来，控制职能通过偏差的识别和纠正表现出来，创新职能与上述各种管理职能不同，它是在其他管理职能创新所取得的效果中表现自身的存在与价值。各项管理职能如图1-4所示。每一项管理工作一般都是从决策开始，经过组织、领导到控制结束。各职能之间同时相互交叉渗透，控制的结果可能又导致新的决策，开始又一轮新的管理循环。如此循环不息，把工作不断推向前进。创新在这管理循环之中处于轴心的地位，成为推动管理循环的原动力。

图1-4 管理职能循环图

### （六）管理的性质

关于管理的性质的争论已延续了几个世纪，管理是艺术还是科学？管理是定性还是定量？管理是具有社会性还是自然性？下面分别来讨论这些问题。

**1. 管理是艺术还是科学**

管理是艺术还是科学？有人过分强调它是艺术，有人过分强调它是科学。我们说它既是艺术又是科学。管理的科学性是从管理的规律可以研究和学习的角度来说的，管理的艺术性是针对管理的灵活多变来说的。就像管理的不确定性源自管理环境的动态性一样，管理的艺术性也是对管理环境动态性地把握和反映。例如，第二次世界大战中的火箭，射程为几百千米甚至上千千米，可能距离目标很近，也可能差数十千米；如果对某种事物完全了解并掌握了它的规律，那么它就变成一种技术或工程，如当今的火箭，发射几千千米而误差不超过两米，而且次次准确无误。明白了这个道理后，人们就不会片面地强调它的科学性或艺术性了。

**2. 管理是定性还是定量**

定性分析往往依赖经验，定量多依赖科学及数学计算。管理科学和一般管理的一个主要区别，就是管理科学强调定量方法。随着科学技术的进步，应用科学的方法也可以处理定性的问题。管理科学的定量方法虽然能给出很确定的解答，但这种解答是否一定正确，还是个复杂问题。原始数据的不准确，或模型的过于简化，往往使结果不可信。从我国甚至世界的实际情况看，管理科学虽然是我们追求的目标，但离完全的科学还差得很远，我们绝不能忽视或轻视管理的经验。

3. 管理是具有社会性还是自然性

所谓二重性是指事物所具有的双重特征，而管理恰恰就具有这种二重性：社会性和自然性。管理的自然性就是合理组织生产力的一般属性，它由发展生产力的需要与社会化大生产所决定，是保证社会化大生产顺利进行的必要条件，是合理组织生产过程的一般要求。管理的社会性是指管理总是在一定的生产关系下进行的，不同的历史阶段，不同的社会文化，都会使管理呈现出一定的差别，使管理具有特殊性和个性，使管理体现生产资料所有者的意志和利益。

## 二、管理者的角色与技能

管理者合格与否在很大程度上取决于对管理职能的履行情况。为了有效履行各种职能，管理者必须明确以下两点：自己要扮演哪些角色？在扮演这些角色的过程中，自己需要具备哪些技能？

### （一）管理者的角色

亨利·明茨伯格的一项被广为引用的研究中显示，管理者扮演着十种角色，这十种角色可被归入三大类：人际角色、信息角色和决策角色。明茨伯格的管理理论可用图 1-5 来表示。

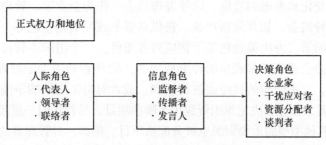

**图 1-5　管理者的管理理论**

1. 人际角色

明茨伯格所确定的第一类管理者的角色是人际角色。人际角色直接产生自管理者的正式权力基础，管理者在处理与组织成员和其他利益相关者的关系时，他们就在扮演人际角色。管理者所扮演的三种人际角色是代表人角色、领导者角色和联络者角色。

作为管理者须行使一些具有礼仪性质的职责。例如，管理者有时必须出现在社区的集会上，参加社会活动，或宴请重要客户等。在这样做时，管理者行使着代表人的角色。

由于管理者对所在单位的成败负重要责任，他们必须在工作小组内扮演领导者角色。对这种角色而言，管理者和员工一起工作并通过员工的努力来确保组织目标的实现。

管理者须扮演组织联络者的角色。管理者无论是在与组织内的个人或工作小组一起工作时，还是在建立和外部利益相关者的良好关系时，都起着联络者的作用。管理者必须对重要的组织问题有敏锐的洞察力，从而能够在组织内外建立关系和网络。

2. 信息角色

明茨伯格所确定的第二类管理者的角色是信息角色。在信息角色中，管理者负责确保与其一起工作的人具有足够的信息，从而能够顺利完成工作。由管理责任的性质决定，管理者既是所在单位的信息传递中心，也是组织内其他工作小组的信息传递渠道。整个组织的人依赖管理结构和管理者以获取或传递必要的信息以便完成工作。

管理者须扮演的一种信息角色是监督者角色。作为监督者，管理者持续关注组织内外环境的变化以获取对组织有用的信息。管理者通过接触下属来搜集信息，并且从个人关系网中获取对方主动提供的信息。根据这种信息，管理者可以识别工作小组和组织的潜在机会和威胁。

在作为传播者的角色中，管理者把他们作为信息监督者所获取的大量信息分配出去。作为传播者，管理者把重要信息传递给工作成员。管理者有时也向工作小组隐藏特定的信息。更重要的，管理者必须保证员工具有必要的信息，以便切实有效地完成工作。

管理者所扮演的最后一种信息角色是发言人角色。管理者须把信息传递给单位或组织以外的个人，如必须向董事和股东说明组织的财务状况与战略方向，必须向消费者保证组织在切实履行社会义务，以及必须让政府官员对组织的遵守法律感到满意。

3. 决策角色

管理者也起着决策者的作用。在决策角色中，管理者处理信息并得出结论。如果信息不用于组织的决策，这种信息就会丧失其应有的价值。管理者负责做出组织的决策，让工作小组按照既定的路线行事，并分配资源以保证小组计划的实施。

管理者所扮演的第一种决策角色是企业家角色。在前述的监督者角色中，管理者密切关注组织内外环境的变化和事态的发展，以便发现机会。作为企业家，管理者对所发现的机会进行投资以利用这种机会，如开发新产品、提供新服务或发明新工艺等。

管理者所扮演的第二种决策角色是干扰应对者角色。一个组织不管被管理得多么好，它在运行的过程中，总会遇到或多或少的冲突或问题。管理者必须善于处理冲突或解决问题，如平息客户的怒气，与不合作的供应商进行谈判，或者对员工之间的争端进行调解等。

作为资源分配者，管理者决定组织资源用于哪些项目。尽管我们一想起资源，就会想起财务资源或设备，但其他类型的重要资源也被分配给项目。例如，对管理者的时间来说，当管理者选择把时间花在这个项目而不是那个项目上时，实际上是在分配一种资源。除时间以外，信息也是一种重要资源，管理者是否在信息获取上为他人提供便利，通常决定着项目的成败。

管理者所扮演的最后一种决策角色是谈判者角色。对所有层次管理工作的研究表明，管理者把大量的时间都花费在谈判上。管理者的谈判对象包括员工、供应商、客户和其他工作小组，无论是何种工作小组，其管理者都进行必要的谈判工作，以确保小组朝着组织目标迈进。

**（二）管理者的技能**

根据罗伯特·卡茨的研究，管理者要具备三类技能，即技术技能、人际技能和概念技能。管理者在行使各种管理职能和扮演三类角色时，必须具备这三类技能。

1. 技术技能

技术技能是指"运用管理者所监督的专业领域中的过程、惯例、技术和工具的能力"。如监督会计人员的管理者必须懂会计。尽管管理者未必是技术专家，但他（或她）必须具备足够的技术知识和技能以便卓有成效地指导员工、组织任务、把工作小组的需要传达给其他小组以及解决问题。

各种层次管理所需要的管理技能比例可以用图1-6来表示。由图可以看出，技术技能对于基层管理最重要；对于中层管理较重要；对于高层管理较不重要。

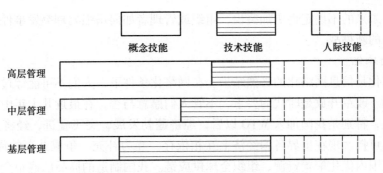

图1-6　各种层次管理所需要的管理技能比例

2. 人际技能

人际技能（有时称为人际关系技能）是指"成功地与别人打交道并与别人沟通的能力"。人际技能包括对下属的领导能力和处理不同小组之间的关系的能力。管理者必须能够理解个人和小组、与个人和小组共事以及与个人和小组处理好关系，以便树立团队精神。管理者作为小组中的一员，其工作能力取决于人际技能。

由图1-6可以看出，人际技能对于所有层次管理的重要性大体相同。

3. 概念技能

概念技能是指"把观点设想出来并加以处理以及将关系抽象化的精神能力"。具有概念技能的管理者往往把组织视作一个整体，并且了解组织各个部分的相互关系。具有概念技能的管理者能够准确把握工作单位之间、个人之间以及工作单位和个人之间的相互关系，深刻了解组织中任何行动的后果，以及正确行使五种管理职能。很强的概念技能为管理者识别问题的存在、拟定可供选择的解决方案、挑选最好的方案并付诸实施提供了便利。

由图1-6可以看出，概念技能对于高层管理最重要，对于中层管理较重要，对于基层管理较不重要。

**（三）管理者面临的新时代**

21世纪的管理者面临着一个急剧变化的新时代。人们认为这个时代的潮流集中表现为四大发展趋势，即信息网络化、经济全球化、知识资源化、管理人本化。这四大发展趋势给当今的管理者提出了一系列新的挑战。

1. 信息网络化

信息网络化的标志是人们通过互联网可以在全球范围内与对方进行实时的信息交流。不管人在何处，不管信息内容如何庞杂，只要通过网络，一切信息的搜索、采集、分类、传递都可以在几秒钟内搞定。不仅可以随便下载还可以自由上传，并且处理速度越来越快、安全越来越有保证。因此，网络在军事、政务、商务、医务、教育、文化、娱乐、购物和日常生活中得到越来越广泛的应用。信息网络化正在改变着人们的生活方式和工作方式，改变着企业的经营方式和组织形式。信息网络化正在改变着世界的面貌，正在引发一场管理革命。

网络对管理者的挑战不仅是如何提高在管理中应用网络进行电子商务活动的能力，更重要的是在新的时空条件和信息高度集中的情境下，如何确立新的管理理念。例如，是否要开设网络博客与下属及消费者沟通，如何利用网络对下属机构的活动进行实时监控和互动，如何更好地利用网络来搜索信息、发现和捕捉商机。在信息网络化条件下，突发事件发生的频率大大增加，未来的不确定性更加突出，组织或管理者如何增强处理突发事件的能力，这都是管理者面临的新挑战。

### 2. 经济全球化

经济全球化是信息网络化的必然结果。在网络化条件下，人们不可能像过去那样封锁信息、闭关锁国。改革开放是时代的要求，不管人们愿意与否，在最近几十年中经济全球化得到了迅猛发展，特别是我国加入WTO以后，经济蓬勃发展，突飞猛进，经济全球化的发展趋势更加势不可挡。现在世界各国经济上互相依存、互为补充、争取共赢的局面已经形成。企业在全球范围内优化配置资源，组织全球供应链。我国制造的商品已遍布全球，跨国企业的分支机构也已深入全球许多国家中，在我国最偏远的穷乡僻壤也能看到跨国公司的身影。经济全球化正在使世界变平，但由于各国发展程度、历史传统、宗教信仰、社会制度、民族文化、资源禀赋、地缘政治等存在着巨大的客观差异，必然形成多元文化、多元宗教、多元种族、多元价值观并存的现实世界，这就要求管理者必须具有宽大、包容、博爱的胸怀来进行相互交流和管理。只有相互理解、相互尊重，才能在这多样化的世界中，抓住经济全球化所带来的机遇，迅速发展自己。

经济全球化使各个经济体之间、各企业之间的关系变得十分错综复杂，风险的积累和扩大往往变得难以控制，这就要求管理者必须研究怎样才能为自己构建更加可靠的防火墙，规避经济全球化可能带来的风险，尽量使自己不受或少受损害。同时管理者也必须重新审视组织的发展战略、组织机构、管理理念、经营方式、规章制度、人力资源，看其是否适应经济全球化的时代，应当怎样才能与时俱进。

### 3. 知识资源化

知识资源化与信息网络化和经济全球化密切相关，一方面信息网络化和经济全球化必须建立在以信息技术为代表的现代科学技术高度发展的基础之上；另一方面现代科学技术知识又借助于信息网络化和经济全球化在全球范围内迅速便捷地流动和传播，从而使知识成为现代社会经济发展中最重要的资源。随着社会经济技术的发展进步，消费者对商品和服务的要求越来越高，对商品的卫生标准和生态环境的要求也更加苛刻。因此，企业及其他社会组织必须不断地创新，才能满足消费者的需要，从而使市场竞争空前激烈，而构成组织核心竞争力的最重要的因素就是创新知识。知识资源化给管理者提出了全新的挑战。过去管理者主要是管理人、财、物和相关信息的配置与流动，而如今却要把管理的重点放到对知识的管理上。特别是要管好技术创新、制度创新，维护品牌、声誉、知识产权，培养、招聘人才，建立学习型组织等问题，因为这些知识的管理问题都是任何组织基业长青的关键所在。

### 4. 管理人本化

管理人本化，是几千年来社会进步的结果，也是现代社会文明的标志。人是知识特别是未编码的创新知识的载体，在知识资源化的今天，处理好人与人的关系当然就成为管理者的头等大事。管理者肯定应追求实现组织目标，但又必须真心实意地树立"人人生来平等"的观念，尊重每一个人，维护每一个人的合法权益，在最平等的条件下，为每一个人创造全面发展的机会。实际上，不能只靠空喊"一切从人出发"的口号来解决问题，而要在管理中真正实现公平正义、自由民主，这是管理者面临的最艰巨的任务。

由于历史和文化的原因，我国各类组织中的"官本位"管理制度尚未得到彻底改革，有些管理者潜意识中"官贵民贱"的观念并未消除，"唯上""媚上""一言堂"作风盛行，

"主人"与"仆人"位置经常颠倒。更有些领导总以"救世主"自居，似乎是他恩赐给人民以"尊重"和利益，而根本没有想到自己的权力是人民给的，人民才是自己的衣食父母，毫无感恩和谦卑之心。这样的管理者讲再多的"以人为本"也毫无意义。管理人本化要求在管理者的灵魂深处爆发革命，才有可能在管理中公平公正地维护相关利益者的正当权益，才会去考虑为每个有关的人创造全面发展的平等机会。应当看到管理人本化是一个理想目标，从重视人到尊重人到全面地发展人，可能要经过一个漫长的渐进过程才能逐步实现。

### 三、管理学的研究对象与方法

#### （一）管理学的研究对象

无论是在公司、工厂、商店、银行等企业单位，或者在学校、研究所、医院、报社、电视台等事业单位，还是在政府、军队、公安等国家机关，尽管各单位工作性质千差万别，尽管各人担任的职务迥然不同，但都有人担任管理职位。当然，一位省长所做的决策与一位大学校长所做的决策完全不同，一位公司经理所管辖的人员和资源比一位班组长所管辖的人员和资源不知要大多少倍。但透过这些差别，仍然可以看到他们所从事的管理工作的共同基础。他们都是为了实现本单位的既定目标，通过计划、组织、领导、控制、创新等职能进行任务、资源、职责、权力和利益的分配，协调人们之间的相互关系。这就是各行各业各种管理工作的共同点。

管理工作的共性是建立在各种不同的管理工作的特殊性之上的。就管理的特殊性而言，工厂不同于商店，银行不同于学校，学校也不同于医院，政府不同于军队，军队更不同于学术团体……有多少种不同的社会组织就会有多少种特殊的问题，也就会有多少种解决这些特殊问题的管理原理和管理方法，由此也就形成各种不同门类的管理学，例如，企业管理学、行政管理学、学校管理学、军队管理学等。这些专门管理学根据具体的研究对象还可进一步细分，例如，企业管理学进一步分为工业企业管理学、商业企业管理学、银行管理学、旅游酒店管理学等。但是，这些专门管理学中又都包含着共同的普遍的管理原理和管理方法。这就形成了本课程——管理学的研究对象。所以，管理学是以各种管理工作中普遍适用的原理和方法作为研究对象的。各种管理学的关系如图 1-7 所示。

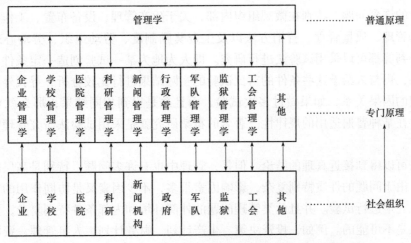

**图 1-7 管理学关系图**

### （二）管理学的研究方法

管理学与其他许多社会科学一样，其研究方法基本上有归纳法、试验法和演绎法。

#### 1. 归纳法

归纳法就是通过对客观存在的一系列典型事物（或经验）进行观察，从掌握典型事物的典型特点、典型关系、典型规律入手，进而分析研究事物之间的因果关系，从中找出事物变化发展的一般规律，这种从典型到一般的研究方法也称为实证研究。由于管理过程十分复杂，影响管理活动的相关因素极多，并且相互交叉，人们所能观察到的往往只是综合结果，很难把各个因素的影响程度分解出来，所以大量的管理问题都只能用归纳法进行实证研究。

（1）在管理学研究中，归纳法应用最广，但其局限性也十分明显。

1）一次典型调查（或经验）只是近似于无穷大的总体中的一个样本。所以，实证研究必须对足够多的对象进行研究才有价值。如果选择的研究对象没有代表性，归纳出的结论也就难以反映出事物的本质。

2）研究事物的状态不能人为地重复，管理状态也不可能完全一样，所以研究得出的结论只是近似的。

3）研究的结论不能通过实验加以证明，只能用过去发生的事实来证明，但将来未必就是过去的再现。

（2）在运用归纳法进行管理问题的实证研究时，应当注意以下几点：

1）要弄清与研究事物相关的因素，包括各种外部环境和内部条件，以及系统的或偶然的干扰因素，并尽可能剔除各种不相关的因素。

2）选择好典型，并分成若干类，分类标准应能反映事物的本质特征。

3）调查对象应有足够数量，即按抽样调查原理，使样本容量能保证调查结果的必要精度。

4）调查提纲或问卷的设计要力求包括较多的信息数量，并便于做出简单明确的答案。

5）对调查资料的分析整理，应采取历史唯物主义和辩证唯物主义的方法，来寻找事物之间的因果关系，切忌采取先有观点再搜集材料加以论证的形而上学方法。

#### 2. 试验法

管理中的许多问题，特别在微观组织内部，关于生产管理、设备布置、工作程序、操作方法、现场管理、质量管理、营销方法以及工资奖励制度、劳动组织、劳动心理、组织行为、商务谈判等都可以采用试验法进行研究。即人为地为某一试验创造一定条件，观察其实际试验结果，再与未给予这些条件的对比试验的实际结果进行比较分析，寻找外加条件与试验结果之间的因果关系，如果做过多次试验，而且总是得到相同结果，那么就可以得出结论，这里存在某种普遍适用的规律性。著名的霍桑研究就是采用试验法研究管理中人际关系的成功例子。

试验法可以得到接近真理的结论。但是，管理中也有许多问题，特别是高层的、宏观的管理问题，由于问题的性质特别复杂，影响因素很多，不少因素又是协同作用的，所以很难逐个因素孤立地进行试验。并且此类管理问题的外部环境和内部条件特别复杂，要想进行人为的重复也是不可能的。例如，投资决策、生产计划、财务计划、人事管理、资源分配等许多问题几乎是不可能进行重复试验的。

3. 演绎法

对于复杂的管理问题，管理学家可以从某种概念出发，或从某种统计规律出发，也可以在实证研究的基础上，用归纳法找到一般的规律性，并加以简化，形成某种出发点，建立起能反映某种逻辑关系的经济模型（或模式），这种模型与被观察的事物并不完全一致，它反映的是简化了的事实，它完全合乎逻辑的推理。它是从简化了的事实前提推广得来的，所以这种方法称为演绎法。从理论概念出发建立的模型称为解释性模型，如投入产出模型、企业系统动力学模型等，都是建立在一定理论概念基础之上的。从统计规律出发建立的模型称为经济计量模型，如柯普—道格拉斯生产函数模型，以及建立在回归分析和时间序列分析基础上的各种预测模型和决策模型。建立在经济归纳法基础上的模型称为描述性模型，如现金流量模型、库存储备量模型、生产过程中在制品变动量模型等。

# 第四节 企业管理基本原理与基础工作

## 一、企业管理基本原理

企业管理的基本原理是指经营和管理企业必须遵循的一系列最基本的管理理念和规则。目前，关于企业管理基本原理的表述，存在着不同的观点，可以说是仁者见仁，智者见智，本书仅介绍其中的主要观点。

### （一）系统原理

1. 系统的概念与特点

系统是由两个或两个以上既相互区别又相互联系、相互作用的要素组成的，具有特定功能的有机整体。一般来说，系统具有整体性、相关性、目的性、层次性、环境适应性等特点。而且这个系统本身又是它所属的一个更大系统的组成部分。从管理的角度看，系统具有以下基本特征：

（1）目的性。任何系统的存在，都是为了一定的目的，为达到这一目的，必有其特定的结构与功能。

（2）整体性。任何系统都不是各个要素的简单集合，而是各个要素按照总体系统的同一目的，遵循一定规则组成的有机整体。只有依据总体要求协调各要素之间的相互联系，才能使系统整体功能达到最优。

（3）层次性。任何系统都是由分系统构成，分系统又由子系统构成。最下层的子系统是由组成该系统基础单元的各个部分组成的。

（4）独立性。任何系统都不能脱离环境而孤立存在，只能适应环境，只有既受环境影响，又不受环境左右而独立存在的系统，才是具有充分活力的系统。

（5）开放性。管理过程必须不断地与外部社会环境交换能量与信息。

（6）交换性。管理过程中各种因素都不是固定不变的，组织本身也存在变革。

（7）相互依存性。管理的各要素之间是相互依存的，而且管理活动与社会相关活动之间也是相互依存的。

（8）控制性。有效管理系统必须有畅通的信息与反馈机制，使各项工作能够及时有效地得到控制。

### 2. 系统的观点

系统作为一种方法，在研究、分析和解决问题时必须具备以下观点：

（1）整体观点。整体的功效应大于各个个体的功效之和。

（2）开放性与封闭性。若系统与外部环境交换信息与能量，就可以把它看成是开放的；反之，就可以把它看成是一个封闭的系统。

（3）封闭则消亡的观点。凡封闭的系统，都具有消亡的倾向。

（4）模糊分界的观点。将系统与其所处的环境分开的"分界线"往往是模糊的。

（5）保持"体内动态平衡"的观点。开放的系统要生存下去，至少必须从环境中摄取足够的投入物来补偿其产出物和其自身在运动中所消耗的能量。

（6）信息反馈观点。系统要达到体内动态平衡，就必须有信息反馈。

（7）分级观点。每个系统都有子系统，同时它又是一个更大系统的组成部分，它们之间是等级形态。

（8）等效观点。在一个社会系统内，可以用不同的输入或不同的过程来实现同一个目标，不存在唯一的最好的方式。

★小案例

#### 皇宫修复工程

宋真宗祥符年间，由于皇城失火，宫殿被全部烧光，皇帝命一个名为丁渭的大臣全权负责皇宫的修复工程，怎样才能修复得又快又好呢？经过反复考虑，他提出了一套完整的施工方案。首先，把皇宫前面原有的一条大街挖成沟渠，用挖出的土烧砖烧瓦，从而就地就近解决部分建筑材料问题；其次，再利用这条沟渠，与开封附近的汴水接通，形成航道，运进沙石木材等，使用了当时最经济有效的运送方式——水运，节省了大量人力、物力、财力和时间；最后，在皇宫修复后撤水，并用废弃物填沟，修复了原大街，丁渭利用这条沟渠，处理了废物，又节约了运输，其中所体现出的系统思想是极其典型的。他自始至终将皇宫的修复工程看成一个整体，把快、好、省巧妙地结合起来，并有步骤地达到了预定的目的。

### 3. 企业管理系统的特点

企业管理系统是一个多级、多目标的大系统，是庞大国民经济系统的一个组成部分。企业管理系统具有以下主要特点：

（1）企业管理系统具有统一的生产经营目标，即生产适应市场需要的产品，提高经济效益。

（2）企业管理系统的总体具有可分性，即将企业管理工作按照不同的业务需要分解为若干不同的分系统或子系统，使各个分系统、子系统互相衔接、协调，以产生协同效应。

（3）企业管理系统的建立要有层次性，各层次的系统组成部分必须职责分明，各司其职，具有各层次功能的相对独立性和有效性，高层次功能必须统率其隶属的下层次功能，下层次功能必须为上层次功能的有效发挥竭尽全力。

（4）企业管理系统必须具有相对的独立性。任何企业管理系统都是处在社会经济发展的大系统中，因此必须适应这个环境，但又要独立于这个环境，企业管理系统才能处于良好的运行状态，达到企业管理系统的最终目的——获利。

### （二）分工原理

分工原理产生于系统原理之前。但其基本思想是，在承认企业及企业管理是一个可分的有机系统的前提下，对企业管理的各项职能与业务按照一定的标准进行适当分类，并由相应的单位或人员来承担各类工作，这就是管理的分工原理。

分工是生产力发展的要求，早在 17 世纪机器工业开始形成时期，英国经济学家亚当·斯密就在《国民财富的性质和原因的研究》一书中，系统地阐述了劳动分工的理论，20 世纪初，泰勒又做了进一步的发展。分工的主要好处如下：

（1）分工可以提高劳动生产率。劳动分工使工人重复完成单项操作，从而提高劳动的熟练程度和劳动生产率。

（2）分工可以减少工作损失时间。劳动分工使工人长时间从事单一的工作项目，其间不用或很少变换工作，从而减少工作损失时间。

（3）分工有利于技术革新。劳动分工可以简化劳动，使工人的注意力集中在一种特定的对象上，有利于工人创造新工具和改进设备。

（4）分工有利于加强管理，提高管理工作效率。在泰勒将管理业务从生产现场分离出来之后，随着现代科学技术和生产的不断发展，管理业务也得到了进一步的划分，并成立了相应的职能部门，配备了有关专业人员，从而提高了管理工作效率。

分工原理适用范围广泛，从整个国民经济来说，可分为工业、农业、交通运输、邮电、商业等部门；从工业部门来说，可按产品标志进行分工，设立产品专业化车间；也可按工艺标志进行分工，设立工艺专业化车间；在工业企业内部还可按管理职能不同，将企业管理业务分解为不同的类型，分别由相应的职能部门去从事管理，从而提高管理工作效率，使企业处于正常的、良好的不断运转状态。

分工要讲究实效，要根据实际情况进行认真分析，实事求是，一般企业内部分工既要职责分明，又要团结协作，在分工协作的同时要注意建立必要的制约关系。分工不宜过细，也不宜过粗，但界面必须清楚，才能避免推诿、扯皮现象的出现。在专业分工的前提下，按岗位要求配备相应技术人员，是企业产品质量和工作质量得到保证的重要措施。在做好劳动分工的同时，还要注意加强对职工的技术培训，以适应新技术、新方法不断发展的新要求。

### （三）弹性原理

弹性原理是指企业为了达到一定的经营目标，在企业外部环境或内部条件发生变化时，有能力适应这种变化，并在管理上所表现出的灵活的可调节性。现代企业是国民经济巨系统中的一个系统。它的投入与生产都离不开国民经济这个巨系统，它所需要的生产要素由国民经济各个部门向其投入，它所生产的产品又需要向其他部门输出。可见，国民经济巨系统乃是企业系统的外部环境，是企业不可控制的因素，而企业内部条件则是企业本身可以控制的因素。当企业外部环境发生变化时，企业可以通过改变内部条件来适应这种变化，以保证达到既定的经营目标。

弹性原理在企业管理中应用范围很广。例如，计划工作中留有余地的思想，仓储管理中保险储备量的确定，新产品开发中技术储备的构想，劳动管理中弹性工作时间的应用等，都在管理工作中得到广泛的应用，并取得了较好的成果。

近年来，在实际管理工作中，人们还自觉不自觉地把弹性原理应用于产品价值领域，收到了意想不到的效果，称其为产品弹性价值。产品价值是由刚性价值与弹性价值两部分构成的，形成产品使用价值所消耗的社会必要劳动量称为刚性价值，伴随在产品使用价值形成或实现过程中附着在产品价值中的非实物形态的精神资源，如产品设计、制造者、销售者、商标以及企业的声誉价值，都属于产品的弹性价值，又称无形价值或精神价值，是不同产品的一种"精神级差"。这种"精神级差"是产品市场价值可调性的重要标准，是企业获得超额利润的无形源泉，在商品交换过程中呈弹性状态，是当今企业孜孜不倦追求的目标之一。

### （四）效益原理

效益原理是指企业通过加强管理工作，以尽量少的劳动消耗和资金占用，生产出尽可能多的符合社会需要的产品，不断提高企业的经济效益和社会效益。

提高经济效益是社会主义经济发展规律的客观要求，是每个企业的基本职责。企业在生产经营管理过程中，一方面要努力降低消耗、节约成本；另一方面要努力生产适销对路的产品，保证质量，增加附加值。从节约和增产两个方面提高经济效益，以求得企业的生存与发展。

企业在提高经济效益的同时，也要注意提高社会效益。经济效益与社会效益是一致的，但有时也会发生矛盾。一般情况下，企业应从大局出发，满足社会效益，在保证社会效益的前提下，最大限度地追求经济效益。

### （五）激励原理

激励原理是指通过科学的管理方法激励人的内在潜力，使每个人都能在组织中尽其所能，展其所长，为完成组织规定的目标而自觉、努力、勤奋地工作。

人是生产力要素中最活跃的因素，创造团结和谐的工作环境，满足职工不同层次的需求，正确运用奖惩办法，实行合理的按劳分配制度，开展不同形式的劳动竞赛等，都是激励原理的具体应用，都能较好地调动人的劳动热情，激发人的工作积极性，从而达到提高工作效率的目的。

★ 寓 言

#### 驴是怎么死的

驴耕田回来，躺在栏里，疲惫不堪地喘着粗气，狗跑过来看它。

"唉，老朋友，我实在太累了。"驴诉着苦，"明儿个我真想歇一天。"

狗告别后，在墙角遇见了猫。狗说："伙计，我刚才去看了驴，这位大哥实在太累了，它说它想歇一天。也难怪，主人给它的活儿太多太重了。"

猫转身对羊说："驴抱怨主人给它的活儿太多太重，它想歇一天，明天不干活儿了。"

羊对鸡说："驴不想给主人干活儿了，它抱怨它的活儿太多太重。唉，也不知道别的主人对他的驴是不是好一点儿。"

鸡对猪说："驴不准备给主人干活儿了，它想去别的主人家看看。也真是，主人对驴一点儿也不心疼，让它干那么多又重又脏的活儿，还用鞭子粗暴地抽打它。"

晚饭前，主妇给猪喂食，猪向前一步说："主妇，我向你反映一件事，驴的思想最近很有问题，你得好好教育它。它不愿再给主人干活儿了，它嫌主人给它的活儿太重太多、太脏太累了。它还说它要离开主人，到别的主人那里去。"得到猪的报告，晚饭桌上，主妇对主人说："驴想背叛你，它想换一个主人。背叛是不可饶恕的，你准备怎么处置它？""对待背叛者，杀无赦！"主人咬牙切齿地说道。

可怜，一头勤劳而实在的驴，就这样被传言"杀"死了。

〔点评〕谨言慎行。不要轻易相信隔耳的传言，除非你当面证实，否则你会做出错误的判断。也许平时我们就是那头任劳任怨的驴，身边传是非的人太多了，我们就有了可悲的下场。

激励理论主要有需要层次理论、期望理论等。严格地说，激励有两种模式，即正激励和负激励。对工作业绩有贡献的个人实行奖励，在更大程度上调动其积极性，使其完成更艰巨的任务，属于正激励；对因个人原因而使工作失误且造成一定损失的人实行惩罚，迫使其吸取经验教训，做好工作，完成任务，属负激励。在管理实践中，按照公平、公正、公开、合理的原则，正确运用这两种激励模式，可以较好地调动人的积极性、激发人的工作热情、充分挖掘人的潜力，从而使他们把工作做得更好。

### （六）动态原理

动态原理是指企业管理系统随着企业内外环境的变化不断更新自己的经营观念、经营方针和经营目标，为达此目的，必须相应改变有关的管理方法和手段，使其与企业的经营目标相适应，企业在发展，事业在前进，管理跟得上，关键在于更新，运动是绝对的，不动是相对的，因此企业既要随着环境的变化，适时地变更自己的经营方法，又要保持管理业务上的适当稳定，没有相对稳定的企业管理秩序，也就失去了高质量的管理基础。

在企业管理中与此相关的理论还有矛盾论、辩证法。好与坏、多与少、质与量、新与老、利与弊等都是一对矛盾的两个方面，在实际操作过程中，要运用辩证的方法，正确、恰当地处理矛盾，使其向有利于实现企业经营目标的方向转化。

### （七）创新原理

创新原理是指企业为实现总体战略目标，在生产经营过程中，根据内外环境变化的实际，按照科学态度，不断否定自己，创造具有自身特色的新思想、新思路、新经验、新方法、新技术，并加以组织实施。

企业创新，一般包括产品创新、技术创新、市场创新、组织创新和管理方法创新等。产品创新主要是提高质量，扩大规模，创立名牌；技术创新主要是加强科学技术研究，不断开发新产品，提高设备技术水平和职工队伍素质；市场创新主要是加强市场调查研究，提高产品市场占有率，努力开拓新市场；组织创新主要是企业组织结构的调整要切合企业发展的需要；管理方法创新主要是企业生产经营过程中的具体管理技术和管理方法的创新。

★案例

**新格局、新优势、新跨越**

新兴际华集团际华三五一四制革制鞋有限公司（以下简称三五一四）集合解放思想的动力、运用知识资本的智力、夯实基础管理的魄力、打造人才队伍的魄力、牢记干部作风的压力，五力合一，打造核心竞争力。

自2011年新一届领导班子上任到2013年年底，三五一四三年利润累计20 453万元，相当于1991—2010年20年的总和。2013年皮鞋年产量较2010年增长了1.3倍，DESMA分厂单月产量突破了 10 万双，产品成本甚至低于民营企业水平。

数据的持续上涨体现了三五一四正在向"幸福一四""和谐一四"逐步靠近，而伴随三五一四的蓬勃发展，董事长高永庆却越感战战兢兢，如履薄冰，这是为什么呢？他说："公司发展后劲儿不足，缺乏核心竞争能力，在明确前进方向、坚定奋斗目标的前提下，如何破解和提升核心竞争力这个难题，需要我们充分思考。"

### 解放思想是提高企业核心竞争力的前提

解放思想是个永恒的主题。在 2014 年新兴际华集团工作会议当中，董事长刘明忠的讲话中以 2/3 的篇幅来强调进一步解放思想，打破一切制约企业发展的枷锁。

高永庆认为，作为老牌国企的三五一四，更要自省，怎样打破一切制约企业发展的枷锁，企业怎样快速发展，提高盈利能力？他说："是做实业生产的牧人，还是资产经营的猎人？这需要我们解放思想，找准定位，创造优势。作为制造型企业，我们不仅要一如既往地做关注产品和技术的牧人，还要做多角度多方位寻找一切投资机会的猎人，全面拓展'不唯所有，但为所用'的资源思路，充分利用各种社会资源来取得效益。"

### 知识能力是提高企业核心竞争力的关键

企业增值是三五一四始终思考的课题。三五一四拥有年 300 万双的生产能力；企业取得了 6 亿元的银行综合投信额度、1.20 亿美元投信额度；拥有井陉房地产开发及经营、抚宁产业园项目开发等资产。然而怎样能将牧人的实业和猎人的资本转变为企业价值，高永庆表示："这就需要知识和能力。"学习怎样调整产品发展及定位，寻找营销模式及品牌渠道的创新，进行产业链的经营。向产业链"微笑曲线"两端延伸等。

### 基础管理是提高产业核心竞争力的手段

高永庆介绍，三年来，三五一四的基础管理水平有提高、有进步，但是管理还是粗犷的。例如，研发水平与市场需求还有一定差距，无法引领市场、无法为销售提供更有价值的"武器"，市场开发还急需挖掘，品牌运作无经验，市场谋划不足。质量管理体系还需加强，在严抓军品质量的同时，民品的物化指标急需提高，尤其是产品的品质和档次，生产组织体系需要调整，在保证大批量的大生产模式的同时，还需适当小批量、多品种、快速供应的柔性化生产模式；售后服务体系方式需要转变，将事后处理变为事前预防，积极改革适应市场发展的售后及服务体系。

### 人才队伍是提高企业核心竞争力的保证

企业的竞争，说到底是人才的竞争，"六六四"的管理模式即六支人才队伍、六个职级的薪酬待遇、实行四个等级的考核还在实施摸索中。针对不同团队、不同岗位类别，三五一四分别建立六到四个职级，实行业绩上职级上薪酬上，业绩下职级下薪酬下。在此基础上，通过绩效考核、测评等方式，对人员进行评定。通过动态管理，优胜劣汰，优中选优，不升就降，不提高就落后，培养选拔六支人才团队。"2014 年三五一四刚刚完成首席技术人才的聘任。以此为契机，打造三五一四一流的人才队伍。今后扩大发展的最大瓶颈来自人才，想让有志于和三五一四一流共进退的人才加入进来、涌现出来，就需要为他们提供发展的平台。企业从 5 个亿发展到 10 个亿，2014 年将近 15 个亿，需要多少人才来支撑？关键是要掌握本领提升能力，尤其是年轻同志要迅速学习、迅速成长。只要你有能力，我们能给你提供这个舞台，没有舞台，我们建个舞台也要让你发展，这是我的肺腑之言。"高永庆说。

**应对变化，在创新中崛起**

2014年及今后一个时期，三五一四的发展思路是：围绕1个目标——紧紧围绕"1357831"发展战略，努力实现发展战略转移，产业结构转变，产品结构升级；寻求两个突破——在企业综合管理、营销模式上寻求新突破；推进4个项目——加快推进房地产开发项目、际华产业园项目、科技创新项目、拓展皮革毛皮市场项目等计划进度，全面完成社会化产业链。而三五一四同时也面临着更加复杂多变的发展环境。高永庆介绍说："网络信息时代的复杂经济正在逐步替代工业时代的简单经济，经济格局的转化同时带动了企业的快速更新换代，如阿里巴巴、腾讯、小米等。这些倒下的和崛起的企业具有一个共同特点：倒下的缺乏创新，崛起的赢在创新。"

2014年三五一四又一次站在时代变革的新起点，这是一次孕育新希望的新征程，虽然面临着巨大的发展压力，但是在全体员工坚持解放思想，坚持改革创新，进一步调整产品和产业结构，提升产品质量，强化风险管理，夯实基础管理，严格各项考核，强力推进"一四八八"发展战略的前提下，三五一四还是向着和谐一四、幸福一四扬帆起航。

### （八）可持续发展原理

可持续发展原理是指企业在整个生命周期内，随时注意调整自己的经营战略，以适应变化了的外界环境，从而使企业始终处于兴旺发达的发展阶段。现代企业家追求的目标，不是企业一时的兴盛，而是长盛不衰，这就需要按可持续发展的原理，从历史和未来的高度，全盘考虑企业资源的合理安排，既要保证近期利益的获取，又要保证后续事业得到蓬勃的发展。

## 二、企业管理基础工作

就生产制造企业而言，企业管理基础工作主要包括标准化工作、定额工作、计量工作、信息工作、规章制度、职工教育、班组建设七个方面。

### （一）标准化工作

标准化工作是指企业生产中以制定标准和贯彻标准为内容的全部活动过程，它是企业管理中一项涉及技术、经济、管理等方面的综合性基础工作，据标准性质的不同，可以划分成技术标准和管理标准两类。技术标准包括以下四个方面的内容：

（1）产品标准。产品标准即对产品的规格、参数、质量要求、检验方法及包装运输、使用维修等方面所做的统一规定，是衡量产品质量的依据。

（2）方法标准。方法标准是对生产过程中具有通用性的重要程序规则方法所做的统一规则。

（3）基础标准。基础标准是生产技术活动中最基本的有指导意义的标准。

（4）安全与环保标准。安全与环保标准是对有关设备与人身安全、卫生和环境保护等方面的专门规定，管理标准即把重复出现的管理业务和工作责任，按有效利用时间、提高工作效率的要求，对工作程序和工作方法所做的统一规定，作为共同遵守的行为准则。

### （二）定额工作

定额是在一定的生产技术条件下，企业规定在人、财、物等方面的消耗、占用、利用应该达到的数量标准。定额是一种衡量效率的尺度，它是在各种作业与管理方法标准的基础上制定的。作为基础工作的企业的各种经济技术定额，是一个完整的体系，企业现行定额的主要内容有以下六个方面：

1. 劳动定额

劳动定额是劳动消耗量定额，是指在一定生产劳动组织和技术条件所规定的单位产品劳动消耗量的标准。它有工时定额和产品定额两种表现形式，前者指生产单位产品所需的时间，后者指工人在单位时间内应该完成的产量，两者互为倒数。

2. 物资消耗定额

物资消耗定额是指在一定生产技术条件下规定的生产单位产品需要消耗的物资标准，如原材料消耗定额、能源消耗定额、工具消耗定额、劳保用品消耗定额及有关物资的储备定额等。

3. 设备利用和修理定额

设备利用定额是在一定的生产技术条件下单台设备在单位开动时间内的产量标准。设备修理定额是指为了编制设备修理计划而制定的有关定额。

4. 生产组织定额

生产组织定额又称期量标准，是指在生产组织过程中为编制作业计划而制定的有关时间和数量的标准。由于企业的生产类型不同，需要在生产组织工作上规定不同的"期"和"量"方面的标准，如为大量生产规定节拍、节奏，为成批生产规定批量、生产间隔期、生产周期、投入提前期，在制品储备定额等，为单位小批生产规定生产周期。

5. 资金占用定额

资金占用定额是指在一定的生产组织和技术条件下，根据生产经营计划所规定的固定资金与流动资金平均占用的标准。其中固定资金占用定额是根据生产经营计划核定的固定资产需要量的货币占用额；流动资金占用定额则可分为储备资金定额、生产资金定额、成品资金定额三种形态，分别加以核定。

6. 费用控制定额

费用控制定额是根据费用预算规定的一个单位或个人的费用开支限额，如车间办公费用定额、企业管理费用定额等。

### （三）计量工作

计量是为了达到统一的单位制，通过技术和法制相结合的手段，保证量值的准确一致。计量工作就是要求运用科学的方法与手段，对生产经营活动中的量和质的数值加以掌握和管理。它包括计量技术和计量管理两个部分的内容。

1. 计量技术

计量技术是指计量基准的建立、量值的传递及生产过程中的实地测量，包括计量方法和计量手段两个方面。计量技术按使用需要可分为以下三种：

（1）标准测量技术。标准测量技术是指与基准器有关的通过法制手段进行量值传递的测量，具有最高的测量水平，由专门的计量部门来完成。

（2）工业测量技术。工业测量技术是生产过程中的工艺测量，目的是监测和控制现场的量值，保证起码的产品技术指标的要求。

（3）计量测试技术。计量测试技术是指法制标准量值传递系统中末端的测量，属于标准过渡的中间测量，目的是扩大标准的上下量限，它主要用于对生产量值的监督。

2. 计量管理

计量管理是计量工作的另一组成部分，目的是保证量值的统一。计量管理主要包括以下三个方面的内容：

（1）工业计量管理。工业计量管理是以产品为核心的单位计量管理，又可分为生产组织管理、质量技术管理和综合协调管理等。

（2）商业计量管理。商业计量管理是以商品为核心的单位计量管理，也就是市场的计量管理。

（3）法制计量管理。法制计量管理是对尺、衡器、电度表等关系到国计民生利益的单位量的管理。

### （四）信息工作

信息是指企业进行生产经营决策以及实施决策所必需的资料数据。企业的信息工作可以划分为内部和外部两大类。内部信息工作主要是指企业生产经营过程的信息产生和信息处理，包括各项专业管理的原始记录台账、统计报表和统计分析等。企业的外部信息工作主要是指各种经济行业、科学技术情报的收集。情报又可以分为综合经济情报和行业经济情报。综合经济情报包括经济形势和亚太经济政策，国家重大建设项目，财政金融状况与政策，价格政策，劳动工资的状况与政策，国家对企业实施的政策、制度与法规，企业管理科学的进步等方面的情报；行业经济情报包括同行业企业的发展动向、同行业企业的概况与主要经济技术指标、市场竞争的现状与趋势、用户的意见与要求等方面的情报。科学技术情报则包括有关的工艺技术革新和新产品的发展、原材料和能源技术的发展、企业技术改造的前景等方面的情报。

### （五）规章制度

企业的规章制度是加强企业管理的基础，是全体职工的行为规范，是进行生产、技术、经济活动及协调组织与个人相互之间关系的准则。而作为企业管理基础工作的规章制度是指企业经营管理方面的经济责任制、岗位责任制、专业工作责任制和有关专业管理制度。这些制度具体规定企业的各级组织、各类人员的工作目标、职责和权限范围。

有关生产技术经营方面的管理制度和其他各方面的管理制度的制定必须从实际出发，考虑企业特点和生产需要，有利于调动职工积极性。规章制度的内容既要有定性的要求，又要有定量的要求，便于检查和考核；规章制度必须注意上下左右关系的协调配合，有利于充分发挥各种资源的作用；规章制度还要简明扼要，便于理解、记忆与推行。

### （六）职工教育

职工教育是企业对在职职工有计划、有组织、有目的地通过业余或脱产的形式进行思想政治、文化知识、业务技术和经营管理方面的能力教育和素质培训。企业职工教育的对象为企业的全体员工，培训教育的内容大体可分为企业管理人员的培训、工程技术人员的培训和工人的培训三类。

1. 企业管理人员的培训

企业管理人员的培训包括企业领导、车间与职能部门负责人、工段长与班组长培训。

（1）对企业领导的培训，内容大体上是我国现行的路线方针、经济政策、法律法规、改革动态和经济管理理论、外贸知识、领导科学、现代化管理知识和计算机应用等。

（2）车间与职能部门负责人的培训，内容大体包括职业道德、经济政策、企业法规、专业理论、管理知识和安全生产等，以提高其业务能力、管理水平和自身素质。

（3）工段长与班组长的培训，内容包括思想作风、企业法规、业务技术、现场管理知识、安全生产及文化知识等，以提高其文化程度和业务技术水平以及组织管理的实际工作能力。

2. 工程技术人员的培训

工程技术人员是企业的技术资源和宝贵财富，对他们的培训主要包括知识产权法规、技术经济政策、新技术发展动态、产品开发研究与管理、专业知识、计算机应用及外语等，使他们更新知识、拓展思路、精通业务，提高业务素质和工作能力。

3. 工人的培训

工人是企业的主体，也是企业的主人。对工人的培训主要包括思想作风、职业道德、企业法规、应知应会的操作技能、技术晋级、安全生产与遵章守纪及岗前培训等，以逐步使其达到文化水平、劳动技能和自身素质的全面提高。

### （七）班组建设

班组是企业中最基层的工作组织，肩负着直接创造物质财富、完成生产转换过程的任务。加强班组建设，是提高现代企业自身素质和管理水平所不可缺少的基础工作之一，必须切实抓好，班组建设的内容广泛，归纳起来主要有四个方面，即思想建设、组织建设、制度建设和业务建设。这四个方面是一个相辅相成的有机整体，缺一不可。

非生产性企业的基础工作根据各自特点各有不同。

## 三、企业管理现代化

企业管理现代化内容主要包括管理思想现代化、管理组织现代化、管理方法现代化、管理手段现代化和管理人才现代化五个方面。

### （一）管理思想现代化

思想观念的转变是经济改革的先导。正确的经营管理思想是企业管理现代化的根本。所谓管理思想现代化，就是要使企业的经营管理思想适应现代化大生产和市场经济的客观要求。按照社会主义市场经济的客观要求，企业应该树立起以下一些观念：

1. 投入产出观念

企业从事生产经营活动，要讲究经济效益，力争以尽可能少的人力、物力、财力和时间的投入，获得尽可能多的产出。应克服盲目追求速度、规模，轻视效率、效益的思想。

2. 市场观念

商品的价值最终要通过商品交换来实现，不按照价值规律办事，企业就很难生存发展。为此，要及时调查市场需求情况和用户要求，把企业的生产经营活动与市场需求紧密联系起来。

3. 竞争观念

有市场就有竞争，市场的竞争是无情的。企业只有根据国内外市场信息加强技术开发，自觉运用价值规律，以优质的产品、优质的服务、良好的信誉满足用户和顾客的需求，才能在市场中立于不败之地。

4. 资本经营观念

企业要自我改造、自我发展，仅仅靠自有资金是不够的。因此，要有利息和资金周转的概念，善于筹措资金和运用资金。有的企业习惯于使用自有资金或国家财政拨款，不善于利用银行贷款进行技术改造，更谈不上通过股份制改造筹集更多的资金。资金是企业的血液，发展市场经济离不开资本运作，关键是要学会筹钱、用钱，加速资金周转。

5. 时间和信息观念

时间和信息也是重要的资源。在激烈的市场竞争中，"时间就是金钱"，新产品开发的时机恰到好处，就可以很快占领市场、扩大销售、增加盈利。时间也有价值，利用得好，就会占用少、周转快，用更少的资金可以带来更多的盈利。现代企业经营更离不开信息，没有正确及时的信息，会导致决策失误。加强和改进信息管理，可以大大提高工作效率和企业效益。

6. 人才开发观念

企业的竞争，归根结底是人才的竞争。在社会主义市场经济体制下，企业的经营成果与企业的生存发展、职工的切身利益密切相关，如果不树立人才开发观念，不重视职工教育，就适应不了这种形势。企业要善于发现人才，合理使用人才，积极吸引人才并用有效的办法激励人才成长。现代企业用人已经不是"一次分配定终身"的人事制度，而是允许人才合理流动，在流动中做到人尽其才，相对稳定，优化人员知识、能力结构。

### （二）管理组织现代化

管理组织是企业经营管理系统中的一个重要组成部分。企业管理组织现代化应根据统一指挥、分权与集权相结合而建立，应该能适应科学技术和生产力发展的需要，从本企业的特点和实际情况出发，对企业组织机构、生产指挥系统、服务系统不断进行改革调整，使管理组织机构合理化、高效化，并建立科学的责任制和多种严格的规章制度。管理组织现代化的主要形式有组织流程再造、内部组织团队化、组织扁平化、组织边界柔性化、组织网络化、规模小型化、组织分立化、组织虚拟化、建立战略联盟等。

### （三）管理方法现代化

管理方法现代化是指企业在管理中，广泛采用的符合客观规律的科学方法，它是现代科学技术成果在管理上的具体应用。管理方法现代化多达几十种，目前常用的主要方法有预测技术、决策技术、目标管理、价值工程、全员设备管理、经济责任制、系统工程、ABC分析法、成组技术、看板管理、量本利分析等。企业推广管理方法现代化，必须根据企业自身条件，遵循适用、效能的原则，有选择、有分析地采用。要反对违背客观实际、强求一致、求全求新、哗众取宠、追求一时轰动效应的形式主义做法。

### （四）管理手段现代化

管理手段现代化是指企业在管理的各个方面，广泛积极地采用包括计算机以及经济、行政和法律在内的一切管理手段。随着市场经济的发展、科学技术的进步，企业管理的信息量越来越大，关系越来越复杂，对信息处理的速度和准确性提出了更高的要求。同时，由于管理人员的工作量大大增加，依靠手工处理信息的收集、转抄和计算已不适合。为了完善企业生产经营活动和节约管理劳动，就需要使用计算机这个重要工具实施信息化、自动化管理。管理手段现代化一定要有系统的思想，从人才培训到机型选择以及软件开发等都应有长远的战略观点；要建立起不同水平的计算机管理信息系统；要根据行业和专业特点，适应不同企业的需要，尽快开发出符合我国企业特点的各种类型的管理软件，实行技术有偿转让和专利制，以减少和避免在软件开发方面低水平的重复劳动。

### （五）管理人才现代化

推进企业管理现代化，归根结底要靠知识、靠人才、靠广大职工的聪明才智和创造性，没有大批具有现代化管理知识、富有实践经验、头脑敏锐、视野开阔、善于吸收国内外先进科学技术成果和管理经验的开拓型人才，就没有企业管理现代化。管理人才现代化包括人才观念现代化、人才结构合理化、人才管理现代化等方面。

1. 人才观念现代化

人才观念现代化就是要尊重知识，尊重人才，树立人才在现代化建设中具有重要地位和作用的观念，如微软公司选拔的人才并非都是技术专家，而是与时俱进的学习快手。

2. 人才结构合理化

人才结构合理化是指企业不仅要在人员总量上合理，而且在各类专业和各个层次的人才构成等方面也必须搭配得当，要有一支门类齐全、结构合理、成龙配套的经营管理者队伍。同时，人才结构合理化要求每一个管理人员既有纵向的专业知识，又有横向的系统知识。

3. 人才管理现代化

人才管理现代化就是要做好人才的选拔、使用、培养和考核，充分调动和发挥各类人才的积极性和专业特长。

上述企业管理现代化五个方面的内容是密切联系的，它们之间相辅相成，构成有机的整体。推进企业管理现代化，一定要从企业实际出发，讲求实效，不搞形式主义。

## 四、企业素质改善与提高

### （一）企业素质的基本含义

"素质"一词本来是生理学和心理学中的专门术语，是指人的生理特征和体质、感官及心理状态等方面的特点，后泛指人或物在某些方面的本来特点和原有基础。把"素质"这个概念用于对构成企业的各个因素和它的各种能力的评定，就是人们所说的企业素质。

企业素质表现为生产力各基本要素的质量，即劳动者、劳动对象、劳动手段、科技和管理的质量。这是因为：一是在企业规模和要素资源数量一定的条件下，只有不断地改善和提高诸要素的质量内涵，企业才有可能主动地参与竞争，适应外部环境的变化；二是在生产力诸要素中，科学技术成就的不断涌现推动着人类文明和社会进步，但科学技术作为一种相对抽象的生产力，不可能超脱于人或物等客观载体而独立存在，它表现为生产力各基本要素在社会再生产过程中通过与科学技术的结合而产生的价值增量，最终表现为现实的和具体的生产力；三是从一定意义上讲，管理也是一种生产力，管理的好坏，已成为直接影响企业经营成败的关键环节。

素质由管理人员素质、技术装备素质和经营管理素质构成，而且各种素质是相互联系和相互制约的。技术素质是基础，管理素质是保证，而人员素质特别是企业经营者的素质是企业兴衰存亡的关键。

### （二）企业素质的基本内容

人员素质、技术装备素质与经营管理素质等是构成企业素质的基本要素。企业素质的高低主要取决于这三个基本要素的质量水平及结合程度。

1. 人员素质

人员素质就是劳动者本身的素质。其主要包括身体素质、心理素质、外在素质、文化素质、专业素质和技能与习惯素质六个方面。

（1）身体素质由健康状况、体力、体能、体态和精力五个方面组成。

（2）心理素质可分为动能心理素质、智能心理素质、复合心理素质。其中，动能心理素质由需要、情感、动机和注意力四种品质构成；智能心理素质由认知能力、运筹与决策能力、行为能力构成；复合心理素质则包括意志、气质、审美、社交和道德等诸种品质。

（3）外在素质由容貌、体形、风度、服饰等因素构成。

（4）文化素质是人们经过正规教育和对文化知识熟练掌握后所达到的心理水准及由此产生的心态。

（5）专业素质是指个人从事某项工作或开展某项活动的能力，它是专业人员最重要的素质。

（6）技能与习惯素质是人们经过多次重复活动后所形成的动力趋向与定型的经验。

在现代企业中，管理者的素质直接影响着企业领导班子的整体水平，甚至关系着整个企业的兴衰。因此，企业管理者要具备比普通人更高的素质标准。

评判一个管理者的素质通常有四个标准：①一个人的思想成熟程度；②心理和人格的健全程度；③知识能力结构的合理程度；④为人处事的通达程度。

**2. 技术装备素质**

技术装备素质是指包括劳动对象和劳动手段在内的基本物质基础，主要包括企业的技术构成、装备水平、产品的技术含量、工艺水平测试手段、信息的传递方式等。这些因素的综合运用是企业素质的一个重要方面。

**3. 经营管理素质**

管理是劳动社会化的必然产物，没有管理就没有现代企业。经营管理素质主要包括管理模式、领导体制、经济责任制、组织机构、管理原则、管理制度及各项管理职能等。

判断一个企业的经营管理素质如何，主要看三种能力：一是产品的竞争力，二是战略决策与实施能力，三是管理者的驾驭能力，具体反映在市场开发能力、组合生产要素能力、开发新产品的能力上。

### （三）提高企业素质的途径

企业素质整体较差是当今我国企业普遍存在的问题，其原因是多方面的，既有企业内部因素，也有外部环境因素，但起决定作用的还是内部因素。因此，提高企业素质要把着眼点和主要精力放在企业内部素质的提升和改善上。

**1. 重视人的因素**

现代企业管理的核心是人。随着我国经济体制改革尤其是企业改革的深化和完善，企业职工素质已有一定程度的提高，如思想观念、价值观念、法制观念、应变能力、技术水平、文化知识水平等都有所增强和提高，但与发达国家相比，各方面还有很大差距。即使是国内企业，相互间的差距也很大。应该正视职工队伍素质跟不上企业发展这个现实，从战略高度认识提高职工队伍素质的重要性与紧迫性，采取切实可行的措施，致力于以人为中心的思想素质和专业素质建设。

**2. 加快技术进步**

企业技术进步是企业为谋求发展，通过获得新知识和运用新技术推动物质技术基础变革和新产品开发等有组织的活动过程。企业技术进步既是全面提高企业素质的客观基础和外在表现，也对企业素质的提高起促进和推动作用。

3. 强化企业管理

提高企业素质，要扎扎实实地做好企业管理的各项基础工作，包括积极推行和运用现代化管理的方法，推广工业发达国家的先进管理经验和学习现代化管理知识。提高企业素质是一个多层次、全方位、长远的系统工程。企业要以技术进步为先导，以产品升级换代为龙头，以强化管理为主线，以促进管理现代化为手段，全面带动和促进企业整体素质的提高，使其具有较强的综合能力，以驾驭市场、开展竞争，求得更好的生存和发展。

## 本章小结

管理学基础是一门系统地研究管理过程的普遍规律、基本原理和一般方法的科学，是经济管理类专业的基础课程；现代企业比较普遍地运用现代科学技术手段开展生产经营活动，企业生产组织日趋严密，企业经营活动关注经济性和营利性，同时也强调环境的适应性，重视员工福利和社会责任；管理具有二重性，即自然属性和社会属性，管理既是一门科学，也是一门艺术，管理是科学与艺术的结合；现代企业制度是以公司制度为主体的市场经济体制的基本成分，是"产权明晰、权责明确；政企分开、自主经营；机制健全、行为合理；管理科学、注重效率"的所有权与经营权相分离的法人制度；管理者为了有效履行各种职能，必须明确要扮演的角色和需要具备的技能；遵循企业管理的基本原理和做好企业管理的基础工作，对提高企业素质和实现管理现代化具有重要的现实意义。

## 知识结构图

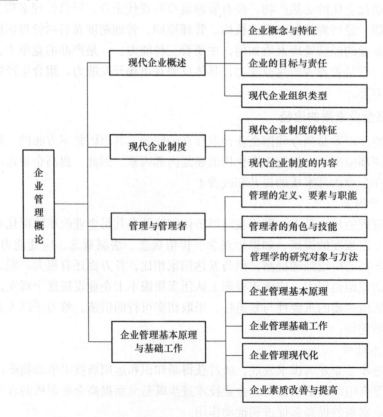

## 学习指导

　　学习本章，要掌握基本概念和理论要点，注重相关技能的训练；认清学习企业管理基础知识的重要性，增强学习的主动性和自觉性。开好头，起好步，为本课程后面的学习打下好的基础。

# 第二章

# 管理理论的演进

　　管理起源于人类的共同劳动，管理活动源远流长，但形成一套比较完整的理论，则经历了一段漫长的历史发展过程。在这个过程中出现了许多思想学派，他们的思想对人类社会的进步和经济的发展起到了巨大的作用。研究管理思想和理论的发展史，追溯管理理论的形成发展过程，目的是使人们在了解过去的基础上，更好地把握管理理论的发展趋势。因此，学习了解管理思想和理论的形成发展过程，是掌握与应用先进管理思想理论，并不断进行创新的基础。本章简述管理思想和理论的发展史，有选择地介绍国内外有影响的管理实践、管理思想和管理理论。通过追溯管理理论的形成发展过程，使学生对管理学有一个比较全面的认识，在了解管理思想和管理理论发展历史的基础上，更好地把握管理理论的发展趋势。

★重点难点

　　重点：1. 管理理论的形成与演变过程。
　　　　　2. 古典管理理论的主要内容。
　　　　　3. 行为科学理论的主要内容。
　　　　　4. 现代管理学学派及其主要观点。
　　　　　5. 管理理论未来发展趋势。
　　难点：现代管理理论的新发展，如企业文化建设、企业流程再造等。

★引导案例

## UPS 的高效率

　　联合包裹运送服务公司（United Parcel Service，UPS）雇用了 15 万名员工，平均每天有 900 万件包裹发送到美国各地和 180 个国家。为了实现他们的宗旨"在邮运业中办理最快捷的运送"，UPS 管理当局系统地培训员工，使他们以尽可能高的效率从事工作。现在以送货司机的工作为例，介绍一下他们的管理运作。

UPS 的工业工程师们对每一位司机的行驶路线都进行了研究，并对每种取货、暂停和送货时间都设立了标准。这些工程师们记录了红灯、通行、按门铃、穿过院子、上楼梯、中间休息喝咖啡的时间，甚至上厕所的时间，将这些数据输入计算机中，从而给出了每一位司机每天工作的详细时间标准。

为了完成每天取送 130 件包裹的目标，司机们必须严格遵循工程师设定的程序。当他们接近发送站时，他们松开安全带、按喇叭、关发动机、拉起紧急制动、把变速器推到一挡上，为送货完毕的启动离开做好准备，这一系列的动作严丝合缝后，司机从驾驶室出来，右臂夹着文件夹，左手拿着包裹，右手拿着车钥匙，看一眼包裹上的地址，把它记在脑海里，然后以每秒约 1 米的速度快步走到顾客门前，先敲一下门以免浪费时间找门铃。送货完毕后，他们在回到卡车上的路途中完成登记工作。

这种刻板的时间表是不是看起来有点烦琐？也许是。它真能带来高效率？答案是肯定的。生产率专家公认，UPS 是世界上效率最高的公司之一。UPS 为获得效率所采用的程序并不是 UPS 管理当局创造的，它们实际上运用的是科学管理。科学管理的兴起距今已有百年，但是，正如 UPS 所证实的，这些程序仍然有效。

**问题引出：**

（1）阅读完上述材料，你认为衡量一个组织管理水平的主要标准是什么？

（2）案例将 UPS 的高效率归功于科学管理，你能通过案例的学习，简单描述一下什么是科学管理吗？

# 第一节　中外管理思想溯源

## 一、管理实践、管理思想、管理理论的关系

只要有两个或两个以上的人为了进行他们中任何一个人都不可能单独完成的工作时，就需要一个管理过程。所以，管理起源于人类的共同劳动，凡是有许多人共同劳动即协作的地方，就需要管理。可见，自从有了人类社会就有了管理实践，管理实践开始是出现在家庭中，继而出现在部落中以及其他更高级的政治团体中，如金字塔、长城、京杭大运河和都江堰等伟大工程，这些都是古代管理实践的典范。

随着管理实践的发展，人们对管理活动逐步产生认识，这种认识以及人们所掌握的有关管理的知识就是管理思想。人们对管理知识的掌握、积累、总结和上升，要经历长期的历史过程。自 18 世纪 60 年代工业革命之后，西方几个主要发达国家特别是英国，便相继从工场手工业时期过渡到机器大工业时期，随着工厂制度的建立和工厂规模的扩大，管理日趋复杂，人们对工厂管理知识的积累也逐渐丰富。

将管理思想系统化和上升到理论形态，便成为管理理论。作为一种系统的、反映工厂管理规律性的知识即科学管理理论，直到 19 世纪末才开始形成。所以管理实践、管理思想与管理理论三者呈三角关系：在管理实践的基础上产生管理思想，将管理思想归纳总结上升便成为管理理论，管理理论又返回到实践，接受实践检验并指导实践，如此循环往复，螺旋式上升发展。

## 二、西方早期管理思想

西方早期的管理实践和思想主要体现在指挥军队作战、治国施政和管理教会等活动中。古巴比伦人、古埃及人和古罗马人在这些方面都有过重要贡献。例如，在古埃及，它有着严密的金字塔式的管理机构，法老之下设置了各级官吏，最高为宰相，宰相之下设有大臣、书吏、监工等，各有专职，形成了以法老为最高统治者的金字塔式的管理机构。为了强化法老专制政权的统治，埃及法老为自己修建了被后世称为世界七大奇迹之一的金字塔。其工程之浩大、技术之复杂，至今仍被视为难以想象的奇迹，以至于被蒙上许多神秘的色彩。仅从管理角度来看，成千上万人的劳动，就需要严密的组织和管理。

进入 18 世纪 60 年代后，以英国为代表的西方国家，开始了第一次产业革命，使生产力有了很大发展。在一个工业化的社会中，工商企业本身的管理就已经成为专门分析的主题。正是在这个时候，从事管理的人们开始估计把科学思想运用到管理过程中的可能性，开始通过写文章来交换和了解彼此的见解。因此，虽然管理的实践有史以来始终存在，但是管理学的文献著作历史却只有 200 多年。这个时期出现了一批思想家、经济学家和管理学家，开始了所谓的传统管理阶段或称经验管理阶段。

### （一）亚当·斯密

随着资本主义的发展和工厂制度的形成，资本主义经营管理日益受到社会的重视，有越来越多的人开始研究社会实践中的经济与管理问题。其中，最早对经济管理思想进行系统论述的学者首推英国经济学家亚当·斯密。他在 1776 年（当时正值英国的工场手工业开始向机器工业过渡时期）发表了《国民财富的性质和原因的研究》（简称《国富论》）一文，系统地阐述了劳动价值论及劳动分工理论。

斯密认为，劳动是国民财富的源泉，各国人民每年消费的一切生活日用必需品的源泉是本国人民每年的劳动。这些日用必需品供应情况的好坏，取决于两个因素：一是本国人民的劳动熟练程度、劳动技巧和判断力的高低；二是从事有用劳动的人数和从事无用劳动人数的比例。他同时还提出，劳动创造的价值是工资和利润的源泉，他经过分析得出"工资越低，利润就越高；工资越高，利润就会降低"的结论。这揭示了资本主义经营管理的中心问题和剥削本质。

斯密在分析增进"劳动生产力"的因素时，特别强调了分工的作用。他对比了一些工艺和手工制造业实行分工前后的变化，对比了易于分工的制造业和当时不易分工的农业的情况，说明分工可以提高劳动生产率。斯密在研究经济现象时，提出一个重要论点：经济现象是基于具有利己主义目的的人们的活动所产生的。他认为，人们在经济行为中，追求的完全是私人的利益。但是，每个人的利益又为其他人的利益所限制。这就迫使每个人必须顾及其他人的利益。由此，就产生了相互的共同利益，进而产生和发展了社会利益。社会利益正是以个人利益为基础的。这种认为人都要追求自己的经济利益的"经济人"观点，正是资本主义生产关系的反映。

### （二）查理·巴贝奇

在斯密之后，另一位英国人查理·巴贝奇发展了斯密的论点，提出了许多关于生产组织机构和经济学方面的带有启发性的问题。巴贝奇原来是一名数学家，后来对制造业产生兴趣。1832 年，他在《论机器和制造业的经济》一书中，概述了他的思想。巴贝奇赞同斯密的"劳动分工能提高劳动效率"的论点，但认为斯密忽略了分工可以减少支付工资这一好处。巴贝奇对普通制针业做了典型调查，把制针业的生产过程划分为七个基本操作工序，并按工序的复杂程度和劳动强度雇用不同的工人，支付不同的工资。如果不实行分工，整个制造过程由一个人完成，那么就要求每个工人都有全面的技艺，都能完成制造过程中技巧性强的工序，同时又有足够的体力完成繁重的操作。工厂主必须按照全部工序中技术要求最高、体力要求最强的标准支付工资。由此，巴贝奇提出所谓的"边际熟练"原则，即对技艺水平、劳动强度定出界限，作为报酬的依据。

巴贝奇虽然是一位数学家，却没有忽视人的作用。他认为工人同工厂主之间存在利益共同点，并竭力提倡所谓的利润分配制度，即工人可以按照其在生产中所做的贡献，分到工厂利润的一部分。巴贝奇也很重视对生产的研究和改进，主张实行有益的建议制度，鼓励工人提出改进生产的建议。另外，提出按照生产效率不同确定报酬的具有刺激作用的制度，是巴贝奇做出的重要贡献。

在斯密和巴贝奇之后，在生产过程中进行劳动分工的做法有了迅速的发展。到了 20 世纪，大量流水生产线的形成使劳动分工的主张得到充分的体现。

**（三）罗伯特·欧文**

这一时期的著名管理学者除了斯密和巴贝奇之外，还有英国的空想社会主义者罗伯特·欧文。他经过一系列试验，首先提出在工厂生产中要重视人的因素，要缩短工人的工作时间、提高工资、改善工人住宅。他的改革试验证实，重视人的作用和尊重人的地位，也可以使工厂获得更多的利润。所以，也有人认为欧文是人事管理的创始人。

上述各种管理思想是随着生产力的发展，适应资本主义工厂制度发展的需要而产生的。这些管理思想虽然不系统、不全面，没有形成专门的管理理论和学派，但对于促进生产及科学管理理论的产生和发展，都有积极的影响。

## 三、中国古代管理思想

如果说西方管理学以"术"见长，那么中国传统的管理智慧则以"道"为尊。这是东方管理智慧的精髓。中国传统智慧对现代管理水平提升的绩效，自 20 世纪 80 年代以来，就成为西方管理学界的热门话题。孔夫子主义在西方世界的流行就是一明证。事实上，今天西方管理学界最关注的除了兵家的谋略思想外，还包括儒（新儒家）、道（新道家）、佛（中国禅）的智慧。儒家强调的"道"是道德："道之以政，齐之以刑，民免而无耻；道之以德，齐之以礼，有耻且格。"（《论语·为政》）。道家强调的"道"是自然："人法地，地法天，天法道，道法自然。"（《老子》25 章）。佛家强调的"道"是觉悟：佛教的"佛"就是觉悟者的意思，它从本质上可以归结为一种由觉而悟，从而拥有信仰的过程。形成于3 000 年前的中国传统文化内容博大，在春秋战国时期就有"百家争鸣"一说。随着历史的演进，遵循文化的优胜劣汰法则，最终沉淀成为以儒释道为主体的传统文化格局。以儒道佛（禅）为代表的中国古代文化留下了极为丰富的实践理性原则。人们可以而且应该从中汲取丰富的处世之道和管理智慧，体悟"亦儒亦道亦禅"的圆融境界，以儒养性、以道养身、以禅养心。三家思想中蕴含的丰富的管理智慧已经在浩瀚的历史中得到印证和流传，它们的智慧光芒在现代企业管理中还将会继续绽放。

## （一）儒家思想

儒家是春秋战国时期出现的一个重要学派，其创立者是伟大的思想家、教育家孔子，后来由思想家、文学家孟子加以发展。儒家思想的核心是"仁"。什么是"仁"？孔子认为，"仁"即"忠恕"，凡是自己想满足的，就要想到也让别人满足（"己欲立而立人，己欲达而达人"），这就是"忠"。如果自己不愿意的，也不要强求别人（"己所不欲，勿施于人"），这就是"恕"。在这里，孔子是要求人们以自己做参考比喻（"能近取譬"），由己推及别人。孟子主张君王应行"仁政"，这样才能使天下归心。

## （二）道家思想

道家是以老子、庄子为代表的春秋战国时期诸子百家中最重要的思想学派之一。其强调"整体论""机体论"的世界观，重视人的自由。

中国文化是儒道互补的文化，道家作为互补结构，拯救了失望于儒家理想的一大批知识分子。如果说儒家是入世文化，那么道家就是出世文化，如果说儒家是强调有序的现实主义，那么道家是主张无序（看似无序实则有序）的理想主义。"天下有道则见，无道则隐"，"天地闭，贤人隐"，其中"隐"就是道家所走的道路。但道家的"隐"有两种：一是隐遁于大自然；二是改变生活工作的策略，以柔克刚，迂回前进。

道家在先秦各学派中，虽然没有儒家和墨家那么多的门徒，地位也不如儒家崇高，但随着历史的发展，道家思想以其独特的宇宙、社会和人生领悟，在哲学思想上呈现出永恒的价值与生命力。最有名的道家思想是老子和庄子的哲学。

## （三）儒道之外的诸子管理思想

### 1. 法家的管理思想

关于法家的形成，国内学者比较一致的意见是：法家的先驱可以追溯到春秋时期的管仲、子产。其早期代表为战国中期的李悝、商鞅、申不害和慎到，而战国末期的韩非则是先秦法家理论的集大成者。

法家的管理学说，本质上是一种控制理论。韩非法治思想的特点是，主张"法""术""势"相结合。"势"涉及的是控制系统问题，"法"涉及的是控制标准问题，"术"涉及的是控制手段问题。在韩非看来，要实现对国家的有效控制，必须同时具备"法""术""势"三个要件。

### 2. 兵家的管理思想

兵家是春秋战国时期诸子百家中的一家，其研究讨论的主要是战争哲学思想，学说重点在于"用兵"，即战略战术问题。春秋战国之后，通晓军事的军事家、学者也往往称为"兵家"。

兵家的思想源头可以追溯到商周时期的吕尚（即史上著名的姜太公）。兵家的主要代表人物在春秋战国时期主要有孙子、孙膑、吴起等。其中孙子是世界公认的史上最伟大的军事思想家之一，其伟大著作《孙子兵法》于古今中外都影响深远。国外的许多大学师生和企业家们都把《孙子兵法》作为管理著作来研读。"不战而屈人之兵""上兵伐谋""必以全争于天下""出其不意，攻其不备""唯民是保"等思想至今仍为管理者们所运用。

### 3. 墨家的管理思想

墨家的创立者墨子名翟，是先秦的一位平民思想家，起初从学于儒，"学儒者之业，受孔子之术"，但后来走到了儒家的对立面，对儒家进行了强烈的批评。"墨"的原意为绳墨。墨子曾当过木匠，有很多项发明，自比"贱人"，他的学说代表了下层劳动人民的利益，因此在当时引起广泛的共鸣，一度十分显赫，甚至与儒家分庭抗礼。

墨子管理思想的核心内容是"兼相爱，交相利"，其他各种管理主张都围绕这一核心展开并构成一个相互关联的整体。"兼相爱"是墨子的基本管理准则和社会道德规范，"交相利"（互惠互利）则是"兼相爱"这一观念的具体反映。墨子把义、利二者看作同一事物的不可分割的两个方面。凡符合"兼相爱、交相利"的行为，谓之义，否则就是不义。尚贤、尚同、节用、节葬、非乐、非命、尊天、事鬼、兼爱、非攻这10项主张，是墨子思想的基本内容。这些主张，都以"利"为出发点。墨子认为义即是利，无利则无义。

国内外现代管理思想的许多成分与墨子管理思想同源。墨子的"兼爱"思想的实质是"以人为本"的管理思想，现代知识管理思想是墨子"尚贤"思想的实际运用，现代企业管理中的企业文化思想则是墨子"尚同"思想的新发展。

### 四、管理思想的逻辑结构

在各个历史时期，不同的管理者提出了各种各样的管理思想，流派纷呈，理论众多，每一种都包含着一个基本的人性假设。人性假设是指管理者在管理过程中对人的本质属性的基本看法。例如，中国有主张人性善的儒家，主张人性恶的法家；西方有经济人、社会人、文化人等多种关于人性的假设等。管理学家之所以如此关心人性问题，主要是因为管理活动的主要对象是人，而对人做怎样的人性判识，便决定着进行怎样的管理设计。因此，研究各派管理思想，首先需要搞清楚其对人性的假设，它是一切管理思想和管理行为的认识基础。

管理学是一门应用性科学，不同的管理思想有不同的管理方法。主张人性善：儒家提倡仁政德治，西方有Y理论；人性恶：法家提倡法制刑治，西方有X理论等。各派的管理思想都不是毫无目的的纯粹学术探讨，都有自己的基本价值指向，都是为了实现某种目标而进行的艰苦的探索。如追求效率等，即都有自己的管理目标。

综上所述，我们在学习每种管理思想时，必须把握住每一种管理思想的内在逻辑结构：人性假设—管理方法—管理目标，即由于人性假设的不同，管理者使用的管理方法也是不一样的，从而会形成不同的管理目标。

## 第二节　古典管理理论阶段

管理理论比较系统的建立，是在19世纪末20世纪初。随着资本主义自由竞争逐步向垄断过渡，企业规模不断扩大，市场也在迅速扩展，从一个地区扩展到整个国家，从国内扩展到国外。随着资本主义市场范围和企业规模的扩大，特别是资本主义公司的兴起，企业管理工作日益复杂，对管理的要求越来越高。资本家单凭个人的经验和能力管理企业、包揽一切的做法，已不能适应生产发展的需要。企业的发展客观上要求资本所有者与企业经营者分离，要求管理职能专业化，建立专门的管理机构，采用科学的管理制度和方法。同时，企业管理者面临的挑战要求对过去积累的管理经验进行总结，使之系统化、科学化并上升为理论，指导实践，提高管理水平。正是基于这些客观要求，资本主义国家的一些企业管理人员和工程技术人员开始致力于总结经验，进行各种试验研究，并把当时的科技成果应用于企业管理。这个阶段所形成的管理理论称为"古典管理理论"或"科学管理理论"。其主要包括泰勒的科学管理理论、法约尔的组织管理理论和韦伯的行政组织理论。

## 一、泰勒的科学管理理论

科学管理理论的创始人是美国的弗雷德里克·泰勒。泰勒出生于美国费城的一个律师家庭。1874 年，他以优异的成绩考入美国著名的哈佛大学法学院，但因眼疾未能入学。1878年泰勒进入费城卡德维尔钢铁厂工作，先后当过技工、工长、总机械师、总工程师和总经理，总共获得 100 多项专利。泰勒长期从事企业管理工作，具有丰富的实践经验，他以毕生精力从事企业管理研究，相继发表了《计件工资制》（1895 年）、《车间管理》（1903 年）等论著，这是他后来创立科学管理的基础。为了试验和推广科学管理，他于 1901 年 45 岁时就从有报酬的工作岗位退休，为许多著名的公司当管理咨询顾问，专心研究科学管理原理，1911 年他出版了《科学管理原理》一书，这是企业管理从经验向科学过渡的标志。由于泰勒在管理发展史上的特殊地位，他被后人称为"科学管理之父"。

泰勒的管理思想和理论主要有以下三个观点：

其一，科学管理的根本目的是谋求最高工作效率。泰勒认为，最高的工作效率是工厂主和工人共同达到富裕的基础。它能使较高的工资与较低的劳动成本统一起来，从而使工厂主得到较多的利润，使工人得到较高的工资。这样，便可以提高工厂主扩大再生产的兴趣，促进生产的发展。所以，提高劳动生产率是泰勒创立科学管理理论的基本出发点，是泰勒确定科学管理的原理、方法的基础。

其二，达到最高工作效率的重要手段是用科学的管理方法代替旧的经验管理。泰勒认为管理是一门科学。在管理实践中，建立各种明确的规定、条例、标准，使一切科学化、制度化，是提高管理效能的关键。

其三，实施科学管理的核心问题是要求管理人员和工人双方在精神上和思想上彻底变革。泰勒认为，科学管理是一场重大的精神变革。他要求工厂的工人树立对工作、对同事、对雇主负责任的观念；同时要求管理人员——领工、监工、企业主、董事会改变对同事、对工人以及对一切日常问题的态度，增强责任观念。通过这种重大的精神变革，泰勒希望管理人员和工人双方都把注意力从盈利的分配转到增加盈利数量上来。当他们用友好合作和互相帮助代替对抗和斗争时，他们就能够创造出比过去更加多的盈利，从而使工人的工资大大增加，使企业主的利润也大大增加。这样，双方之间便没有必要再为盈利的分配而争吵了。

### ★小案例

科学管理之父泰勒在钢铁厂工作时，对铁锹作业的工作效率产生了兴趣。当时，有 600多名工人正用铁锹铲铁矿石和煤。泰勒想：铁锹的重量为几磅时工人感到最省力，并能达到最佳的工作效率呢？他决定研究一下这个问题。为此他选出 2 名工人，通过改变铁锹的重量来仔细观察并记录每天的实际工作量。

结果发现，当铁锹的重量为 38 磅时每天的工作量是 25 吨，34 磅时是 30 吨，于是，他得出随着铁锹重量的减轻作业效率越来越高的结论。但是当铁锹的重量下降到 21～22 磅以下时，工作效率反而下降。

由此，他认为矿石重量较重应使用小锹，而煤较轻应使用大锹，当铁锹的重量为 21～

22 磅时为最好。他合理地安排了 600 名工人的工作量，取得了成功。这样，费用由以前的每吨 0.072 美元降低到 0.033 美元，每年节省了 8 万美元的费用。

### （一）泰勒科学管理理论的主要内容

#### 1. 制定"合理的日工作量"

泰勒认为，要制定出有科学依据的工人的"合理的日工作量"，就必须进行工时和动作研究，对工人提出科学的操作方法，以便合理利用工时，提高工效。其具体做法是从执行同一种工作的工人中，挑选出身体最强壮、技术最熟练的一个人，把他的工作过程分解为许多个动作，在他最紧张劳动时，用秒表测量并记录完成每一个动作所消耗的时间，然后按照经济合理的原则加以分析研究，对其中合理的部分加以肯定，不合理的部分进行改进，制定出标准的操作方法，并规定出完成每一个标准操作或动作的标准时间，加上必要的休息时间和其他延误时间，就得出完成该项工作所需要的总时间，据此定出一个工人"合理的日工作量"，并以此为依据制定劳动时间定额。"合理的日工作量"，就是所谓的工作定额原理。

#### 2. 挑选"第一流的工人"

泰勒认为："每一种类型的工人都能找到某些工作使他成为第一流的，除了那些完全能做好这些工作而不愿做的人。"在制定工作定额时，泰勒是以"第一流的工人在不损害其健康的情况下维护较长年限的速度"为标准的。这种速度不是以突出活动或持续紧张为基础的。泰勒认为，人事管理的基本原则是：使工人能力与工作相配合。管理当局的责任在于为雇员找到最合适的工作，培训他成为第一流的工人，激励他尽最大的努力来工作。

泰勒曾经对经过科学选择的工人用上述的科学作业方法进行训练，使他们按照作业标准工作，以改变过去凭个人经验选择作业方法及靠师傅带徒弟的办法培养工人的落后做法。这样改进后，生产效率大为提高。例如，在搬运生铁的劳动试验中，经过选择和训练的工人，每人每天的搬运量从 12.5 吨提高到 47.5 吨；在铲铁的试验中，每人每天的平均搬运量从 16 吨提高到 50 吨。

#### 3. 标准化

泰勒认为，必须用科学的方法对工人的操作方法、工具、劳动和休息时间的搭配、机器的安排和作业环境的布置等进行分析，消除各种不合理的因素，把各种最好的因素结合起来，形成一种最好的方法。也就是说，企业要制定科学的工艺规程，并用文件形式固定下来，对工人的操作方法、使用的工具、劳动和休息的时间进行合理的搭配，同时对机器安排和作业环境等进行改进，形成各种标准的作业条件。综上所述，要使工人掌握标准化的操作方法，使用标准化的工具、机器和材料，并使作业环境标准化，这就是所谓的标准化原理。例如，泰勒用了 10 年以上的时间进行金属切削试验，制定了切削用量规范，使工人选用机床转数和走刀量都有了科学标准。

#### 4. 实行具有激励性的差别计件工资制

激励性的差别计件工资制，就是按照作业标准和时间定额，规定不同的工资率。对完成和超额完成工作定额的工人，以较高的工资率计件支付工资；对完不成定额的工人，则按较低的工资率支付工资。

这种计件工资制度包含三点内容：一是通过工时研究和分析，制定出一个有科学依据的定额或标准；二是采用一种称作"差别计件制"的刺激性付酬制度，即计件工资按完成定额的程度而浮动。例如，如果工人只完成定额的80%，就按80%工资率付酬；三是工资支付的对象是工人而不是职位。这样做不仅能克服消极怠工的现象，更重要的是调动工人的积极性，从而促使工人大大提高劳动生产率。

### 5. 计划职能与执行职能分离

泰勒把管理工作称为计划职能，工人的劳动称为执行职能。他指出，在旧的管理中，所有的计划都是由工人凭个人经验制定的，实行新的管理制度后，就必须由管理部门按照科学规律制定计划。他认为，即使有的工人很熟悉生产情况，也能掌握科学的计划方法，但要他在同一时间既在现场做工，又在办公桌上工作是不可能的。在绝大多数情况下，需要一部分人先做出计划，由另一部分人去执行。因此，他主张把计划职能从工人的工作内容中分离出来，由专业的计划部门去做。计划部门的任务是，规定标准的操作方法和操作规程，制定定额，下达书面计划，监督、控制计划的执行。至于现场工人，则从事执行的职能，即按照计划部门制定的操作方法和指示，使用规定的标准工具，从事标准的操作，不得自行改变。从事计划职能的人员称为管理者，负责执行计划职能的人称为劳动者。管理者和劳动者在工作中互相呼应、密切合作，以保证工作按照科学的设计程序进行。

### 6. 职能工长制

泰勒主张实行"职能管理"，即将管理工作予以细分，使每个管理者只承担一种管理职能。这样，管理者的职责比较单一明确，培养管理者所花的时间和费用也比较少。他设计出8个职能工长，代替原来的1个工长，其中4个在计划部门，4个在车间。泰勒认为这种"职能工长制"有3个优点：一是对管理者的培训花费的时间较少；二是管理者的职责明确，因而可以提高效率；三是由于作业计划已由计划部门拟定，工具与操作方法也已标准化，车间现场的职能工长只需进行指挥监督，因此非技术熟练的工人也可以从事较复杂的工作，从而降低整个企业的生产费用。

但是，这样一来，一个工人就要从几个职能不同的工长那里接受命令，容易造成多头命令，同时增加管理费用。后来的事实证明，一个工人同时接受几个职能工长的多头领导，容易引起混乱。所以，"职能工长制"没有得到推广。但泰勒的这种职能管理思想为以后职能部门的建立和管理的专业化提供了参考。

### 7. 例外原则

例外原则指企业的高级管理人员把一般的日常事务授权给下级管理人员来处理，自己只保留对例外事项（重要事项）的决策权和控制权，第一次或者在特殊情况下发生的非常规的事情才由上级亲自处理。例如，有关企业战略的重大问题和重要的人事任免等。泰勒等人认为：规模较大的企业组织和管理必须应用例外原则，即企业的高级管理人员把一般日常事务授权给下级管理人员去处理，自己只保留对例外事项的决定和监督权。

这种以例外原则为依据的管理控制原理，以后发展成为管理上的分权原则和实行事业部制的管理体制。例外原则至今仍是管理中重要的原则。

### 8. 进行"精神革命"

工人和雇主双方必须认识到提高效率对双方都有利，都要来一次"精神革命"，相互协作，为共同提高劳动生产率而努力。对雇主来说，他们关心的是成本的降低；而对工人来说，他们关心的则是工资的提高，所以泰勒认为这就是劳资双方进行"精神革命"，从事合作的基础。

**（二）对泰勒科学管理理论的评价**

泰勒总结了自己长期管理实践的经验，概括出一些管理原则和方法，经过系统化整理，形成了"科学管理"的理论。泰勒及其他同期先行者的理论和实践构成泰勒制，着重解决用科学的方法提高生产现场的生产效率问题。所以，人们将以泰勒为代表的这些学者所形成的学派称为科学管理学派。泰勒的这些改革，现在看来似乎是非常平常、早已为人们所熟悉的常识，在当时却是重大的变革。实践证明，这种改革收到了很好的效果，生产效率得到了普遍提高，出现了高效率、低成本、高工资、高利润的新局面。泰勒认为，管理的真正目的是使劳资双方都得到最大限度的富裕。科学管理是建立在劳资双方利益一致基础上的，它要求企业的每一个成员充分发挥最高效率，争取最高产量，实现最大的富裕。科学管理的实质是劳资双方在思想上的一次完全的转变。科学管理要实现由低效率管理向高效率管理转变，由旧的、传统的管理方法向科学方法转变，由重视盈余的分配向重视增加更多盈余转变，以此来实现劳资双方的共同繁荣。

尽管在泰勒时代，泰勒所期望的劳资双方的齐心协力的理想局面并没有出现，科学管理在实践中的效果也并不是非常理想，曾受到来自各方的质疑，但这并不影响科学管理在管理理论中的重要地位。泰勒制应用在生产现场管理中效果显著，但是在推广过程中却遭到了反对和抵抗。一方面是由于社会上传统意识的影响，另一方面是由于它本身存在的弱点。对此，应当用历史的观点客观地加以评价：

第一，它冲破了多年沿袭下来的传统的落后的经验管理办法，将科学引进管理领域，并且创立了一套具体的科学管理方法代替单凭个人经验进行作业和管理的旧方法。这是管理理论上的进步，也为管理实践开创了新局面。

第二，由于采用了科学的管理方法和科学的操作程序，生产效率提高了两三倍，推动了生产的发展，适应了资本主义经济在这个时期发展的需要。

第三，由于管理职能与执行职能的分离，企业中开始有一些人专门从事管理工作。这就使管理理论的创立和发展有了实践基础。

第四，泰勒制是资本家最大限度压榨工人血汗的手段。它把工人看成会说话的机器，只能按照管理人员的决定、指示、命令进行劳动。泰勒的"标准作业方法""标准作业时间""标准工作量"都是以身体最强壮、技术最熟练的工人进行最紧张的劳动时所测定的时间定额为基础的，是大多数工人无法忍受和坚持的。

第五，泰勒把人看作纯粹的"经济人"，认为人的活动仅仅出于个人的经济动机，忽视了企业成员之间的交往及工人的感情、态度等社会因素对生产效率的影响。

第六，泰勒所强调的"科学管理"是"精神变革"，而且"对劳资双方都有利"，掩盖了早期资本主义制度对工人进行剥削的实质。

泰勒制是适应历史发展的需要而产生的，同时也受到历史条件和倡导者个人经历的限制。泰勒制主要是解决工人的操作问题、生产现场的监督和控制问题，管理的范围比较小，管理的内容也比较窄。企业的供应、财务、销售、人事等方面的活动基本没有涉及。

## 二、法约尔的组织管理理论

泰勒制在科学管理中的局限性，主要是由法国的亨利·法约尔加以补充的。亨利·法约尔于 1860 年从圣艾蒂安国立矿业学院毕业后进入康门塔里福尔香堡采矿冶金公司，由一名工程技术人员逐渐成长为专业管理者，并长期担任公司总经理，积累了管理大企业的经验。与此同时，他还在法国军事大学担任过管理教授，对社会上其他行业的管理进行过广泛的调查。他在退休后，创办了管理研究所。法约尔的经历决定了他的管理思想要比泰勒开阔。泰勒的研究是从"车床前的工人"开始的，重点内容是企业内部具体工作的效率。而法约尔的研究则是从"办公桌前的总经理"出发的，以企业整体作为研究对象。他认为，管理理论是"指有关管理的、得到普遍承认的理论，是经过普遍检验并得到论证的一套有关原则、标准、方法、程序等内容的完整体系"，有关管理的理论和方法不仅适用于公私企业，也适用于军政机关和社会团体。这正是其组织管理理论的基石。

### （一）法约尔组织管理理论的主要内容

法约尔的组织管理理论集中反映在他的代表作，即1916年出版的《一般管理与工业管理》一书中。其主要内容有以下三点：

1. 指出经营与管理是两个不同的概念

法约尔认为，经营活动可分为六大类，管理只是经营活动中的一类。企业经营的六类活动是：①技术活动，包括设计、工艺和加工等；②商业活动，包括购买、销售和交换等；③财务活动，包括资本的筹集和运用等；④安全活动，包括机器设备和人员保护等；⑤会计活动，包括财产清点、资产负债表制作、成本核算和统计等；⑥管理活动，包括计划、组织、指挥、协调和控制。

法约尔认为，经营的六类活动是上至高层领导，下至普通工人，每个人都不同程度地要从事的活动，只不过随着职务高低的不同而有所侧重。例如，普通工人侧重于技术活动，高层领导人侧重于管理活动。法约尔指出，任何企业都存在着六类基本的活动，而管理只是其中之一。在这六类基本活动中，管理活动处于核心地位，即企业本身需要管理，同样地，其他五类属于企业的活动也需要管理。

2. 全面、系统地论述了管理的职能

法约尔在他的著作中有侧重地对管理活动进行了理论研究，指出管理包括五种职能（或要素），即计划、组织、指挥、协调和控制。

（1）计划。管理人员要尽可能准确地预测企业未来的各种事态，确定企业的目标和完成目标的步骤，既要有长远的指导计划，也要有短期的行动计划。

（2）组织。即确定执行工作任务和管理职能的机构，由管理机构进一步确定完成任务所必需的机器、物资和人员。

（3）指挥。即对下属的活动给予指导，使企业的各项活动互相协调配合。管理人员要树立良好的榜样，全面了解企业职工的情况及职工与企业签订合同的情况。管理人员应对下属人员进行考核，对不称职的要立即解雇。对组织结构也应当经常加以审议，依据管理的需要随时进行调整和改组。

（4）协调。即协调企业各部门及各个员工的活动，指导他们走向一个共同的目标。

（5）控制。即确保实际工作与规定的计划、标准相符合。

这五种职能形成一个完整的管理过程，因此，法约尔组织管理理论又被称为管理过程理论、一般管理理论。

3. 总结、归纳了管理的十四条原则

（1）分工。劳动专业化是各个机构和组织前进和发展的必要手段。分工可以减少每个工人所需掌握的工作项目，从而提高了生产效率。劳动的专业化，使实现大规模生产和降低成本有了可能。同时，每个工人工作范围的缩小，也可以使工人的培训费用大为减少。

（2）权力与责任。法约尔认为，权力即"下达命令的权利和强迫别人服从的力量"。权力可以区分为管理人员的职务权力和个人权力。职务权力是由职位产生的，个人权力是由担任职务者的个性、经验、道德品质以及能使下属努力工作的其他个人特性而产生的。个人权力是职务权力不可缺少的条件。他特别强调权力与责任的统一。有责任必须有权力，有权力就必然产生责任。

（3）纪律。法约尔认为，纪律的实质是遵守公司各方达成的协议。要维护纪律就应做到：①对协议进行详细说明，使协议明确而公正；②各级领导要称职；③在纪律遭到破坏时，要采取惩罚措施，但制裁要公正。

（4）统一命令。一个员工在任何活动中只应接受一位上级的命令。违背这个原则，就会使权力和纪律遭到严重的破坏。

（5）统一领导。为达到同一目的而进行的各种活动，应由一位领导根据一项计划开展，这是统一行动、协调配合、集中力量的重要条件。

（6）员工个人要服从整体。法约尔认为，整体利益大于个人利益的总和。一个组织谋求实现总体目标比实现个人目标更为重要。协调这两方面利益的关键是领导阶层要有坚定性和做出良好的榜样。协调要尽可能公正，并经常进行监督。

（7）人员的报酬要公平。报酬必须公平合理，尽可能使职工和公司双方满意。对贡献大、活动方向正确的职工要给予奖赏。

（8）集权。集权就是降低下级的作用。集权的程度应视管理人员的个性、道德品质、下级人员的可靠性以及企业的规模、条件等情况而定。

（9）等级链。等级链即从最上级到最下级各层权力连成的等级结构。它是一条权力线，用以贯彻执行统一的命令和保证信息传递的秩序。

（10）秩序。秩序即人和物必须各尽其能。管理人员首先要了解每一工作岗位的性质和内容，使每个工作岗位都有称职的职工，每个职工都有合适的岗位。同时还要有条不紊地精心安排物资、设备的合适位置。

（11）平等。即以亲切、友好、公正的态度严格执行规章制度。雇员们受到平等的对待后，就会以忠诚和献身的精神来完成他们的任务。

（12）人员保持稳定。生意兴隆的公司通常都有一批稳定的管理人员。因此，最高层管理人员应采取措施，鼓励职工尤其是管理人员长期为公司服务。

（13）主动性。给人以发挥主动性的机会是一种强大的推动力量。必须大力提倡、鼓励雇员们认真思考问题和创新的精神，同时也要使员工的主动性受到等级链和纪律的限制。

（14）集体精神。职工的融洽、团结可以使企业产生巨大的力量。实现集体精神最有效的手段就是统一命令。在安排工作、实行奖励时不要引起忌妒，以避免破坏融洽的关系。此外，还应尽可能直接地交流意见等。

**（二）对法约尔组织管理理论的评价**

法约尔的组织管理理论后来成为20世纪50年代兴盛起来的管理过程学派的理论基础（该学派将法约尔尊奉为开山祖师），也是以后各种管理理论和管理实践的重要依据，对管理理论的发展和企业管理的历程均有着深刻的影响。组织管理思想的系统性和理论性强，对管理五大职能的分析为管理科学提供了一套科学的理论构架，来源于长期实践经验的管理原则给实际管理人员巨大的帮助，其中某些原则甚至以"公理"的形式为人们接受和使用。因此，继泰勒的科学管理之后，组织管理理论被誉为管理史上的第二座里程碑。

法约尔的管理思想具有较强的系统性和理论性，他对管理职能的分析为管理科学提供了一套科学的理论构架。后人根据这种构架，建立了管理学，并把它引入课堂，培养了大量管理人才。法约尔提出的管理的十四条原则，经过多年的研究和实践检验，总的来说仍然是正确的，这些原则过去曾经给企业管理人员极大的帮助，现在仍然为许多管理者所推崇。法约尔被后人尊称为"现代经营管理之父"。

法约尔的组织管理理论的不足之处是，管理原则缺乏弹性，有时让管理人员无法完全遵守。如统一指挥原则，法约尔认为，无论什么工作，一个下属只能接受一个上级的命令，并把这一原则作为一条定律，这一点在实践中可能会与分工原则发生矛盾。因为，根据劳动分工原则，只有将各种工作按专业化进行分工，才有助于提高效率。当某一层次的管理人员制定决策时，他就要考虑来自各个专业部门的意见或指示，但这是统一指挥原则所不允许的。

## 三、韦伯的行政组织理论

马克斯·韦伯生于德国，曾担任过教授、政府顾问、编辑，对社会学、宗教学、经济学与政治学都有相当的造诣，是与泰勒和法约尔同一历史时期，并且对西方古典管理理论的确立做出杰出贡献的德国著名社会学家和哲学家。韦伯的主要著作有《新教伦理与资本主义精神》《社会经济史》《社会和经济组织的理论》等。他在管理思想方面的贡献是在《社会和经济组织的理论》一书中提出了理想行政组织理论，也就是"官僚体制"（或译为科层制）。韦伯认为，官僚体制是一种严密的、合理的、形同机器那样的社会组织，它具有熟练的专业活动、明确的权责划分、严格执行的规章制度，以及金字塔式的等级服从关系等特征，从而使其成为一种系统的管理技术体系。这一理论对工业化以来各种不同类型的组织产生了广泛而深远的影响，成为现代大型组织广泛采用的一种组织管理方式。韦伯由此被人们称为"组织理论之父"。

### （一）韦伯的行政组织理论的主要内容

#### 1. 权力的基础

韦伯认为，任何组织都必须以某种形式的权力作为基础，没有某种形式的权力，任何组织都不能达到自己的目标。人类社会存在三种为社会所接受的权力：传统权力，由传统惯例或世袭得来；超凡权力，来源于别人的崇拜与追随；法定权力，即法律规定的权力。

对于传统权力，韦伯认为：人们对其服从是因为领袖人物占据着传统所支持的权力地位，同时，领袖人物也受着传统的制约。但是，人们对传统权力的服从并不是以与个人无关的秩序为依据，而是在习惯义务领域内的个人忠诚。领导人的作用似乎只为了维护传统，因而效率较低，不宜作为行政组织体系的基础。

而超凡权力的合法性，完全依靠对于领袖人物的信仰，他必须以不断的奇迹和英雄之举赢得追随者，超凡权力过于带有感情色彩并且是非理性的，不是依据规章制度，而是依据神秘的启示。所以，超凡权力形式也不宜作为行政组织体系的基础。

韦伯认为，只有法定权力才能作为行政组织体系的基础，其最根本的特征在于它提供了慎重的公正。原因在于，一是管理的连续性使管理活动必须有秩序地进行；二是以"能"为本的择人方式提供了理性基础；三是领导者的权力并非无限，应受到约束。

行政组织理论的实质在于以科学确定的"法定的"制度规范为组织协作行为的基本约束机制，主要依靠外在于个人的、科学合理的理性权力实行管理。韦伯指出，组织管理过程中依赖的基本权力将由个人转向"法理"，以理性的、正式规定的制度规范为权力中心实施管理。韦伯对管理理论的伟大贡献就在于明确而系统地指出理想的组织只有以合理合法权力为基础，才能有效地维系组织的连续和目标的达成。

2. 行政组织理论的特征

韦伯所提出的行政组织理论具有以下特征：

（1）劳动分工。在分工的基础上，规定每个岗位的权力和责任，把这些权力和责任作为明确规范而制度化。

（2）权威等级。按照不同的职位权力的大小，确定其在组织中的地位，形成有序的等级系统，以制度形式巩固下来。

（3）正式的甄选。组织中所有人员的选拔和提升都要依据技术能力。员工的技术能力是通过考试或者根据培训和经验来评估的。

（4）正式的规则和法规。管理人员在实施管理时，要受制于规则和程序，以保证员工产生可靠的和可以预见的行为。

（5）服从制度规定。组织的所有成员原则上都要服从制度规定，而不是服从于某个人。

（6）管理者与所有者分离。管理者是职业化的专家，而不是所有者。管理者的职务就是他的职业，他有固定的报酬，有按才晋升的机会，他忠于职守而不是忠于某个人。

（二）对韦伯的行政组织理论的评价

韦伯的行政组织理论所提出的科学管理体系是一种制度化、法律化、程序化和专业化的组织理论；阐明了官僚体制与社会化大生产之间的必然联系，突破了妨碍现代组织管理的以等级门第为标准的家长制管理形式；促进了管理方式的转变，消除了管理领域非理性、非科学的因素。理想的行政组织理论无论是对西方学术界，还是社会各个领域，都产生了深远的影响，现代社会各种组织都在不同程度地按照科层制原理来建立和管理。但是，韦伯的行政管理体制即官僚制也存在着难以克服的缺陷：他忽视了组织管理中人的主体作用，偏重于从静态角度分析组织结构和组织管理，忽视了组织之间、个人与组织之间、个人之间的相互作用；突出强调了法规对于组织管理的决定作用，以及人对法规的从属和工具化性质。

## 四、古典管理理论小结

泰勒的"科学管理"理论、法约尔的"组织管理"理论以及韦伯的"行政组织"理论，虽然研究各有不同的侧重，但他们有两个共同的特点：一是把组织中的人都当作"机器"来看待，忽视"人"的因素及人的需要和行为，所以有人称此种管理思想下的组织实际上是"无人的组织"；二是都没有看到组织与外部的联系，关注的只是组织内部的问题，因此是处于一种"封闭系统"的管理时代中。由于这些共同的局限性，20世纪初在西方建立起来的这三大管理理论，都被称为古典管理理论。

## 第三节　行为科学理论阶段

　　泰勒、法约尔、韦伯等人开创的古典管理理论，完成了使管理从经验上升为科学的转变。但是，从某种程度上讲，古典管理理论的研究是以机械的观点来看待组织和工作，虽然也承认个人的作用，但强调的是对个人行为的控制和规范。

　　科学发展到20世纪，学科越分越细，学科之间的联系也更加广泛，相继出现了不少边缘学科，在此基础上，科学家们开始考虑如何利用有关的科学知识研究人的行为。一些学者从心理学、社会学等角度对人的行为以及产生这些行为的原因进行了分析研究。1949年在美国芝加哥大学召开了一次有哲学家、精神病学家、心理学家、生物学家和社会学家等参加的跨学科的科学会议，讨论了应用现代科学知识来研究人类行为的一般理论。会议给这门综合性的学科定名为"行为科学"。1953年，芝加哥大学成立了行为科学研究所。行为科学理论早期被称作人际关系学说，以后发展为行为科学，又称为组织行为理论。

　　古典管理理论把人看作"活的机器""机器的附件""经济人"等，而行为科学认为"人"不单是"经济人"，还是"社会人"，即影响工人生产效率的因素除了物质条件外还有人的工作情绪。人的工作情绪又受人所在的社会及本人心理因素的影响。

　　行为科学是一门研究人类行为规律的科学。学者们试图通过行为科学的研究，掌握人们行为的规律，找出对待工人、职员的新方法和提高工效的新途径。

### 一、梅奥及霍桑试验和人际关系学说

#### （一）梅奥及霍桑试验

　　"行为科学"的发展是从人际关系学说开始的。埃尔顿·梅奥是人际关系学说的创始人。他出生在澳大利亚，早年学医，之后又学习心理学，曾任昆士兰大学讲师，讲授伦理学、哲学和逻辑学。到美国后，他执教于宾夕法尼亚大学的华登金融商业学院。1926年，梅奥应聘于哈佛大学担任工业研究副教授。他的著作主要有《工业文明的人类问题》《工业文明的社会问题》等。

　　1924—1932年，梅奥受美国西方电气公司的邀请，在该公司设在芝加哥附近霍桑地区的工厂，进行长达八年的试验，即引起管理学界重视的"霍桑试验"。霍桑试验的目的是要找出工作条件对生产效率的影响，以寻求提高劳动生产率的途径。这一项由美国国家研究委员会赞助的研究计划，共分以下四个阶段进行：

　　1. 工场照明试验

　　试验首先从变换工作现场的照明强度着手。研究人员将参加试验的工人分成两组，一组为试验组，一组为控制组。控制组一直在平常的照明强度下工作，而对试验组则给予不同的照明强度。当试验组的照明强度逐渐增大时，试验组的生产增长比例与控制组大致相同；当试验组的照明强度逐渐降低时，试验组的产量才明显下降。试验表明，照明度的一般改变，不是影响生产率的决定因素。

　　2. 继电器装配试验室研究

　　为了能够更有效地控制影响工人生产的因素，将一组工人单独安置在一个工作室，与别的工人避免接触，这次试验是在电话继电器装配实验室分别按不同工作条件进行的。试验开

始后，先逐步增加休息次数，延长休息时间，缩短每日工作时间，供应茶点，实行五日工作制等；然后又逐步取消这些待遇，恢复原来的工作条件。结果发现，无论工作条件如何变化，生产量都是增加的，而且工人的劳动热情还有所提高，缺勤率减少了80%。后来又选择了工资支付方式作为试验内容，即将集体奖励制度改为个人奖励制度。试验结果又发现工资支付方式的改变也不能明显影响工人的生产效率。那么，为什么试验过程中工人的产量会有增加呢？研究小组认为，可能出于工人对试验的关心和兴趣；工人们则认为，产量增加的原因是由于没有工头的监督，工人可以自由地工作。试验中比较尊重工人，试验计划的制定、工作条件的变化事先都倾听过工人的意见，因而工人与研究小组的人员建立了良好的感情。工人之间由于增加了接触，也滋生了一种团结互助的感情。为了进一步研究这一点，他们进行了第三阶段的试验。

3. 谈话研究

研究小组用了前后两年多时间，对20 000多名工人做了调查。在访问中，研究小组起初是用"直接提问"的方式谈话，如询问管理工作和工作环境的问题。虽然他们向工人说明，谈话内容均将保密，但是工人的回答仍然有所戒备。随后改用"非直接提问"方式，甚至让工人自由选择话题。在这样的大规模谈话中，研究小组收集到有关工人态度的大量资料。经过分析，研究小组了解到，工人的劳动效果不但与他们在组织中的地位、身份有关，而且也与小组的其他人的影响有关，工人中似乎存在一种"非正式组织"。得到了这个结论后，研究小组又做了进一步的系统研究，于是试验进入第四阶段的观察研究。

4. 观察研究

研究小组对有14名男工的生产小组进行了观察研究。这个生产小组是根据集体产量计算工资的，根据组内人员的情况，他们完全有可能超过原来的实际产量。可是，经过5个月的统计发现，小组产量总是维持在一定的水平上。经过观察发现，组内存在着一种默契：往往不到下班，大家已经歇手；当有人超过日产量时，旁人就会暗示他停止工作或放慢工作速度。大家都按着这个集体的平均标准进行工作，谁也不做超额生产的拔尖人物，谁也不偷懒。他们当中，还存在着自然领袖人物。这就证实"非正式组织"是存在的，而这个组织对工人的行为有着较强的约束力，这种约束力甚至超过经济上的刺激。在进行试验的同时，研究小组还与工人进行了广泛的交谈，以了解工人对工作和工作环境、监工和公司当局的看法及持有这种看法对生产有什么影响。他们前后共与两万多名职工进行了交谈，取得了大量的材料。

（二）人际关系学说

梅奥等人就试验及访问交谈结果进行了总结，得出的主要结论是：生产效率不仅受物理、生理的因素影响，而且受社会环境、社会心理的影响。这一点与科学管理的观点是截然不同的。以霍桑试验为基础，梅奥提出了人际关系学说，其主要内容有以下三点：

第一，企业的职工是"社会人"。从亚当·斯密到科学管理学派都把人看作是仅仅为了追求经济利益而进行活动的"经济人"，或者是对于工作条件的变化能够做出直接反应的"机器的模型"。但是，霍桑试验表明，物质条件的改变，不是劳动生产率提高或降低的决定性因素，甚至计件制的刺激工资制对于产量的影响也不及生产集体所形成的一种自然力量。因此，梅奥等人创立了"社会人"的假说，即认为人不是孤立存在的，而是属于某一工作集体并受这一集体影响的。他们不仅要追求金钱收入，还要追求人与人之间的友情、安全感、归属感等社会和心理方面的欲望的满足。梅奥等人曾经用这样一句话来描绘人：人是独特的社会动物，只有把自己完全投入集体中才能实现彻底的"自由"。

第二，满足工人的社会欲望，提高工人的士气，是提高生产效率的关键。科学管理理论认为，生产效率与作业方法、工作条件之间存在着单纯的因果关系，只要正确地确定工作内容，采取恰当的刺激制度，改善工作条件，就可以提高生产效率。可是，霍桑试验表明，这两者之间并没有必然的直接的联系。生产效率的提高，关键在于工作态度的改变，即工人士气的提高。梅奥等人从人是社会人的观点出发，认为"士气"的高低决定于安全感、归属感等社会、心理方面的欲望的满足程度。满足程度越高，"士气"就越高，生产效率也越高。"士气"又取决于家庭、社会生活的影响以及企业中人与人之间的关系。

第三，企业中实际存在着一种"非正式组织"。"人的组织"可分为"正式组织"和"非正式组织"两种。所谓正式组织，是指企业组织体系中的环节，是指为了实现企业总目标而担当有明确职能的机构。这种组织对于个人有强制性。这是古典组织论者所强调和研究的。人际关系论者认为：企业职工在共同工作、共同生产中，必然产生相互之间的人际关系，产生共同的感情，自然形成一种行为准则或惯例，要求个人服从。这就构成了非正式组织。这种非正式组织对于工人的行为影响很大，是影响生产效率的重要因素。

正式组织与非正式组织在本质上是不同的。正式组织以效率和成本为主要标准，要求企业成员为了提高效率、降低成本而确保形式上的协作。非正式组织则以感情为主要标准，要求其成员遵守人际关系中形成的非正式的不成文的行为准则。人际关系学说认为：非正式组织不仅存在于工人之中，而且存在于管理人员、技术人员之中，只不过效率与成本对于管理人员、技术人员比对于工人更为重要，而一般来说，感情在工人中比在管理人员、技术人员中占有更为重要的地位。如果管理人员、技术人员仅仅依据效率与成本的要求来进行管理而忽略工人的感情，那么两者之间必将发生矛盾冲突，妨碍企业目标的实现。因此，调和这种矛盾，解决这种冲突，是管理的根本问题。

梅奥的人际关系学说是行为科学理论的早期思想，为管理思想的发展开辟了新的领域，标志着人们从早期科学管理思想单纯重视对组织形式及方法的研究，开始转向对人的因素在组织中的作用的研究。该学说为以后行为科学的发展奠定了基础。人际关系学说只强调要重视人的行为，而行为科学还要求进一步研究人的行为规律，找出产生不同行为的影响因素，探讨如何控制人的行为以达到预定目标。

## 二、行为科学理论

行为科学有广义和狭义两种理解。广义的行为科学是指包括类似运用自然科学的实验和观察方法，研究在自然社会环境中人的行为的科学。狭义的行为科学是指有关工作环境中个人和群体行为的一门综合性学科。

梅奥的人际关系学说是行为科学发展的第一阶段，自20世纪50年代以后，行为科学得到了新的发展，60年代以后，又出现了组织行为学的名称。组织行为学是由行为科学进步发展起来的，它是研究在一定组织中人的行为的发展规律，重点则是研究企业组织中的行为。组织行为学分三个层次：个体行为理论、团体行为理论和组织行为理论。

### （一）个体行为理论

个体行为理论主要包括两方面的内容：一方面是有关人的需要、动机和激励理论；另一方面是有关企业中的人性理论（问题）。

1. 激励理论

梅奥的人际关系学说强调人是"社会人"，满足人的社会需求。以后的行为科学家在这方面又有所发展。他们指出，人的各种各样的行为，都有一定的动机，而动机又产生于人类本身内在的、强烈要求得到满足的需要。在组织管理中，可以根据人的需要和动机来加以激励，使之更好地完成任务，在这中间也就能更好地实现自己。这时的行为科学研究者，研究的重点已从"社会人"发展到"自我实现的人"，研究的已不仅是职工能否满足其社会需要的问题，而且是职工能否获得更有意义、更具有挑战性的工作，在工作中能否获得成就感、尊重与自我满足，能否自我实现的问题。这方面的研究，主要有以下几种理论：

（1）需要层次理论。美国的人本主义心理学家和行为科学家亚伯拉罕·马斯洛在1954年发表了著作《动机和人》，在这本书中，他提出了需要层次理论，在西方管理学界广为流传。

需要层次理论有两个基本论点，其中一个基本论点是：人是有需要的动物，其需要取决于他已经得到了什么，还缺少什么，只有尚未满足的需要才能够影响行为。换而言之，已经得到满足的需要不能再起激励作用。另一个基本论点是：人的需要都有轻重层次，某一层需要得到满足后，另一层需要才会出现。

马斯洛认为，在特定的时刻，人的一切需要如果都未能得到满足，那么满足最主要的需要就比满足其他需要更迫切。只有排在前面的那些需要得到了满足，才能产生更高一级的需要。而且只有当前面的需要得到充分的满足后，后面的需要才能显示其激励作用。

马斯洛将需要划分为五层：生理的需要、安全的需要、社交的需要、尊重的需要和自我实现的需要。

1）生理的需要。任何动物都有这种需要，但不同的动物，其需要的表现形式是不同的。就人类而言，人们为了能够继续生存，首先必须满足基本的生活需要，如衣、食、住、行等。马斯洛认为，这是人类最基本的需要。人类的这些需要得不到满足就无法生存，也就谈不上其他需要。所以，在经济不发达的社会，必须首先研究并满足这方面的需要。

2）安全的需要。基本生活条件具备以后，生理需要就不再是推动人们工作的最强烈力量，取而代之的是安全的需要。这种需要又可分为两小类：一类是对现在的安全需要；另一类是对未来的安全的需要。对现在的安全需要，就是要求自己现在的社会生活的各个方面均能有所保证，如就业安全、生产过程中的劳动安全、社会生活中的人身安全等；对未来的安全需要，就是希望未来生活能有保障。未来总是不确定的，而不确定的东西总是令人担忧的，所以人们都追求未来的安全，如病、老、伤、残后的生活保障等。

3）社交的需要。马斯洛认为，人是一种社会动物，人们的生活和工作都不是独立进行的。因此，人们常希望在一种被接受或属于的环境下工作，也就是说，人们希望在社会生活中受到别人的注意、接纳、关心、友爱和同情，在感情上有所归属，属于某一个群体，而不希望在社会中成为离群的孤鸟。人们的这种需要多半是在非正式组织中得到满足的。例如，在企业里，一般职工都有自己的小圈子。这个圈子里的人一般意气相投、观点相同、利益一致。一人有了困难，这个圈子里的其他成员会在不同程度上以不同方式给予同情、安慰和帮助。社交的需要比生理的需要和安全的需要来得细致。需要的程度也因个人的性格、经历、受教育程度的不同而异。

4）尊重的需要。"不落后别人，如有可能要高别人一筹"，这也是一种心理上的需要，包括自尊和受别人尊重。自尊是指在自己取得成功时有一股自豪感；受别人尊重是指当自己做出贡献时，能得到他人的承认，如领导和同事们的好评与赞扬等。自尊和受人尊重，这两者是联系在一起的。要得到别人的尊重，首先自己要有被别人尊重的条件。自己要先有自尊心；对工作有足够的自信心；对知识的掌握不愿落后于他人，别人懂得的，自己不能不懂，别人不懂的，自己也要知道，只有这样才有可能受到别人的尊重。自尊心是驱使人们奋发向上的推动力，自尊心人人皆有。领导者要注意研究职工在自尊方面的需要和特点，要设法满足他们的自尊需要，不能伤害他们的自尊心，只有这样，才能激发他们在工作中的主动性和积极性。

5）自我实现的需要。这是更高层次的需要。这种需要就是希望在工作上有所成就，在事业上有所建树，实现自己的理想或抱负。有人认为这种需要只存在于那些事业心极强的人身上。其实这种看法是很片面的。与尊重的需要一样，自我实现的需要几乎在任何人身上都有不同程度的表现。自我实现的需要通常表现在两个方面：一是胜任感方面。有这种需要的人力图控制事物或环境，不是等事情被动地发生和发展，而是希望在自己控制下进行。例如，在企业生产中，青年工人开始是在师傅的指导下工作，在掌握了一定的技术后，就会萌发独立操作的想法，在此基础上，他们不愿再机械地去重复、去从事、去完成工作，而是利用掌握的知识积极、主动地去分析、去研究工作，去改进、去完善工作。二是成就感方面。与物理的"充分负荷"原理相似，人们在工作中常为自己设置一些既有一定困难，但经过努力又可以达到的目标。他们进行的工作既不保守，也不冒险，他们是在认为自己有能力影响事情结果的前提下工作的。对这些人来说，工作的乐趣在于成果或成功。有成就感的人往往需要知道自己工作的结果。成功后的喜悦要远比其他任何报酬都重要。

马斯洛的需要理论很流行，也比较符合实际，符合人们的价值观，很明显，人们的衣、食、住、行解决了，安全有保障后，才想到社交和得到人的尊重以及发挥自己的才能等。马斯洛的需要理论为人们提供了一个研究人类各种需要的参照样本。只有在认识到了需要的类型及其特征的基础上，领导者才能根据不同属下的不同需要进行有效的激励。需要理论指出了对人的激励要包括物质和精神两方面，但是，仍然未能突破刺激—反应这一被动式的大范畴。而且人的需要，有时可能是几个需要同时出现的，先后的次序也可以因人而异。然而需要理论作为归纳分析和抽象化条理化来说是非常成功的。

（2）双因素理论。美国心理学家弗雷德里克·赫茨伯格在1959年与别人合著出版的《工作与激励》和1966年出版的《工作与人性》两本著作中，提出了激励因素和保健因素，简称双因素理论。

20世纪50年代后期，赫茨伯格为了研究人的工作动机，对匹兹堡地区的200名工程师、会计师进行了深入的访问调查，提出了许多问题，如在什么情况下你对工作特别满意，在什么情况下对工作特别厌恶，原因是什么等。调查结果发现，使他们感到满意的因素都是工作的性质和内容方面的，使他们感到不满意的因素都是工作环境或者工作关系方面的。赫茨伯格把前者称作激励因素，把后者称作保健因素。

1）激励因素：这类因素具备时，可以起到明显的激励作用；当这类因素不具备时，也不会造成职工的极大不满。这类因素归纳起来有六种：工作上的成就感、受到重视、提升、工作本身的性质、个人发展的可能性和责任。

2）保健因素：当保健因素低于一定水平时，会引起职工的不满；当这类因素得到改善时，职工的不满就会消除。但是，保健因素对职工起不到激励的积极作用。保健因素可以归纳为十项：企业的政策与行政管理、监督、与上级的关系、与同事的关系、与下级的关系、工资、工作安全、个人生活、工作条件和地位。

分析上述两类因素可以看到，激励因素是以工作为中心的，即以对工作本身是否满意、工作中个人是否有成就、是否得到重用和提升为中心的；而保健因素则与工作的外部环境有关，属于保证工作完成的基本条件。研究中还发现，当职工受到很大激励时，他对外部环境的不利能产生很大的耐性；反之，就不可能有这种耐性。

赫茨伯格的双因素理论与马斯洛的需要层次理论有很大的相似性。马斯洛的高层需要即赫茨伯格的主要激励因素，而为了维持生活所必须满足的低层需要则相当于保健因素。可以说，赫茨伯格对需要层次理论做了补充。他划分了激励因素和保健因素的界限，分析出各种激励因素主要来自工作本身，这就为激励工作指出了方向。

2. 人性理论

人的本性问题，从来是伦理学家争论的一个问题，也是管理学者研究的一个中心课题。早在科学管理时期，就有人探讨这个问题。梅奥等人关于"社会人""非正式组织"的论述与这个问题也有关。到了后期的行为科学，对此做了更深入的研究。人性理论主要有道格拉斯·麦格雷戈的"X理论和Y理论"以及威廉·大内的"Z理论"。

（1）X理论和Y理论。美国麻省理工学院教授道格拉斯·麦格雷戈认为，在管理中对人性的假设存在两种截然不同的观点，并于1957年首次提出X理论和Y理论。他认为人的本性与人的行为是决定管理者行为模式的最重要的因素，管理者基于他们关于人的本性的假定，按照不同的方式对人进行组织、领导、控制和激励。麦格雷戈在1960年正式出版的《企业的人性方面》一书，对两种理论进行了比较。

麦格雷戈所指的X理论主要观点是：人的本性是坏的，一般人都有好逸恶劳、尽可能逃避工作的特性；由于人有厌恶工作的特性，因此对大多数人来说，仅用奖赏的办法不足以战胜其厌恶工作的倾向，必须进行强制、监督、指挥，并以惩罚进行威胁，才能使他们付出足够的努力来完成给定的工作目标；一般人都胸无大志，通常满足于平平稳稳地完成工作，而不喜欢具有"压迫感"的创造性的困难工作。麦格雷戈认为，在现代工业的实践过程中，这种X理论的运用是非常普遍的。

与X理论相反的是Y理论。尽管麦格雷戈确实注意到了由强性X（差不多就是科学管理法）向软性X（人际关系法）的转变，但他认为这种转变在假定或管理学方面并没有发生根本的变化。由此，他提出了作为"与人力资源管理相关的最为现代的新理论起点"的Y理论。麦格雷戈认为，Y理论是较为传统的X理论的合理替换物。Y理论的主要观点是：人并不是懒惰的，他对工作的喜好和憎恶决定于这项工作对他是一种满足还是一种惩罚；在正常情况下人愿意承担责任；人们都热衷于发挥自己的才能和创造性。

对比X理论和Y理论可以发现，它们的差别在于对工人的需要看法不同，因此采用的管理方法也不相同。按X理论来看待工人的需要，进行管理就要采取严格的控制、强制方式；如果按Y理论看待工人的需要，管理者就要创造一个能多方面满足工人需要的环境，使人们的智慧、能力得以充分地发挥，以更好地实现组织和个人的目标。

麦格雷戈在旧的人际关系观念与新的人本主义之间起到了一种桥梁作用。麦格雷戈的基本信念是：组织中的和谐是可以做到的，但并不是靠硬性或软性的手段，而是靠改变对人性的假设，要相信他们是可以信任的，能够自我激励、自我控制的，具有将自己的个人目标与组织目标结合起来的能力。

（2）Z理论。美国加州大学管理学院日裔美籍教授威廉·大内在研究分析了日本的企业管理经验之后，提出了他所设想的Z理论。Z理论认为企业管理当局与职工的利益是一致的，两者的积极性可融为一体。按照Z理论，管理的主要内容有以下几点：

1）企业对职工的雇佣应是长期的而不是短期的。企业在经济恐慌及经营不佳的状况下，一般也不采取解雇职工的办法，而是动员大家"节衣缩食"，共渡难关。这样，就可以使职工感到职业有保障而积极地关心企业的利益和前途。

2）上下结合制定决策，鼓励职工参与企业的管理工作。从调查研究、反映情况，到参与企业重大问题的决策，都启发、支持职工进行参与。

3）实行个人负责制。要求基层管理人员不机械地执行上级命令，而要敏感地体会上级命令的实质，创造性地执行。强调中层管理人员对各方面的建议要进行协调统一，统一的过程就是反复协商的过程。这样做虽然费些时间，但便于贯彻执行。

4）上下级之间关系要融洽。企业管理当局要处处显示对职工的全面关心，使职工心情舒畅愉快。

5）对职工要进行全面的知识培训，使职工有多方面工作的经验。如果要提拔一位计划科长担任经营副经理，就要使他在具有担任财务科长、生产科长的能力之后，再提拔到经营副经理的位置上。

6）准备评价与稳步提拔。强调对职工进行长期而全面的考察，不以"一时一事"为根据对职工表现下结论。

7）控制机制要较为含蓄而不正规，但检测手段要正规。

### （二）团体行为理论

团体行为理论主要研究团体发展的各种因素的相互作用和相互依存的关系。团体行为理论的研究成果很多，这里仅介绍库尔特·卢因的"团体动力学理论"。

德国心理学家、场论的创始人、社会心理学的先驱库尔特·卢因，以研究人类动机和团体动力学而著名。他借用物理学中场论和力学的概念，说明了团体成员之间各种力量相互依存、相互作用的关系。这一理论的宗旨是寻找和揭示团体行为以及团体中个体行为的动力源问题。

卢因认为，人的心理、人的行为决定于内在的需要和周围的相互作用。当人的需要尚未得到满足时，会产生内部力场的张力，而周围环境因素起着导火线的作用。人的行为动向取决于内部力场与情境力场（即环境因素）的相互作用，但主要的决定因素是内部力场的张力。

团体动力论强调重视人的因素，把团体与其成员间的相互作用看成团体行为的动力，把如何提高团体绩效的问题看作充分调动人的积极性问题。

### （三）组织行为理论

组织行为理论主要包括领导理论和组织变革、组织发展理论等。支持关系理论是其中影响比较大的理论，是美国现代行为科学家伦西斯·利克特提出的，其要点如下：

对人的领导是管理工作的核心。必须使每个人建立起个人价值的感觉，把自己的知识和经验看成个人价值的支持。所谓"支持"，是指员工置身于组织环境中，通过工作交往亲身感受和体验到领导者及各方面的支持和重视，从而认识到自己的价值。这样的环境就是"支持性"的，这时的领导者和同事也就是"支持性"的。

企业领导方式分为专权命令式、温和命令式、协商式和参与式四种。其中，参与式效率最高，能最有效地发挥经济激励、自我激励、安全激励和创造激励的作用。参与式程度越高、管理越民主，企业的效率越高；反对单纯地以生产或以人为中心。

支持关系理论实际上要求组织成员都认识到组织担负着重要的使命和目标，每个人的工作对组织来说都是不可或缺、意义重大和富有挑战性的。组织里的每个人都受到重视，都有自己的价值。如果在组织中形成了这种"支持关系"，员工的态度就会很积极，各项激励措施就会充分发挥作用，组织内充满协作精神，工作效率就会很高。

### 三、行为科学理论小结

在梅奥等人研究的基础上，西方从事这方面研究的管理学者大量出现，他们的研究主要集中在四个领域：有关人的需要、动机和激励问题；与企业管理直接相关的"人性"问题；企业中的非正式组织及群体行为理论；企业领导方式理论。尽管学者们各自独立地进行研究，但都提出了一个共同的主题，那就是，管理中最重要的因素是人，因此要研究人、尊重人、关心人，满足人的需要以调动人的积极性，并创造一种能使组织成员充分发挥能力的工作环境。具体有以下几个方面：

第一，强调以人为中心研究管理问题，重视人在组织中的关键作用。强调探索人的行为的规律，提倡善于用人，进行人力资源开发。

第二，强调个人目标和组织目标的一致性，调动积极性必须从个人因素和组织因素两方面着手。要使组织目标包含更多的个人目标，不仅要改进工作的外部条件，更重要的是要改进工作设计，把从工作本身满足人的需要作为最有效的激励因素。

第三，主张在组织中恢复人的尊严，实行民主参与管理，改变上下级之间的关系，由命令服从变为支持帮助，由监督变为引导，实行组织成员的自主自治。

行为科学理论在很大程度上塑造了今天的现代组织。从管理者设计激励工作的方式到他们与雇主团队共同工作的方式再到他们开放沟通的方式，都可以看到行为科学理论的要素在起作用。行为科学理论也影响到决策的制定、组织结构的设计、控制工具的类型及控制技术的采用。早期组织行为倡导者提出的观点，以及从霍桑研究得到的结论，成为今天的激励理论、领导理论、群体研究、组织发展理论以及大量其他行为科学研究的基础。

## 第四节　现代管理理论阶段

第二次世界大战以来，随着现代科学和技术日新月异的发展，生产和组织规模急剧扩大，生产力和生产社会化程度不断提高，管理理论逐渐引起了人们的普遍重视。许多学者和实际工作者在前人的理论与实践经验的基础上，结合自己的专业知识进行现代管理问题的研究。由于研究条件、掌握材料、观察角度以及研究方法等方面的不同，必然产生不同的看法，形成不同的思路，从而形成了多种管理学派。

### 一、现代管理理论的"热带丛林"

美国管理学家哈罗德·孔茨将管理理论的各个流派统称为"管理理论丛林"。1961 年12 月，孔茨在美国《管理学杂志》上发表了《管理理论的丛林》一文，认为由于当时各类科学家对管理理论的兴趣有了极大的增长，他们为了各种目的，标新立异，导致管理理论的丛林蔓生滋长，使人们难以通过。他划分了六个主要学派：管理过程学派、经验学派、人类行为学派、社会系统学派、决策理论过程学派和数学学派。

学派的划分主要是为了便于理论上的归纳和研究，并非意味着彼此独立、截然分开，实际上这些学派在内容上相互影响、彼此交叉融合。

## 二、现代管理学学派概述

自 20 世纪 60 年代以后，人类在科学技术方面进入一个新的阶段。一些新的学科门类的出现，为各学科的发展提供了基础和条件。如系统论、控制论和信息论的广泛研究，影响到其他许多学科，包括管理科学。许多管理学者（包括社会学家、数学家、人类学家、计量学家等）从不同的角度发表了对管理学的见解，管理理论呈现分散化趋向。在这个时期，管理思想的基本特点之一是流派众多，除系统管理学派之外，管理过程学派、决策理论学派、经验学派、管理科学学派、权变理论学派等均有所建树，并且构成这个时期管理思想的丰富内容。同时，现代科学技术的发展，使管理科学中吸收和借鉴现代科学成果的倾向非常突出，从而使管理科学的科学化程度日益提高。

### （一）管理过程学派

管理过程学派以法约尔、孔茨为代表，主要研究管理过程与管理职能，其基本观点如下：

第一，管理是一个过程，即让别人与自己实现既定目标的过程。

第二，管理过程的职能有五种：计划、组织、人员配备、指挥、控制。

第三，管理职能具有普遍性，即各级管理人员都执行管理职能，但侧重点因管理级别的不同而不同。

第四，管理应当具有灵活性，要因地制宜，灵活应用。

### （二）经验学派

经验学派，又称案例学派，主张从管理者的实践经验寻求管理活动的一般规律和共性，并使之系统化、理论化，以指导人们的管理活动。这一学派的代表人物主要有美国的学者彼得·德鲁克、管理学家欧内斯特·戴尔、哥伦比亚大学教授威廉·纽曼等。

### （三）系统管理学派

西方学者把系统论应用于工商企业的管理，形成系统管理学派。这一学派的主要代表人物是理查德·约翰逊、弗里蒙特·卡斯特、詹姆斯·罗森茨韦克，他们于 1963 年出版了《系统理论和管理》一书，成为系统管理学派的代表之作。其主要观点如下：

第一，组织是人们建立起来的相互联系并共同运营的要素（子系统）所构成的系统。

第二，任何子系统的变化均会影响其系统的变化。

第三，系统具有半开放特性——既有自己的特性，又有与外界沟通的特性。

系统管理学派强调系统的综合性、整体性，强调构成系统各部分之间的联系，认为只有把各个部门、各种资源按系统的要求进行组织和利用，才能提高企业的整体效益。

### （四）决策理论学派

决策理论学派的代表人物是美国卡内基·梅隆大学教授赫伯特·西蒙，他是 1978 年诺贝尔经济学奖的获得者。西蒙认为，管理活动的全部过程都是决策的过程，决策贯穿整个管理过程，所以管理就是决策。

### （五）管理科学学派

管理科学学派，又称作管理中的数量学派或运筹学。其代表人物是美国的埃尔伍德·斯潘塞·伯法。该学派认为，解决复杂系统的管理决策问题，可以用电子计算机作为工具，寻求最佳计划方案，以达到企业的目标。管理科学其实就是管理中的一种数量分析方法。它主要用于解决能以数量表现的管理问题，其作用在于通过管理科学的方法，减少决策中的风险，提高决策的质量，保证投入的资源发挥最大的经济效益。

### （六）权变理论学派

权变理论学派在 20 世纪 70 年代形成于美国，该学派的代表人物是美国内布拉斯加大学教授卢桑斯。该学派认为，在管理领域，没有一种适合于任何时代、任何组织和任何个人的普遍行之有效的管理方法，以前各种管理理论都有一定的适用范围，也没有所谓的"最佳"的管理方法，对组织的管理应依据其所处的内外环境条件和形势的变化，因地制宜、因时制宜地灵活采用不同的管理方法。所以，作为管理人员，在任何形势下，都必须对各种变动的环境因素进行具体分析，然后采取适用于某种特定环境的管理方法，才能取得良好的效果。

# 第五节 走向未来的管理学

管理理论是随着社会经济发展和环境的变化而变化的，自 20 世纪 80 年代以来，随着世界经济的发展、国际竞争的加剧以及新技术革命的突飞猛进，管理理论和管理实践受到了极大的冲击和挑战，管理思想也在发生着变革。为解决不断出现的新问题，人们在做着各种有益的探索。管理理论和实践也呈现出新的发展趋势，其中具有代表性的管理思想有以下一些。

## 一、管理理论的新发展

### （一）企业文化

企业文化是 20 世纪 80 年代以来企业管理科学理论丛林中分化出来的一个新理论。第二次世界大战后，作为战败国的日本满目疮痍，一片废墟。日本没有自然条件方面的优势，国土狭小，自然资源匮乏。日本企业家深刻认识到，如果要在世界强国之林占有一席之地，日本企业只有付出更加艰辛的劳动，不仅需要有足够的物质和技术力的支持，更需要一种激励员工艰苦奋斗，为企业尽心尽责的精神力量，即企业文化。

### （二）学习型组织理论

1990 年，美国麻省理工学院斯隆管理学院的彼得·圣吉教授出版了享誉世界的著作《第五项修炼——学习型组织的艺术与实践》，引起管理界的轰动。从此，建立学习型组织、实行五项修炼成为管理理论与实践的热点。为什么要建立学习型组织？因为世界变化太快，企业不能再像过去那样被动地适应。

彼得·圣吉提出了学习型组织的五项修炼技能。第一项，系统思考。系统思考是为了看见事物的整体。进行系统思考，既要有系统的观点，又要有动态的观点。系统思考不仅是要学习一种思考方法，更重要的是在实践中要反复运用，从而可以从任何局部的蛛丝马迹中看到整体的变动。第二项，超越自我。超越自我既是指组织要超越自我，又是指组织中的个人也要超越自我。超越自我不是不要个人利益，而是要有更远大的目标，要从长期利益出发，要从全局的整体利益出发。第三项，改变心智模式。不同的人，之所以对同一事物的看法不同，是因为他们的心智模式不同。人们在分析事物时，需要运用已有的心智模式作为基础。但是，如果现有的心智模式已不能反映客观事物，就会做出错误的判断。特别是企业领导层出现这种情况时，小则使企业经营出现困难，大则给企业带来灾难性的影响。而改变心智模式的办法是：一要反思自己的心智模式；二要探询他人的心智模式，从自己与别人的心智模式的比较中完善自己的心智模式。第四项，建立共同愿景。愿景是指对未来景象和意象的愿望。企业作为一个组织，是以个人为单元的。企业一旦建立了共同愿景，建立了全体员工共同认可的目标，就能充分发挥每个人的力量。共同愿景的建立不是企业领导人的单方面设计，而是对每一个人利益的融合。第五项，团队学习。团队学习是发展员工与团体的合作关系，使每个人的力量能通过集体得以实现。团队学习的目的：一是避免无效的矛盾和冲突；二是让个别人的智慧成为集体的智慧。团队学习中很重要的形式是深度会谈。深度会谈是对企业的重大而又复杂的议题进行开放性的交流，使每一个人不仅能表达自己的看法，同时也能了解别人的观点，通过交流，减少差异，从而能够相互协作配合。

### （三）企业流程再造

企业流程再造又称业务流程重组（Business Process Reengineering，BPR）是 20 世纪 80 年代末、90 年代初发展起来的企业管理的新理论。1993 年，迈克尔·哈默与詹姆斯·钱皮合著《企业再造工程》一书，该书总结了过去几十年来世界成功企业的经验，阐明了生产流程、组织流程在企业决胜于市场竞争中的决定作用，提出了应变市场变化的新方法，即企业流程再造。

企业流程再造的目的是提高企业竞争力，从业务流程上保证企业能以最小的成本将高质量的产品和优质的服务提供给企业客户。企业再造的实施方法是，以先进的信息系统和信息技术为手段，以客户中长期需要为目标，通过最大限度地减少对产品增值无实质作用的环节和过程，建立起科学的组织结构和业务流程，使产品的质量和规模发生质的变化。

### （四）精益生产理论

精益生产是美国麻省理工学院数位国际汽车计划组织的专家对日本丰田准时化生产的生产方式的赞誉。精，即少而精，不投入多余的生产要素，只是在适当的时间生产必要数量的市场或下道工序急需的产品；益，即所有经营活动都要有效，具有经济效益。精益生产方式是"二战"后日本汽车工业在"资源稀缺"和"多品种、少批量"的市场制约下的产物，是从丰田佐吉开始，经丰田喜一郎及大野耐一等人的共同努力，直到 20 世纪 60 年代逐步完善而形成。精益生产方式的实质是管理过程的优化，通过大力精简中间管理层，进行组织扁平化改革，减少非直接生产人员；推行生产均衡化、同步化，实现零库存与柔性生产；推行全生产过程（包括整个供应链）的质量保证体系；减少和降低任何环节上的浪费；最终实现拉动式准时化生产。

## 二、管理理论发展的观点

### （一）系统观

任何一个组织都是一个系统，是由若干要素构成的，同时又是更大系统的子系统，系统之外的是组织的环境，系统受环境的影响，同时又影响环境。系统观就是整体观、全局观，任何管理问题都应该从整个系统的角度考虑，同时还考虑环境对系统的影响。

### （二）权变观

管理变量与环境变量之间的函数关系就是权变关系，即在不同的管理环境下，需采用不同的管理方法和技术。在通常的情况下，环境是自变量，而管理的观念和技术是因变量。不能以不变应万变，必须视具体情况，做出具体分析，因时、因地、因人而异。

### （三）动态观

动态观就是用发展的、动态的观点看问题。事物总是不断变化的，不能用僵化静止的观点看问题。在这种观点中，今天和昨天可能不同，今天和明天也不一样；昨天有效，今天不一定有效，明天更不一定有效。

### （四）人本观

人本观就是以人为中心的管理观，是在尊重人的人格独立与个人尊严的前提下，在提高广大员工对企业的向心力、凝聚力与归属感的基础上，依靠人性解放、权力平等、民主管理，从内心深处来激发每个员工的内在潜力、主动性和创造力，使员工能真正做到心情舒畅、积极主动地为企业创造业绩。管理者不再是指挥者、监督者、控制者，而是要扮演教师、教练、知心朋友及客户经理的角色，起到启发、诱导、激励作用。这种观点把提高人的素质，建立人际关系，满足人的需求，调动人的主动性、积极性和创造性的工作放在了管理的首位；在管理方式上强调尊重人、信任人、激励人、鼓励人，以感情调动职工积极性、主动性和创造性。

### （五）全球观

全球化已涉及社会、经济、文化、政治等人类生活的一切领域，经济全球化使生产要素跨越国界，在全球范围内自由流动，各国、各地区相互融合成整体。各国在市场和生产上相互依存日益加深，跨国公司既对经济全球化大潮起到推波助澜的作用，同时也依仗全球化进程使本身得到迅速发展。从事国际性的业务越来越多，由于各国知识型员工管理及有关的法律法规的特点及细则存在很大差异，各国的文化、习俗及经济发展水平各异，国家之间的政治、经济文化的不同，对知识型员工的管理必须进行相应的调整，这就要求知识型员工管理必须面向全球化。由此可见，全球观的总体要求是把握和了解国际趋势，熟悉国际惯例，及时掌握国际动向，用国际化的视野管理知识型员工。

### （六）虚拟观

经济全球化和知识信息化使得智力资源的所有权和使用权在一定的条件下可以分离成为可能。如果企业的员工的工作主要是思维性的脑力工作，而非体力工作，那么企业在使用知识型员工时，可以通过虚拟员工或半虚拟员工的形式获取和使用智力资源，而不必通过传统的用人方式。虚拟企业是企业将外部的智力资源与自身的智力资源进行优势互补，通过信息网络把来自不同企业的人员集合在一起，为一个共同的目标而协同工作。因此，企业通过信息网络虚拟化进行管理成为可能。它突破了空间和时间的限制，网上招聘、网上在线培训、网上沟通、利用网络进行管理等成为知识型员工管理的手段；也可以把行政工作交由专业化公司来运作，如通过专业的猎头公司来进行招聘、通过管理咨询公司设计薪酬、对日常工作尽量简化手续，形成工作流程化，并把大部分精力放在研究工作上。

### （七）知识观

信息经济时代，知识和信息是企业最重要的资源，最大限度地获取和利用知识是提高竞争力的关键。企业对员工的管理，不仅要利用员工的知识，还要使员工的知识不断地更新。由于科技发展高速化、多元化，人们发现知识很快就会过时，而只有不断地学习新知识，才可能获得预期的发展。因此，员工非常看重企业能否提供知识增长的机会，企业不但要给员工使用知识的机会，还要给其增长知识的机会，使员工对企业永远忠诚。同时，大多数高素质的员工工作，不仅是为了挣钱，更希望得到个人成长。员工的培训与教育是使员工不断成长的动力与源泉，这种培训与教育也是企业吸引人才、留住人才的重要条件。为此，企业应将教育与培训贯穿员工的整个职业生涯，使员工能够在工作中不断更新知识结构，随时能学习到最先进的知识与技术，保持与企业同步发展，从而成为企业最稳定可靠的人才资源。为了保持知识型员工持续的知识竞争因素，企业必须有计划、有组织、有目的、有特色地形成知识型员工的知识能力培养机制，增强知识型员工对新知识、新技术的学习吸收能力；应当结合员工自身的特点，适当给予其出国进修深造、职务晋升、专业技术研究等方面的机会，调动他们把握知识和技术能力的积极性和主动性。

## 三、21 世纪管理新趋势

### （一）创新

21 世纪是多变的世纪，任何已有的和常规的管理模式最后都将被创新的管理模式所取代。当前对管理创新发展趋势的研究主要有这样几个观点：其一，管理创新的内容包括战略创新、制度创新、组织创新、观念创新和市场创新等几个方面，创新应渗透整个管理过程之中；其二，整个组织中的每个人都是创新者，因而组织要致力于创造一个适合每个人都可以创新的环境和机制；其三，企业个性化，即具有独特的个性化的产品和个性化的经营管理模式。

### （二）快速应变

市场复杂多变，且变化的速度在日益加快，这是当今被人们称为"10 倍速时代"的主要特征。如何跟上时代的步伐、适应迅速变化的市场的需要，是当今企业管理的一大难题。企业只有快速反应、快速应变才能生存。企业行为不仅比价格、质量和服务，还要比反应、比速度、比效率。在这商机稍纵即逝的时代，谁抢先一步谁就把握了获胜的先机。由此可见，企业快速反应能力的建立成为管理理论研究的新领域；管理效率的持续提高成为衡量组织效能的首要标准，敏锐的观察力是预测和预见未来的首要条件，抓住时机、果断决策，使企业始终与市场的变化同步，成为企业生存和发展的首要课题。

### （三）组织结构的倒置

传统的组织结构是金字塔形的，最上层是企业的总裁，然后是中间层，最后是基层。指挥链是从上至下，上面是决策层，下面是执行层。当上面的决策与用户的要求相矛盾时，传统的组织结构是执行上面的决策。而在知识经济的时代正好相反，在金字塔的最上层是用户和顾客，然后是第一线的基层工作人员，最后才是中层和最高领导者。这种倒金字塔不仅把组织结构进行了简单的颠倒，而且要求员工的知识、能力、技术等方面都必须得到持续发展，从而获得独立处理问题的才干。这样一种转变是整个管理观念的转变。上层从领导转为支持服务，员工从执行转为独立处理问题。

### （四）战略弹性

战略弹性是企业依据自身的知识能力，为应付不断变化的不确定情况而具有的应变能力，这些知识和能力由人员、程序、产品和综合的系统所构成。战略弹性由组织结构弹性、生产技术弹性、管理弹性和人员构成弹性所构成，它源于企业本身独特的知识能力。企业一旦建立起自己的战略弹性，即形成了组织的活性化、功能的综合化、活动的灵活化，从而就建立起别人无法复制的战略优势，竞争能力将会得到极大的提高。

## 本章小结

本章从溯源中西方管理思想入手，介绍了管理理论发生、发展的历史沿革。在古典管理理论、行为科学理论、现代管理理论等重要的历史发展阶段，又较为具体地介绍了该阶段的代表人物、理论体系及其详细内容，并展望了管理理论未来的发展趋势。

## 知识结构图

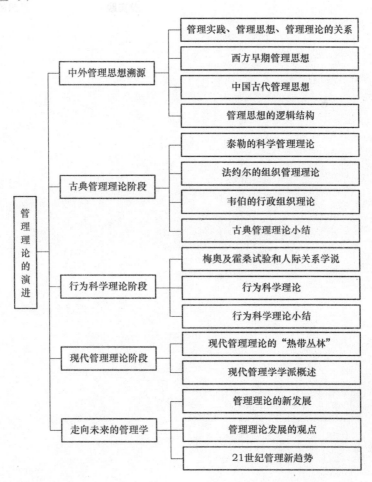

## 学习指导

通过对本章内容的学习，要能认知到管理学发展的进程，要熟知每个阶段重要的理论体系内容及其代表人物，能够明白各个阶段理论体系形成的历史原因、期待解决的管理问题或现象，以及它们对随后阶段管理学理论发展所带来的影响，同时，还能够对新时期管理学理论体系的发展趋势有充分的掌握和深刻的理解，进而形成自身较为完善的管理学理论认知体系，为后续管理学课程的学习打下较为坚实的理论基础。

## 拓展阅读

中国近代管理思想　　中国现代管理思想　　中国现代管理实践　　中国传统管理思想的转轨

第三章

# 决　策

★本章提要

　　著名的决策学派管理学家西蒙教授提出"管理就是决策"，这一精辟的论断突出了决策在现代管理中的重要地位。从 20 世纪中叶开始，决策理论（Decision Theory）已经成为经济学和管理学的重要组成部分。

　　制定决策并承担相应的责任是管理人员的基本工作之一。若管理者不能进行决策，则难以被称为合格的管理者。要理解决策的制定过程并做出满意决策，就必须了解不同类型决策和决策分析的基本步骤。

　　决策分析主要由定性方法、定量方法以及综合方法组成，各种方法都有其适用范围和优缺点。因此，作为决策行为主体的管理者在方法选择上也要进行"决策"。

　　本章主要介绍决策的基本概念和基本决策方法，决策方法可以大致分为定性决策和定量决策。

★重点难点

　　重点：1. 决策的含义。
　　　　　2. 定量决策方法。
　　　　　3. 定性决策方法。
　　难点：1. 风险型决策方法。
　　　　　2. 不确定型决策方法。

★引导案例

### 苏格拉底的人生选择论

　　苏格拉底是古希腊最著名的哲学家之一。平时，他非常喜欢在市场、街头等各种公众场合与各方面的人士谈论各种各样的问题，如人生、友谊、政治、战争、伦理道德等。

有一天，几个学生问苏格拉底："人生是什么？"苏格拉底没有马上回答，而是把他们带到一片苹果林，要求大家从苹果林的这头走到那头，每人挑选一个自己认为最大最好的苹果。前提条件是不许走回头路，不许选择两次。

在穿过苹果林的过程中，学生们认真细致地挑选自己认为最好的苹果。等大家来到苹果林的另一端，苏格拉底已经在那里等候他们了。他笑着问学生："你们挑到了自己最满意的苹果了吗？"大家你看看我，我看看你，都没有回答。苏格拉底见状，又问："怎么了，难道你们对自己的选择不满意？""老师，让我们再选择一次吧！"一个学生请求说，"我刚走进苹果林时，就发现了一个很大很好的苹果，但我还想找一个更大更好的。当我走到苹果林尽头时，才发现第一次看到的那个就是最大最好的。"另一个接着说："我和他恰好相反。我走进苹果林不久，就摘下一个我认为最大最好的苹果，可是，后来我又发现了更好的。所以，我有点后悔。""老师，让我们再选择一次吧！"所有学生都不约而同地请求。苏格拉底笑了笑，语重心长地说："孩子们，这就是人生——人生就是一次！它是无法重复的选择。"

苏格拉底的"人生选择论"给后人留下了很大启发。

其实，每个人面对自己的人生，只能做三件事：一是在人生的每一个"重要关口"，必须认真分析、郑重选择，争取不留下太多的遗憾；二是一旦做出了自己的选择，哪怕是有所"遗憾"，也要理智去面对，然后努力创造条件来逐步改变；三是假如经过努力也不能改变现实，那就要勇敢地接受，千万不要使自己时时处在"后悔"的阴影当中，而应根据现实条件及时调整好自己，迈开大步继续朝前走。

问题引出：

（1）这个案例中选择苹果有什么寓意？

（2）这个案例给读者什么启示？

# 第一节　决策的定义、原则与类型

## 一、决策的定义

决策有多种定义。在美国《现代经济词典》中，决策定义为公司或政府在确定其政策或实施现行政策的有效方法时所进行的一整套活动，其中包括收集必要的事实，对某一建议做判断，分析可以达到预期目的的各种可供选择的方法等。《哈佛管理丛书》认为决策是指考虑策略（或办法）来解决目前或未来问题的智力活动。我国著名管理学家周三多教授主编的《管理学》将决策定义为组织或个人为了实现某种目标而对未来一定时期内有关活动的方向、内容及方式的选择或调整过程。

20世纪30年代美国学者巴纳德和斯特恩等人把决策这个概念引入管理理论。后来，美国经济管理学家西蒙和马奇等人发展了巴纳德的理论，创立了决策理论。第二次世界大战后，以社会理论为基础，决策理论吸收了行为科学、系统科学、运筹学等学科内容并发展成为独立学科。现阶段，随着人工智能、大数据等技术方法的兴起，自动决策、智能决策等新的决策方法逐步得到了应用。

美国著名管理学家西蒙曾经说过一句名言："管理就是决策。"管理就是决策，充分说明了决策在管理中的重要地位。人们曾经说过，在各大管理职能中，计划职能是领先的职能。在计划工作中，到处充满着决策。决策是企业里做任何事情的第一步，先要决定做什么，然后才能决定怎么做。事实上，"决定怎么做"本身也是决策问题。

本书认为：决策是指组织和个人为了实现某种目标而对未来一定时期内有关活动的方向、内容及方式的选择或调整过程，即行动之前做出如何行动的决定。

决策贯穿管理的全过程，实现计划、组织、领导和控制职能，都离不开决策。

## 二、决策的要素与特征

为了更好地理解决策的含义，需要对决策的要素与特征进行分析。

### （一）决策的要素

决策的要素是指一个完整的决策所需包括的所有重要内容，主要有以下几个方面。

（1）决策者：是决策的主体，是人的主观能动性的体现。决策者可以是个人或组织。

（2）决策对象，即决策的客体：是决策者施加主观作用的对象。决策对象是具体的、有范围的事物。在管理决策中，决策对象主要指至少两个以上的可供选择的方案。

（3）信息：是沟通决策者和决策对象并使之整体化的基本要素，信息是客观事物的反映。信息又分为内信息和外信息。内信息是决策系统运行、变化、发展的依据；外信息是决策系统运动、变化、发展的条件。这类信息当中，有可控信息，也有非可控信息，其中不可控信息是决策的关键。

（4）决策理论、方法与标准：在获得可靠信息的基础上，还要对事物进行科学的分析、综合和推理，从而做出正确的决断，以及衡量各种结果的价值标准。

（5）决策目标：是为了得到所期望的决策结果。

决策的要素也可以认为由决策主体、备选方案、不可控因素以及结果四部分组成。

### （二）决策的特征

决策主要有四个特征，这也是决策与其他管理活动的重要区别：

（1）针对性（目的性），即决策总是为了达到一定的预期目的或实现某种目的而进行的活动，无目标就无决策。

（2）现实性（实践性），即决策是要付诸实践的，要能够行得通，并能够取得预期效果，实施的决策方案不能是无效的决策。

（3）优化性，即决策总是在确定的条件下，寻找优化目标，并优化途径和手段。

（4）择优性，即决策总是在若干个有价值的方案中进行选择，只有一个方案，就无从选择，也就无从优化。

## 三、决策的原则

决策者要进行恰当决策，除具备一定管理经验、才智之外，还应当掌握决策的科学理论方法，同时要遵循科学合理的决策原则，并根据一定的决策程序和决策过程实施。因此，科学决策应当遵循以下基本原则：

### （一）信息充分原则

信息要准确、完整，这是制定决策的基础。决策信息包含决策问题全部构成要素的数据、结构、环境以及内在规律性。有价值的信息应当具有准确性、时效性和全面性等特征。而收集的信息应当能全面反映决策对象的内在规律性和外部联系。进行科学的决策需要大量的信息，因此在搜集决策信息时，决策者必须具备收集处理信息以及选择重要信息的能力，同时决策还需要对所面临的环境有高度的敏感性和警惕性，从而及时地掌握充足可靠的信息，为正确决策奠定坚实的基础。

### （二）系统原则

系统是由相互作用相互依赖的若干组成部分结合而成的，是具有特定功能的有机整体，而且这个有机整体又是它从属的更大系统的组成部分。系统工程是为了更好地实现系统的目的，对系统的组成要素、组织结构、信息流、控制机构等进行分析研究的科学方法。它运用各种组织管理技术，使系统的整体与局部之间的关系协调和相互配合，实现总体的最优运行。

许多决策问题都是一个复杂的系统工程，因此需要把决策对象看作一个系统，以系统的观点分析决策问题的内部结构、运行机理及其与外部环境的联系。坚持局部效果服从整体效果，短期利益与长期利益相结合的原则，实现决策目标与内部条件、外部环境相适应的动态平衡，以便决策在整体上是令人满意的。就决策系统自身而言，决策主体必须紧密配合，协调决策对象的内部各个因素之间的关系及各决策环节的关系，统筹规划，以满足系统优化为目标，强调系统的完整与平衡，就决策系统与外部环境的关系而言，决策主体必须使自己的决策目标与其从属的更大的系统的要求、目标或规划相适应，以达到两者相互促进、共同发展的平衡。

### （三）科学原则

决策过程中，应当采用科学的决策理论、运用科学的决策方法和先进的决策手段进行决策。决策问题随着科技与社会环境的进步日益复杂化，仅凭自己的经验、直觉和智慧做出决策变得越来越困难。因此，必须通过学习决策科学，掌握一系列决策的一般原理与方法，以及基本规律以达到提高决策质量的目的；必须善于运用各种学科的知识，提高决策的科学性。

### （四）可行原则

决策方案在现有主客观条件下必须是切实可行的，这样实施方案才能达到预期的效果。要保证决策的可行性，必须关注客观条件，而不是单凭主观愿望。为此，决策应充分考虑人力资源、资金、设备、原料以及技术等各方面的约束。决策方案在技术、经济、社会等各方面均应是可行的，这样的决策才具有现实意义。

### （五）反馈原则

由于影响决策的诸多因素具有复杂多变性，而决策时又往往难以预料到一切可能的变化情况，这些不可控因素在决策实施过程中难免会导致一些意想不到的问题。为了不断地完善决策，始终保持决策目标的动态平衡，并最终真正地解决决策问题，使决策结果达到决策目标，就必须根据决策执行过程中反馈回来的信息对决策进行补充、修改和调整，必要时做出各种应变对策。如果不进行反馈控制，决策者就无法了解到执行过程中遇到的各种难以预料的困难，不知道决策的实施结果与预先的要求已经发生了较大的偏差，这样再好的决策也无法达到预期效果。

★ 小案例

### 纸上谈兵

战国时期，赵国大将赵奢曾以少胜多，大败入侵的秦军，被赵惠文王提拔为上卿。他有一个儿子名为赵括，从小熟读兵书，张口爱谈军事，别人往往说不过他，因此很骄傲，自以为天下无敌。然而赵奢却很替他担忧，认为他不过是纸上谈兵，并且说："将来赵国不用他为将倒也罢了，如果用他为将，他一定会使赵军遭受失败。"果然，公元前259年，秦军又来犯，赵军在长平（今山西高平附近）坚持抗敌。那时赵奢已经去世。廉颇负责指挥全军，他年纪虽高，打仗仍然很有办法，使得秦军无法取胜。秦军知道再拖下去于己不利，就施行了反间计，派人到赵国散布"秦军最害怕赵奢的儿子赵括将军"的话。赵王上当受骗，派赵括替代了廉颇。赵括自认为很会打仗，死搬兵书上的条文，到长平后完全改变了廉颇的作战方案，结果四十多万赵军尽被歼灭，他自己也被秦军射死。

请问本案例中包含了哪些决策？决策者违反了哪些决策原则？

## 四、决策的类型

### （一）按重要程度的不同，分为战略决策、战术决策和业务决策

战略决策是指对企业发展方向和发展愿景做出的决策，是关系到企业发展的全局性、长远性、方向性的重大决策。如对企业的经营方向、核心竞争力的确定、行业的进入和退出等。一般情况下，战略决策由企业的最高层管理人员做出。它具有影响时间长、涉及范围广、作用程度深的特点，是战术决策的依据和中心目标。它的正确与否，直接决定企业的兴衰成败，决定企业的发展前景。

战术决策是指企业为保证战略决策的实现而对局部的经营管理业务工作做出的决策。如企业原材料和机器设备的采购、生产和销售计划、商品的进货来源、人员的调配等，都属于此类决策。战术决策一般由企业的中层管理人员做出。战术决策要为战略决策服务。

业务决策也称执行性决策，是日常工作中为提高生产效率、工作效率而做出的决策，牵涉范围较窄，只对组织产生局部影响。

### （二）按决策问题是否重复，分为程序化决策和非程序化决策

程序化决策是指决策的问题是经常出现的，已经有了处理的经验、程序和规则，可以按常规办法来解决。因此，程序化决策也可称为"常规决策"。例如，企业生产的产品质量不合格如何处理？商店销售过期的食品如何解决？这类决策就是程序化决策。

非程序化决策是指决策的问题是不常出现的，没有固定的模式、经验来解决，要靠决策者做出新的判断来解决。非程序化决策也称作非常规决策。如企业开辟新的销售市场，商品流通渠道的调整，进行合并和收购等，都属于非常规决策。

### （三）按决策问题的量化程度，分为定性决策和定量决策

定性决策是指决策问题的诸因素不能用确切的数量表示，只能进行定性分析的决策。定量决策是指决策问题能量化成数学模型并可进行定量分析的决策。一般的决策分析都介于两者之间，定性中有定量，定量中有定性，两者在决策分析中的比重会随着决策问题量化程度的不同而不同。

### （四）按决策问题所处条件不同，分为确定型决策、风险型决策和不确定型决策

确定型决策是指决策过程中，提出的各备选方案在确知的客观条件下，每个方案只有一种结果，比较其结果优劣做出最优选择的决策。确定型决策是一种肯定状态下的决策。决策者对决策问题的条件、性质和后果都有充分了解，各备选方案只能有一种结果。这类决策的关键在于选择肯定状态下的最佳方案。

在决策过程中提出多个备选方案，每个方案都有几种不同结果，其发生的概率也可测算，在这种条件下的决策，就是风险型决策。例如，某企业为了增加收入，提出了两个备选方案：一个方案是扩大旧产品的销售；另一个方案是开发新产品。无论哪一种方案都会遇到市场需求高、市场需求一般和市场需求低几种不同可能，它们发生的概率都可测算，若遇到市场需求低的情况，企业就要亏损。因而在上述条件下决策，带有一定的风险性，故称风险型决策。风险型决策之所以存在，是因为影响决策目标的各种市场因素是复杂多变的，因而每个方案的执行结果都带有很大的随机性。决策中，无论选择哪一种方案，都存在一定的风险性。

在决策过程中提出各备选方案，每个方案有几种不同的结果，但每一个结果发生的概率无法知道，在这种条件下，决策就是不确定型决策。它与风险型决策的区别就在于是否能够事前知道每种结果发生的概率：风险型决策中，每个方案产生的几种可能结果及其发生的概率都知道，而不确定型决策只知道每个方案产生的几种可能结果，但不知道发生的概率。这类决策是由于人们对市场需求的几种可能客观状态出现的随机性规律认识不足，因而增大了决策的不确定性。

确定型决策、风险型决策以及不确定型决策的决策分析方法将在本章的后续内容中进行展开。当然，决策还有多种分类方法，如按照决策的动态性，可以分为静态决策和动态决策；按决策所要求达到的目标的数量，分为单目标决策和多目标决策。

一般来说，无论哪种决策，最终都归结为对各种行动方案的选择。单目标、单阶段、确定型决策情况比较简单，每一个方案只有一个确定的结果，可以用结果的优劣来判断，建立决策模型进行评价分析。多目标、多阶段、风险型决策情况则复杂得多，每一个行动方案的自然状态不确定，条件结果值有若干个，建立选择最佳行动方案的决策模型比较困难，需要通过专门的理论和方法加以研究。

## 第二节　决策的前提、步骤和影响因素

进行科学决策，需要对决策的前提条件，一般决策所需要的步骤和过程以及影响决策的因素进行了解。

### 一、决策的前提

决策的前提，也就是决策的前提条件，是指为完成一项决策行为前所必须具备的关键属性，是科学决策的基础。决策的前提包含以下几个方面：

#### （一）科学预测

1. 预测与科学预测

预测是指在掌握现有信息的基础上，依照一定的方法和规律对未来的事情进行测算，以

预先了解事情发展的过程与结果。而科学预测则是指在充分观察和研究的基础上，经过假设与检验验证的预测。

预测是决策的前提。预测可避免决策的片面性，提高其可行性；预测可避免贻误时间，提高决策的及时性；预测有利于决策的科学性、严密性和相对稳定性。

2. 科学预测的内容

（1）经济预测。经济预测主要指与未来有关的旨在减少不确定性对经济活动影响的一种经济分析。它是对将来经济发展的科学认识活动。经济预测不是靠经验、凭直觉的预言或猜测，而是以科学的理论和方法、可靠的资料、精密的计算及对客观规律性的认识所做出的分析和判断。这样的预测是一种分析的程序，它可以重复地连续进行下去。目的是为未来问题的经济决策服务。为了提高决策的正确性，需要由预测提供有关未来的情报，使决策者增加对未来的了解，把不确定性或无知程度降到最低限度，并有可能从各种备选方案中做出最优决策。

（2）政府的政策预测。政府的政策对企业发展有着直接而且重大的影响，如税收政策、信贷政策和产业政策等，都与企业的发展息息相关。因此，通过把控政府的政策走势，在政策的演变过程中抓住基干，也是成功决策者的一项重要能力。

（3）科学技术发展预测。企业在决策时，要尽可能预测今后一定时期内新产品、新工艺、新材料的发展趋势，以确保已确定的目标具有先进性和决策的正确性。

（4）市场预测。企业产品的市场预测销售状况直接影响产品的产量、销售收入及成本高低，对市场销售状况的预测是企业进行科学决策的直接依据和最重要的前提。

（5）资源预测。任何企业在实现其目标和决策时都必须利用各种资源，因此资源预测在很大程度上影响企业目标的确定和决策实施。

★ 小案例

### 苹果的成功

美国苹果公司作为全球最知名的电子公司，发展大概经历三个阶段，第一阶段是思想独立的革命者，第二阶段是引领风尚的创新者，第三阶段也就是从 2006 年到现在，苹果已经成功地成为数字时代的王者，在电子行业独占鳌头。

第一阶段主要是苹果公司的成立阶段，1976 年，史蒂夫·乔布斯和斯蒂夫·沃兹尼亚克建立了苹果公司，其代表作是 Apple 一代的主板，1984 年，其革命性的产品 Macintosh 上市，首次将图形用户界面应用到个人计算机上。

第二阶段要从其代表作说起，2001 年 10 月，苹果公司推出了第一款 MP3 播放器 iPod G1，此产品问世后，由于其本身的魅力和大力推广，大大改变了公司长期低迷的盈利状况，并创造了前所未有的销售奇迹，5 年内全球销量超过 6 000 万台。同时这为之后的 iPhone、iPad 奠定了坚实的基础。2003 年，苹果公司又一力作 iTunes 升级换代，提供网上音乐商店，也为 Mac 和 iPod 用户提供同步功能，网络数字音乐的下载量成倍地递增，2006 年销售额达到 5.8 亿美元。

第三阶段是从 2006 年开始，作为数字时代的王者，苹果公司通过 iPhone 成功挺进手机市场，并以前所未有的销量成为世界最大的手机销售商之一。2010 年，平板电脑（iPad）的诞生，让全世界认识到了电子数码的简单操作不是遥不可及，轻轻地一点，便可以进行所有的操作，这让苹果公司认识到 iPad 将会有巨大的市场空间。与此同时，苹果公司为了满足广大苹果迷对苹果产品的青睐，在全世界各大城市建立苹果独具一格的实体店，让更多的爱好者能够亲自体验。

苹果公司为什么会这么成功？在过去的 10 多年中，苹果公司借力几款明星产品迅速增长，利润率一直处于行业的高水平，自 2004 年以来一直保持着两位数的增长，平均利润率为 32%。与之相比，另一老牌电子公司索尼，增长率最高只有 13%，最低为负增长，其平均利润率为 23%。苹果公司的发展时间表，是严格按照自身的经营策略和长期目标制定的，相对于实力强大的竞争对手，如索尼、微软、戴尔，苹果公司一直以新市场为突破口，掌握主动权，适时推出新产品，占领市场先机。

结合你的理解，谈一下苹果的成功与其科学预测的关系。

### （二）决策人员素质

进行决策时，不但科学预测发挥重要作用，决策人员素质也具有重要影响。决策人员可以分为决策者、智囊参谋人员和信息工作人员，对这三类人员的素质要求各有不同。

**1. 决策者与决策者应当具备的素质**

决策者是指根据相关制度或规定在组织中占决策职位的直接决策者。决策者具有法定的政策制定权力，参与政策制定的全过程。而决策者应当具备的素质主要包括决策者的知识结构、思想观念、能力构成以及性格、毅力、兴趣、爱好、气质、风度等。决策者作为决策活动的主体和决策组织的驾驭者，其素质水平的高低和素质结构的优劣直接关系到决策的成败。

决策者应当具备的素质主要有：良好的政治品质；广泛的技术技能和熟练的业务技能；较强的综合能力；相应的组织能力；一定的承担风险的胆量；既要有原则的严肃性，也要有策略的灵活性。

决策者素质类型大致可分以下三种：

（1）果断型。所谓果断，就是把经过深思熟虑后的选择迅速、明确地表达出来。它是大脑皮层的兴奋迅速传递的结果。果断，证明了决策者的思想高度集中，是其敏锐反应力的体现。在他的大脑机器里，对信息的吸收及消化、对经验的综合和运用、对未来的估计与推算，都能在瞬间完成，凝聚成一个明确的指令。果断型决策者，往往善于选择一个恰到好处的时机。这个时机往往稍纵即逝，而决策者只有敏锐地捕捉到它，才能克敌制胜。

果断型决策者的消极面就是草率从事、粗心大意。草率或鲁莽看似是一种果断，其实不然，这种人的大脑兴奋是建立在原有系统的分解及重新组合不充分、不完整的基础上的。

（2）顽强型。顽强型决策者的特征是决策者能保持其决策的坚定性，也就是说他的决策具有韧性。他能正确地判断情况，利用复杂的环境。一时的干扰挫折不会使他退缩动摇，为了实现他的决策目标，他会一再鼓起和动员他的全部心理力量和全身力量。

顽强型决策者的消极面就是人们平时所说的顽固。所谓固执己见，碰鼻子不拐弯。这种人的思路特征往往是单路趋向，缺乏机动应变及回旋余地。

（3）多虑型。多虑型决策者的特征是具有深思熟虑的沉着与稳健风格。他的大脑皮层兴奋是多次进行的，而且是有层次的一浪高过一浪，因而形成正确的决策。人们常说，"稳扎稳打、步步为营""三思而后行"等，就是指这种决策型。这种多虑型的决策，要求决策者善于打破习惯性思路，朝他人不敢想处去想，有时就能达到"柳暗花明又一村"的境地。

多虑型决策者的消极面就是犹豫不决。这种决策者的思路尽管也是多层次地在大脑皮层中推进，但它的兴奋不是渐进的，而是没有规律的强弱变化，因而不能转化成一个坚定的兴奋中心。

### 2. 智囊参谋人员

智囊参谋人员主要是指在行使某项职位或在某部门（参谋）所拥有的辅助性职权的人员。这类辅助性职权包括提供咨询、建议等。其目的是为实现组织目标、协助决策者有效工作。不难看出，智囊参谋人员无须直接进行决策工作，而是主要为决策提供咨询与建议。

因此，优秀的智囊参谋人员应当具备的素质主要包括：敢于坚持原则，从尊重科学、尊重事实出发，敢于提出与决策者意图不一致的正确方案；具有实际工作经验，通晓国情和大政方针；以变革现实为己任的精神，敏于信息反馈，思路开阔，善于发现新问题、新趋势，抓本质、抓苗头，以独到见解提出改革常规的方案；具有广博的知识储备并拥有正确的价值观；具备流畅的文字表达能力。

### 3. 信息工作人员

狭义的信息工作人员主要负责所在组织或其所属部门的信息采集、整理、开发、利用等工作，并将各种有用信息合理汇总及上报。而广义的信息工作人员则泛指为决策者进行决策提供各类信息的人员，如财务人员提供财务信息、采购人员提供采购信息等。

信息工作人员应当具备的主要素质有：较高的专业素质；尊重客观事实，不将个人主观好恶加入信息中；对事物变化反应灵敏，善于观察、分析事物的发展规律；认真负责，做事严谨。

## 二、决策的步骤

科学决策一般由六个步骤组成，包括识别问题、明确目标、拟定可行方案、方案的评估与选择、方案的实施与跟踪控制以及信息反馈。由于信息反馈又是制定新的决策中的重要信息，因此可将决策制定的步骤看成是一个循环，如图 3-1 所示。

### （一）识别问题

决策始于识别问题。决策制定过程中所出现的问题就是现实与理想之间的差异，识别问题关键在于对事物的现状和应具有的标准状态做出比较以满足决策需求。

在识别问题的过程中，首先应该考虑的是对问题的分类——它是一个孤立的问题还是一个根本性的问题？这种区分之所以重要，是因为它是解决方案类型和决策类型的基础——它们可能是完全不同的。对于一个孤立的问题或特殊问题，它的解决方式应该是结合这个问题进行具体分析；也可以是因地制宜，即兴解决。如果这个问题真的是一个孤立问题，那么它不会再次出现。

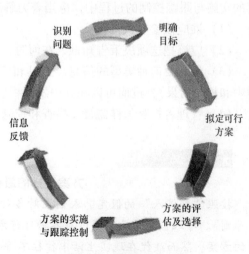

**图 3-1  决策制定的步骤**

另一方面，根本性问题则需要根本性的决策。我们必须找到或是详细制定出一种政策、一条准则或是一个规律来解决它。这些决策会比孤立问题产生更加深远的影响，因此制定这些决策是需要多加考虑的。在这种情况下，若仓促决定和即兴决策，通常会对组织造成长期的损害。

### （二）明确目标

目标体现的是组织想要获得的结果。明确目标应当遵循针对性原则、具体化原则以及可行性原则。针对性原则主要是指目标的确定要与决策过程中识别的问题相一致，要有的放矢地解决识别问题，不能"假、大、空"，更不能"南辕北辙"。具体化原则要求决策者明确所要获得结果的数量和质量，不能"泛泛而谈"。可行性原则要求决策者制定的目标要有可操作性和可实现性，要充分考虑组织现有各种资源和条件的限制。

### （三）拟定可行方案

决策过程中第三步是对备选方案的拟定。管理者要多角度审视问题，提出达到目标和解决问题的各种备选方案。一方面，管理者可能会满足于找到的第一个备选方案。然而有经验的管理者知道总会有更多的备选方案，因此不要立刻停止寻找。而应当尽可能多地找出备选的可行方案。另一方面，需要认识到当前的状态也是一种备选方案，虽然它通常不是最好的，所以需要制定决策来改变，但并不总是这样。

### （四）方案的评估与选择

首先，要明确备选方案是否能实现企业决策的目标。其次，确定所拟定的各种备选方案的价值或恰当性，通常情况下，应当合理确定对拟定的备选方案的评价标准，仔细考虑各种备选方案的预期成本、收益、不确定性和风险，如建立相应的指标体系并分配权重。最后，确定满意的方案。

### （五）方案的实施与跟踪控制

方案的实施是指将决策信息传递给有关人员并得到他们行动的承诺。因此，决策者应当编制实施决策的计划，同时，建立以决策者为首的责任制，层层落实执行决策的责任。在方案的实施与跟踪控制的过程中，应当着力解决以下四个问题：

（1）谁应该参与执行？

（2）应该把这项决策告知谁，在何时，以什么方式？

（3）谁需要何种类型的信息、工具和培训，以便他们可以理解这项决策（包括执行过程中和相关后果），进而可以在其中发挥积极作用？

（4）管理者打算怎样监督、检查和控制决策的执行？

★小知识

**方案选择的最优原则与满意原则**

按照"经济人"的假定，人们在对各种可行方案进行评价和选择时，总是采用"最优化原则"。即人们总是希望通过对各种可行方案进行比较，从中选择一个最好的方案作为可行的方案。然而最优在现实生活中往往不存在，俗语讲"没有最好，只有更好"，就是这个道理。这在技术上不可行。由于知识、经验、认识能力的限制，人们不可能找出所有可能的行动方案。即使最优方案是客观存在的，但在实施最优方案的过程中，必须满足很多苛刻条件，包括时间、人力、资金等要求，全部满足这些条件要付出很高的代价，所以在选择方案时一般遵循满意原则。

决策理论学派提出要用"满意原则"来代替"最优原则"。所谓满意原则，就是寻找能使决策者感到满意的决策方案的原则。决策者应当在找到了满意方案后努力贯彻最优原则。要做到"尽力找最优""力求最优"。努力学习和采用更有助于找到更好方案的现代科学方法，提高决策效率。同时，把最优原则与其他原则结合应用，或作为其他原则的子原则。因为在满意原则的指导下并不排斥在局部上采用最优原则。

决策者运用满意原则在能够实现决策目标中选择一个较为合理的方案，但是应当将最优原则贯彻其中，提高决策效率。同时，一定要把握最优原则的"度"，不能太求完美而损害全局利益。

### （六）信息反馈

方案选定后，决策还未结束，因为客观事物的发展变化特性及人对客观事物认识的局限性决定了理论与实践总是存在差距，方案的可行与否最终要经受实践的检验。在追踪控制中结合出现的新情况、新问题以及确定决策目标、拟定备选方案时未曾考虑到的因素，对决策方案进行反馈修正。同时，信息反馈也为管理者进行下一阶段的决策提供了重要的决策信息。

管理者不应只是抽象地讨论反馈，而应将反馈具体化。有效的管理者绝对不满足于抽象的沟通，而是通过交谈，实地调研与考察，甚至亲自参与实施来获得决策的信息反馈。这样，管理者就能掌握一定程度的专业知识，并且对当前决策进展比较熟悉，这是用其他任何方式都无法做到的。

## 三、决策的影响因素

### （一）环境因素

企业是处于社会这个大背景中的实体，企业的生存和发展都不同程度上受到环境的影响。当环境趋于有利于企业的发展时，决策便轻松得多；当环境趋于不利于企业的发展时，决策可能变得异常复杂和困难。环境因素主要包括三个方面：环境的稳定性、市场的结构和买卖双方的市场地位。具体来说，应根据环境变化程度，本企业在市场的竞争力和同行的垄断程度以及市场需求进行决策。当环境剧烈变动时，决策者应对决策的方向、内容与形式进行及时的调整，如当竞争程度激烈时决策者应密切关注市场动向，推出新产品；当企业市场需求大时，决策者应提高自身的生产能力、改善自身的生产条件；当市场需求不足时，决策者应根据市场的需求状况，改变产品生产渠道等。

组织的社会环境一般包括以下几个方面：

（1）政治环境：包括社会的一般政治气氛、政权集中的程度等。

（2）经济环境：包括社会的经济发展状况、财政政策、银行体制、投资水平、消费特征等。

（3）法律环境：包括法律的性质、关于组织的组成及控制方面的特殊法律。

（4）科技环境：包括与组织生产相关的技术、工艺等科技技术力量。

（5）社会文化环境：包括人力资源的数量、性质，教育科学文化水平，民族文化传统，社会的伦理道德、风俗习惯、价值取向等。

（6）自然环境：包括自然资源的性质、数量和可利用性。

（7）市场环境：包括市场的需求状况、发展变化的趋势等。

例如，应对我国现阶段的经济发展状况，国家提出了"供给侧改革"。面对供给与需求的不匹配情况，国家提出鼓励企业转变发展方向，实现经济转型的策略。企业如果能够抓住这一政策优势及时做出战略决策的调整，便能够为企业发展提供可持续发展的动力与活力。这表明，即使企业处于激烈的竞争环境中，如果决策者不失时机地抓住国家战略这一大的机遇，获得成功的机会也是很大的。

### （二）组织自身的因素

决策是为组织服务的，同时组织自身也存在着促进和制约决策制定的因素。组织自身对决策的影响因素主要包含以下三个方面：

1. 组织文化

对决策的影响首先是组织文化带来的影响。在保守型的文化中，决策者趋于保守，他们不会轻易容忍失败，他们的决策旨在维持现状。相反，进取型的决策者则欢迎变化，通过创新获取竞争力，同时宽容对待失败。

2. 组织的信息化程度

组织的信息化程度对决策也会产生巨大的影响，影响决策的效率。一个信息化程度较高的组织能够快速获取高质量信息，并通过有限的信息做出较好的决策。

3. 组织对环境的应变能力

对一个组织而言，其对环境的应变是有规律可循的，一个组织的应变能力随时间的推移趋于平稳，并形成对环境特有的应变模式。

组织文化、组织的信息化程度、组织对环境的应变能力都影响着决策者的决策，有时它们中的一个起作用，有时它们中一个起主导作用，另两个起辅助作用共同影响着决策。因此，正确的决策与组织自身有着重要的关系，从另一个角度来说，加强组织自身建设，打造优秀团队也是企业发展壮大的因素。

例如，中国电商阿里巴巴便是一个强大的组织、强大的集团。阿里巴巴是一个进取型的文化环境，拥有先进的信息收集和处理技术，是对环境适应能力超强的一个企业组织。正是企业自身强大的因素，才使得阿里巴巴不断地进取，不断地推出新产品。为了应对支付问题而产生的支付宝，为了应对物流问题而产生的菜鸟物流，为了发展 B2B 业务而产生的天猫都是阿里巴巴面对市场环境下推出的成功产品。

### （三）决策问题的性质

决策问题的性质同样会影响决策者做出决策。当问题十分紧急时，快速解决问题比如何解决问题更重要。相反，当问题不是十分紧急时，决策者可以从容应对。当问题十分重要时，决策就需要群策群力，而且决策需要十分地慎重。

### （四）决策主体的因素

决策主体始终是人。决策中，决策主体是最为复杂的因素，因此决策的制定和执行很大程度上受到人的影响。决策主体对决策的影响主要分为四个方面：个人对待风险的态度、个人的能力、个人的价值观和决策群体的关系的融洽度。

组织文化对决策有影响，分为进取型与保守型文化，个人对待风险的态度也一样。当决策者属于风险偏好型，决策可能更具改革性，会为组织带来较大的变动。当决策者属于风险厌恶型，决策可能趋于保守或者很保守。

同样，决策者个人对信息的获取能力，对问题的认识能力、沟通能力、组织能力以及价值观深刻地影响着决策。决策者的个人能力决定决策的质量，因此组织应当加强上层团体的教育，以便提高决策的质量。价值观决定决策者对问题的基本态度，如果决策者对同一问题的看法不同，则对决策的制定和执行有较大影响。唯有决策者同心同德时，决策才能够更好地被制定。在决策活动中起决定作用的是决策者，决策者个人的能力是决策成败的关键。决策者的知识与经验、战略眼光、民主作风、偏好与价值观、对风险的态度、个性习惯、责任和权力等都会直接影响决策的过程和结果，尤其是决策能力以及对待风险的态度至关重要。决策者的能力来源于渊博的知识和丰富的实践经验，一个人的知识越渊博、经验越丰富、思想越解放，就越乐于接受新事务、新观念，越容易理解新问题，使之能拟定出更多更合理的备选方案。

最后，决策群体的关系融洽度也会影响决策，如果决策群体的关系融洽度较高，能够就某一问题通过沟通合作合理做出有质量的决策，那么对组织来说是有利的。反之，如果决策群体各执己见，难以沟通与合作，将对决策的效率与质量产生重大不利影响。学者通过研究发现，只有决策者或决策群体质量高的企事业，才会有更好的前途。

决策对于一个组织来说至关重要，因此在决策者制定组织的决策时，要充分考虑到各种因素。影响决策的因素有时可能会较单一，有时却很复杂；有时是一个因素起作用，有时却是众多因素共同起作用。管理者若要管理好一个组织，就必须重视决策这一重要环节，做出满意决策。

# 第三节　定性决策方法

如前所述，定性决策是指决策问题的诸因素不能用确切的数量表示，只能进行定性分析的决策。虽然定量决策方法越来越普及，但是定性决策方法在解决一些非结构化的决策问题时仍然有用武之地：人们面对信息不完全的决策问题时，如面对新的环境里出现的新问题，难以使用对数据依赖程度很高的定量方法；当决策问题与人们的主观意愿关系密切时，如定量分析的目标函数如何确定，特别是当多个决策者意见有分歧时，需要采用定性方法或以定性为主的决策方法；当决策问题十分复杂，现有的定量分析方法和计算工具难以胜任时，人们也不得不进行粗略的估计和定性分析。

## 一、集体决策方法

集体决策法，又称为群体决策法，顾名思义，集体决策法是为充分发挥集体的智慧，由多人共同参与决策分析并制定决策的整体过程。

集体决策的优点主要表现在：能够提供更完全的信息和知识；有利于发挥集体智慧，防止个人武断，正如谚语中提到的"三个臭皮匠胜过诸葛亮"；有利于提供更多样的经验和观点；可以开发更多的可行方案；可以提高解决方案的接受程度和决策的正当性。

集体决策的缺点主要体现在以下四个方面：第一，为达成一致，集体决策往往会耗费较长的实践；第二，少数决策参与者可能成为"意见领袖"，从而形成垄断；第三，一些决策者可能会屈服于权威，或出现随大溜的从众现象；第四，群体决策可能导致决策责任难以划分，导致权责利的模糊化。

因此，为了更好地发挥集体决策的优势，学者们提出了一系列优化的集体决策方法，如头脑风暴法、德尔菲法、名义小组技术法、提喻法等。

### （一）头脑风暴法

头脑风暴法又称智力激励法、BS法、自由思考法，是由美国创造学家A·F·奥斯本于1939年首次提出、1953年正式发表的一种激发性思维的方法。它是一种通过会议形式，让所有参加者在自由愉快、畅所欲言的气氛中，通过相互之间的信息交流，每个人毫无顾忌地提出自己的各种想法，让各种思想火花自由碰撞，好像掀起一场头脑风暴，引起思维共振产生组合效应，从而形成宏观的智能结构，产生创造性思维的定性研究方法，它是对传统的专家会议预测与决策方法的修正。在各种定性决策方法中，头脑风暴法占有重要地位。

头脑风暴法的参加人数一般为5~10人（课堂教学也可以班为单位），最好由不同专业或不同岗位者组成（为便于提供一个良好的创造性思维环境，应该确定专家会议的最佳人数和会议进行的时间。经验证明，专家小组规模以10~15人为宜，会议时间一般以20~60分钟效果最佳。专家的人选应严格限制，便于参加者把注意力集中于所涉及的问题）；会议时间应控制在1小时左右；设主持人一名，主持人只主持会议，对设想不做评论。

为使与会者畅所欲言，互相启发和激励，达到较高效率，必须严格遵守下列原则：

（1）禁止批评和评论，也不要自谦。对别人提出的任何想法都不能批判、不得阻拦。即使自己认为是幼稚的、错误的，甚至是荒诞离奇的设想，也不得予以驳斥；同时也不允许自我批判，在心理上调动每一个与会者的积极性，彻底防止出现一些"扼杀性语句"和"自我扼杀语句"。例如，"这根本行不通""你这想法太陈旧了""这是不可能的""这不符合某某定律"以及"我提一个不成熟的看法""我有一个不一定行得通的想法"等语句，禁止在会议上出现。只有这样，与会者才可能在充分放松的心境下，在别人设想的激励下，集中全部精力开拓自己的思路。

（2）目标集中，追求设想数量，越多越好。在智力激励法实施会上，只强制大家提设想，越多越好。会议以谋取设想的数量为目标。

（3）鼓励巧妙地利用和改善他人的设想。这是激励的关键所在。每个与会者都要从他人的设想中激励自己，从中得到启示，或补充他人的设想，或将他人的若干设想综合起来提出新的设想等。

（4）与会人员一律平等，各种设想全部记录下来。与会人员，无论是该方面的专家、员工，还是其他领域的学者，以及该领域的外行，一律平等；各种设想，无论大小，甚至是最荒诞的设想，也要求记录人员认真地将其完整地记录下来。

（5）主张独立思考，不允许私下交谈，以免干扰别人思维。

（6）提倡自由发言，畅所欲言，任意思考。会议提倡自由奔放、随便思考、任意想象、尽量发挥，主意越新、越怪越好，因为它能启发人推导出好的观念。

（7）不强调个人的成绩，应以小组的整体利益为重，注意和理解别人的贡献，人人创造民主环境，不以多数人的意见阻碍个人新的观点的产生，激发个人追求更多更好的主意。

一次成功的头脑风暴法除了在程序上要科学以外，更关键的是与会人员是否克服了心理效应和从众行为，是否进行了充分、无偏见的交流，是否在头脑中产生了思维共振而出现了组合效应。

### （二）德尔菲法

同样地，为了改进传统的集体决策的缺点，兰德公司（Rand Corporation）发展了一种新的专家调查法，取名为德尔菲法（Dephi method）。德尔菲是古希腊传说中的神谕之地，城中有座阿波罗神殿可以预卜未来，故借用其名。

这种方法的特点是采用寄发调查表的形式，以不记名的方式征询专家对某类问题的看法，在随后进行的一次意见征询中，将经过整理的上次调查结果反馈给各个专家，让他们重新考虑后再次提出自己的看法，并特别要求那些持极端看法的专家，详细说明自己的理由。经过几次这种反馈过程，大多数专家的意见趋向于集中，从而使调查者有可能从中获取大量有关重大突破性事件的信息。

为了提高德尔菲法的预测效果，一方面要慎重地挑选专家组的成员，10~15人为宜；另一方面要将征询的问题限制在以下几个方面：

（1）对预测期间提出各种课题的重要性进行评价；对课题范围内各种事件发生的可能性和发生时间进行评价；对各种科学技术决策、技术装备、课题任务等之间的相互关系和相对重要性进行评价；对为了达到某个目标，需要采取的重大措施以及这些措施实施和完成的可能性和必要性进行评价。

（2）在提出问题时，应该考虑到如何获得同类的和可以相互比较的回答，以便于在专家调查的最后阶段对评审资料进行数字处理和汇总。

（3）德尔菲法与其他许多预测方法不同，不是非要以唯一的答案作为最后结果。其目的只是尽量使多数专家的意见趋向集中，但不对回答问题的专家施加任何压力。这种方法允许有合理的分歧意见。兰德公司对德尔菲法的特征有过这样的说明：让做出相当极端的答案的人负责证明自己的意见，这会对那些没有确实可靠信息的人产生影响，使他们改变自己的估计而向中间靠拢；同时，也会使那些持不同意见又觉得自己有充分论据的人倾向于保留他们原来的看法，并为其辩护。

德尔菲法应当注意以下事项：

（1）考虑专家的广泛性，并根据决策结果的保密性，考虑是否需要聘请外界专家。

（2）德尔菲法能否成功，要看这些专家是否全心全意且不断地参与。因此，必须先获得对方的承诺，并解说其研究目的、程序、安排、要求和激励方法。

（3）问题必须提得非常清楚明确，其含义只能有一种解释，要消除任何不明确或容易产生多义的情况，因而问题不能讲得太简单或太烦冗。

（4）问题要构成一个整体，不要分散，数量不能太多，最好不超过两个小时就能答完一轮。问卷形式必须易于填答，也就是说，问卷须组排得容易阅读，答案应该为选择式或填空式，希望能有评论时应留出足够的空白，回件的信封及邮票须一并备妥等。

（5）无论在任何情况下，主持人须避免将自己的看法暴露给成员。任何成员均不应知道其他成员的名字，这种不记名方式才能确保对概念及意见的判断公正。

（6）要有足够的人员处理回卷。如果只有一个讨论会，则一位职员加上一名秘书就已足够；但若不止一个，则需相应增加人手。

### （三）名义小组技术法

名义小组技术是指在决策过程中对群体成员的讨论或人际沟通加以限制，但群体成员是独立思考的。像召开传统会议一样，群体成员都出席会议，但群体成员首先进行个体决策。随着决策理论和实践的不断发展，人们在决策中所采用的方法也不断得到充实和完善。

集体决策中，如对问题的性质不完全了解且意见分歧严重，则可采用名义小组技术法。在这种方法下，小组成员互不通气，也不在一起讨论、协商，小组只是名义上的。这种名义上的小组可以有效地激发个人的创造力和想象力。

管理者先选择一些对要解决的问题有研究或者有经验的人作为小组成员，并向他们提供与决策问题相关的信息。小组成员各自先不通气，让他们独立思考，要求每个人尽可能把自己的备选方案和意见写下来。然后按次序让他们一个接一个地陈述自己的方案和意见。

在此基础上，由小组成员对提出的全部备选方案进行投票，根据投票结果，赞成人数最多的备选方案即为所要的方案，当然，管理者最后仍有权决定是接受还是拒绝这一方案。

### （四）提喻法

提喻法又称哥顿法、综摄法、类比思考法、类比创新法等。提喻法是由美国麻省理工学院教授威廉·戈登（W. J. Gordon）于1944年提出的一种利用外部事物启发思考、开发创造潜力的方法。

提喻法是由头脑风暴法衍生出来的，适用自由联想的一种方法。但其与头脑风暴法有所区别：头脑风暴法要明确提出主题，并且尽可能地提出具体的课题；与此相反，提喻法并不明确地表示课题，而是在给出抽象的主题之后，寻求卓越的构想。例如，在寻求烤面包器的构想时，按照头脑风暴法就是提出一个新的烤面包器的构想的课题。但是，就同一个课题而言，由于提喻法受到传统方法的限制，新颖的构想就难以提出，故采取以"烧制"作为主题，寻求有关各种烧制方法的设想的方式。在这种技法中，有关的成员完全不知道真正的课题。只有领导者知道，采用从成员的发言中得到启示的方法，推进技法的实施。

提喻法应用中，领导者主持讨论的同时，还要完成将参加者提出的论点与真实问题结合起来的任务。因此，提喻法要求领导者有丰富的想象力和敏锐的洞察力。同时，人数以5~12人为佳，尽可能由不同专业的人参加，如有科学家和艺术家参加那就更好。参加者预先必须对提喻法有深刻的理解，不然会感到不愉快。会议时间一般为3小时，这是为了寻求来自各方面的设想，需要较长的时间；另外，让会议进行到某种程度的疲劳状态时，可获得无意识中产生的设想。

★小案例

**提喻法怎么来确定主题？**

提喻法要求认真分析实质问题，概括出该事物的功能并将其作为主题。必须在肯定"揭示实质问题，而能更广泛地提出设想"的情况下进行。那么，要想开发一种新型的罐头起子，或者新型牙刷，应当分别确定什么主题呢？

新型的罐头起子可以用"开启"作为主题，新型牙刷可以用"去污"作为主题。

## 二、有关活动方向的决策方法

有关活动方向的决策主要是指未来一定时期内对相关问题活动方向所进行的决策，主要的决策方法有经营单位组合分析法和政策指导矩阵。

### （一）经营单位组合分析法

经营单位组合分析法由美国波士顿咨询公司建立，因此也称为波士顿矩阵法。其基本思想是大部分企业都有两个以上的经营单位，每个经营单位都有相互区别的产品、市场，企业应该为每个经营单位确定其活动方向。经营单位组合分析法以"企业的目标是追求增长和利润"这一假设为前提。该方法认为，在确定某个单位经营活动方向时，应该考虑它的相对竞争地位和业务增长率两个维度。相对竞争地位经常体现在市场占有率上，它决定了企业的销售量、销售额和盈利能力；而业务增长率反映业务增长的速度，影响投资的回收期限。波士顿矩阵图如图 3-2 所示。

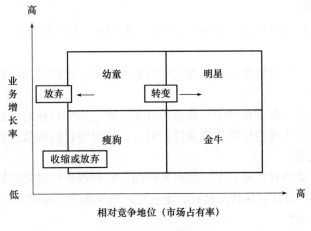

**图 3-2　波士顿矩阵图**

（1）"瘦狗"型的经营单位市场份额和业务增长率都较低，只能带来很少的现金和利润，甚至可能亏损。对这种不景气的业务，应该采取收缩甚至放弃的战略。

（2）"幼童"型的经营单位业务增长率较高，目前市场占有率较低。这有可能是企业刚开发的很有前途的领域。高增长的速度需要大量资金，而仅通过该业务自身难以筹措。企业面临的选择是向该业务投入必要的资金，以提高市场份额，使其向"明星"型转变；如果判断它不能转化成"明星"型，应忍痛割爱，及时放弃该领域。

（3）"金牛"型经营单位的特点是市场占有率较高，而业务增长率较低，从而为企业带来较多的利润，同时需要较少的资金投资。这种业务产生的大量现金可以满足企业经营的需要。

（4）"明星"型经营单位的特点是市场占有率和业务增长率都较高，代表着最高利润增长率和最佳投资机会，企业应该不失时机地投入必要的资金，扩大生产规模。

### （二）政策指导矩阵

政策指导矩阵由荷兰皇家壳牌公司创立。顾名思义，政策指导矩阵即用矩阵来指导决策。它与经营单位组合分析法的基本原理相似，但比经营单位组合分析法考虑的因素更多，更客观些。政策指导矩阵作为一个业务组合计划工具，用于多业务公司的总体战略制定。与通用矩阵相比，政策指导矩阵选取的量化指标不同，其更直接地细化业务组合，并采取星级评定的方式尽可能地量化指标，以达到业务分区的真实性。

# 第四节　定量决策方法

定量决策是指决策问题能量化成数学模型并可进行定量分析的决策。本节将主要介绍确定型决策、风险型决策和不确定型决策的这几类有关活动方案的定量决策方法。

## 一、确定型决策方法

在比较和选择活动方案时，如果未来情况中有一种为管理者所知，则须采用确定型决策方法。常用的确定型决策方法有线性规划法和盈亏平衡分析法等。

### （一）线性规划法

线性规划法主要用来解决企业的有限资源（原材料、生产能力等）在多个产品组合之间的分配问题。

线性规划法是在一些线性等式或不等式的约束条件下，求解目标函数的最大值或最小值的方法。

运用线性规划法建立数学模型的步骤是：首先，确定影响目标的变量；其次，列出目标函数方程；再次，找出实现目标的约束条件；最后，找出使目标函数达到最优的可行解，即为该线性规划的最优解。

例如，某企业生产两种产品：A产品和B产品，它们都要经过制造和装配两道工序，有关资料如表3-1所示，假设市场状况良好，企业生产出来的产品都能卖出去，试问：何种产品组合使企业利润最大？

表3-1　某企业的有关资料

|  | A产品 | B产品 | 工序可利用时间 |
|---|---|---|---|
| 在制造工序上的时间/小时 | 3 | 4 | 9 |
| 在装配工序上的时间/小时 | 5 | 2 | 8 |
| 单位产品利润/元 | 10 | 5 |  |

这是一个典型的线性规划问题。

第一步，确定影响目标大小的变量。在本例中，目标是利润，影响利润的变量是A产品数量 $x_1$ 和B产品数量 $x_2$。

第二步，列出目标函数方程。一般情况下，问题就是所要达到的目标，本例中提出企业利润最大化下的A产品和B产品的数量，据此得出本例的目标函数关系式为：

$$y = 10x_1 + 5x_2$$

第三步，找出约束条件。在本例中，两种产品在一道工序上的总时间不超过该道工序的可利用时间，即

制造工序：

$$3x_1 + 4x_2 \leqslant 9$$

装配工序：

$$5x_1 + 2x_2 \leqslant 8$$

此外，还有两个约束条件，即 $x_1$、$x_2$ 为产品数量，是非负的，即 $x_1 \geqslant 0$、$x_2 \geqslant 0$。即此例子的线性规划模型为：

$$\max y = 10x_1 + 5x_2$$

$$\begin{cases} 3x_1 + 4x_2 \leqslant 9 \\ 5x_1 + 2x_2 \leqslant 8 \\ x_1 \geqslant 0 \\ x_2 \geqslant 0 \end{cases}$$

从而该问题成为如何确定 $x_1$ 和 $x_2$，使目标函数在上述四个约束条件下达到最大。

若用图解法求解可作图，如图 3-3 所示。

最优点为 $B$ 点，最优解为 $x_1^* = 1$，$x_2^* = 3/2$，最优值为 $y^* = 35/2$。

当然，若要求解更为复杂的线性规划问题，需要通过单纯形法等方法进行求解。

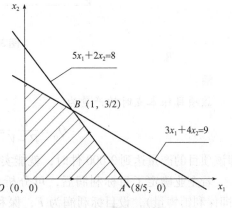

图 3-3　图解法图例

**（二）盈亏平衡分析法**

盈亏平衡分析法又称量本利分析法，是通过考察产量（或销售量）、成本和利润之间的关系以及盈亏变化规律来为决策提供依据的方法。盈亏平衡分析的原理是边际分析理论。在企业经营中，当销售收入等于销售成本（费用时），企业无利润业务亏损，就形成了企业的"盈亏点"，也称为盈亏转折点。如果销售收入大于此点，企业将盈利；若销售收入小于此点，则企业发生亏损。该方法广泛应用于利润预测、目标成本控制、生产方案优选、制定价格等决策问题。现在，盈亏平衡分析法已经成为决策的有力工具，被企业管理者重视。

盈亏平衡图如图 3-4 所示，随着产销量的增加，总成本和销售额随之增加，达到平衡点 $E$（也称为保本点）时，总成本等于销售额（即总收入），此时不盈利也不亏损，正对应此点的产销量 $Q_0$ 即为平衡点产销量；销售额 $M$ 即为平衡点销售额。同时，以 $E$ 点为分界，形成亏损与盈利两个区域。此模型中，总成本由固定成本和变动成本构成。

企业不盈不亏时，即利润为 0 时，有销售收入 − 总成本 = 0，即

$$PQ - (VQ + C) = 0$$

式中，$P$ 为销售价格；$Q$ 为产销量；$C$ 为总固定成本；$V$ 为单位变动成本。

则可推出盈亏平衡点产销量 $Q_0$：

$$Q_0 = \frac{C}{P - V}$$

**【例 3-1】**　某项目每年固定成本为 40 000 元，产品售价为 50 元，单位变动成本为 30 元，求该项目的保本点时的产量。

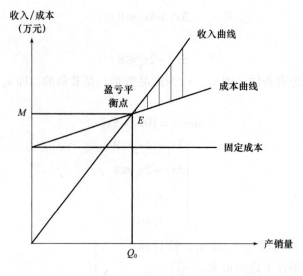

图 3-4　盈亏平衡图

**解：**

该项目保本点时的产量为

$$Q_0 = \frac{C}{P-V} = \frac{40\ 000}{50-30} = 2\ 000 \text{（件）}$$

即该项目的产量达到 2 000 件时，就能实现不盈不亏。

若企业确定了目标利润后，可分析出完成该目标盈利额。求出目标利润下的销售量（即保利销售量），设目标利润为 $F$，保利销售量为 $Q_1$，则 $F = PQ_1 - (VQ_1 + C)$，可得保利销售量：

$$Q_1 = \frac{C+F}{P-V}$$

**【例 3-2】**　同是例 3-1 的数据，若企业要实现利润 5 000 元，其销售量应是多少？

**解：**若企业要实现利润 5 000 元，其销售量应是：

$$Q_1 = \frac{C+F}{P-V} = 2\ 250 \text{（件）}$$

保利销售额为：$M_1 = PQ_1 = 50 \times 2\ 250 = 112\ 500$（元）。

在求出盈亏平衡点产销量后，量本利分析还可以分析企业的安全边际和安全边际率：

安全边际 $W$ = 预计销售量 – 保本点产量 = $Q - Q_0$

$$\text{安全边际率 } S = \frac{\text{安全边际}}{\text{方案带来的产量}} = \frac{W}{Q} = \frac{Q-Q_0}{Q}$$

上式中，安全边际 $W$ 和安全边际率 $S$ 越大，说明企业的经营状况越好；越接近于 0，说明企业的经营状况越差，发生亏损的可能性越大。此时企业应及时采取措施，如调整产品结构，增加适销对路的产品，降低单位变动成本等方法，开发新的市场，提高安全边际或安全边际率。安全边际率是相对指标，可便于不同企业和不同行业的比较。企业安全边际率的经验数据如表 3-2 所示。

表 3-2　安全边际率的经验数据

| 安全边际率 | 40%以上 | 30%~40% | 20%~30% | 10%~20% | 10%以下 |
| --- | --- | --- | --- | --- | --- |
| 安全等级 | 很安全 | 安全 | 较安全 | 值得注意 | 危险 |

【例 3-3】　同是例 3-1 的数据，若预计销售量为 3 000 件，试判断该项目是否安全。

**解**：根据上面的计算得知，销售量 3 000 件大于保本点 2 000 件，所以销售量为 3 000 件时，

其安全边际为：

$$W = Q - Q_0 = 3\ 000 - 2\ 000 = 1\ 000\ （件）$$

安全边际率为：

$$S = \frac{Q - Q_0}{Q} = \frac{1\ 000}{3\ 000} = 33.3\%$$

安全边际率 $S$ 在 30%~40%，经营安全。

## 二、风险型决策方法

风险型决策也称为统计型决策、随机型决策，是指已知决策方案所需的条件，但每种方案的执行都有可能出现不同后果，多种后果的出现有一定的概率。由于自然状态不受决策人所控制，所以决策结果要承担一定的风险，故称为风险型决策。

风险型决策通常采用期望值准则。期望值准则，也称损益期望准则，即根据不同方案的损益期望值，选取具有期望效益值最大或最小的方案作为决策方案。方案的期望损益值等于一个方案在各种自然状态下，以自然状态的出现概率为权数的加权条件损益值之和。期望值一般为最大盈利、最高产值、最小损失、最少投资等。

一般情况下，期望收益值 $= \sum$（收益值 × 概率）。

风险型决策方法主要有决策收益表法和决策树法。

### （一）决策收益表法

【例 3-4】　某公司现有三个方案，其每种方案的损益值和概率情况如表 3-3 所示，应首选哪个方案。

表 3-3　三种方案收益概率表

| 方案的自然状态 | | 损益值/万元 | 概率 |
| --- | --- | --- | --- |
| 方案一 | 销路好 | 1 000 | 0.7 |
| | 销路差 | −200 | 0.3 |
| 方案二 | 销路好 | 400 | 0.7 |
| | 销路差 | 300 | 0.3 |
| 方案三 | 销路好 | 800 | 0.7 |
| | 销路差 | 100 | 0.3 |

由决策收盖表法（期望值法），计算出每个方案的收益，其中某个方案的期望收益最大，则该方案即为比较满意的方案。三种方案期望收益，如表 3-4 所示。

表 3-4　三种方案期望收益表

| 方案的自然状态 | | 损益值/万元 | 概率 | 期望收益值/万元 | 期望收益（成本） |
|---|---|---|---|---|---|
| 方案一 | 销路好 | 1 000 | 0.7 | 700 | 640 |
| | 销路差 | -200 | 0.3 | -60 | |
| 方案二 | 销路好 | 400 | 0.7 | 280 | 370 |
| | 销路差 | 300 | 0.3 | 90 | |
| 方案三 | 销路好 | 800 | 0.7 | 560 | 590 |
| | 销路差 | 100 | 0.3 | 30 | |

显然，方案一的期望收益最大，应当选择方案一。

### （二）决策树法

计算期望值的决策方法，除用决策收益表法外，也可采用决策树法进行分析，这种决策方法的思路如树枝形状，所以称为决策树。决策树法是以方块和圆点作为节点，并由直线连接而形成一种树枝状结构，图中符号说明如下：

□——表示决策节点，由它引出的若干条树枝，每枝代表一个方案。

○——表示状态节点，由它引出的若干条树枝，每枝代表一个自然状态，并在其上写明自然状态及其概率。

△——表示每种自然状态相应的益损值。

一般决策问题具有多个方案，每个方案可能有多种状态。因此，图形从左向右，由简到繁组成一个树枝网状图。

应用树枝图进行决策的过程是：由右向左，逐步后退。根据右端的益损值和状态枝上的概率，计算出同一方案的不同状态下的期望益损值，然后根据不同方案的期望益损值的大小进行选择。方案的舍弃称为修枝，舍弃的方案只需在枝上画出"//"的符号，即表示修枝的意思。最后决策节点只留下一条树枝，就是决策的最优方案。

**【例 3-5】**　假设某企业有新建大厂和新建小厂两种投资方案，其投资收益及其概率分布如表 3-5 所示。

表 3-5　两种投资方案各种状态下的收益值表

| 投资方案 | 各种状态下的收益值/万元 | |
|---|---|---|
| | 销路好（概率0.7） | 销路差（概率0.3） |
| 新建大厂（方案1） | 100 | -20 |
| 新建小厂（方案2） | 40 | 30 |

用决策树法进行决策：

**解**：首先，根据前面要求，计算出每种方案下各状态下的收益值，将数值写入"△"内；其次，计算出每种方案的期望收益，将数值写入"○"上；再次，比较"○"上数值的大小，本例中，较小的树枝画出"//"的符号，代表被舍弃的决策方案；最后，将未画"//"的树枝"○"内的方案填入"□"，代表最后决策的方案，如图 3-5 所示。

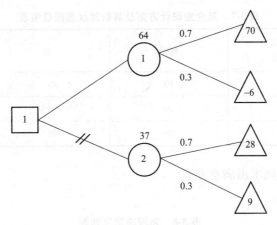

图 3-5　例 3-5 决策树

### 三、不确定型决策方法

不确定型决策是指在决策所面临的自然状态难以确定而且各种自然状态发生的概率也无法预测的条件下所做出的决策。不确定型决策法常遵循以下几种思考原则：乐观原则、悲观原则、折中原则、后悔值原则和等概率原则。基于以上五种原则，有五种决策方法与之相对应。

#### （一）乐观决策准则法

乐观决策准则，又称"大中取大"决策准则，这种决策准则就是充分考虑可能出现的最大利益，在各最大利益中选取最大者，将其对应的方案作为最优方案。其决策步骤如下：

首先，确定各种可行方案；其次，确定决策问题将面临的各种自然状态；再次，将各种方案在各种自然状态下的损益值列于决策矩阵表中，找出每一种方案下收益最高或损失最低的方案；最后，比较各个方案，收益最高或损失最低的方案即为满意方案。

【例 3-6】　假设存在 $d_1$，$d_2$，$d_3$ 三个方案，每个方案存在 $\theta_1$，$\theta_2$，$\theta_3$ 三种自然状态，"大中取大"的决策方法如表 3-6 所示。

表 3-6　乐观决策准则（"大中取大"）数字表达式

| 利润/万元　　　状态<br>方　案 | $\theta_1$　　$\theta_2$　　$\theta_3$ | $\max_{\theta_j}\{L_{ij}\}$ |
|---|---|---|
| $d_1$ | 7.39　8.07　7.19 | 8.07 |
| $d_2$ | 8.25　6.69　6.08 | 8.25 |
| $d_3$ | 6.13　8.72　7.24 | 8.72 |
| 决策 | $\max_{d_j}\{\max_{\theta_j}[L_{ij}]\}$ | 8.72 |

【例 3-7】　某企业拟开发新产品，有三种设计方案可供选择。因不同的设计方案的制造成本、产品性能各不相同，在不同的市场状态下的损益值也各异。

各种方案及自然状态损益值如表 3-7 所示。

表3-7　某企业设计方案及其自然状态损益值表　　　　（单位：万元）

| 状态<br>方案 | 畅销 | 一般 | 滞销 |
|---|---|---|---|
| Ⅰ | 50 | 40 | 20 |
| Ⅱ | 70 | 50 | 0 |
| Ⅲ | 100 | 30 | −20 |

问：用乐观决策准则求出满意方案。

**解**：如表3-8所示。

表3-8　乐观决策准则表　　　　（单位：万元）

| 利润/万元　状态<br>方案 | 畅销 | 一般 | 滞销 | max |
|---|---|---|---|---|
| Ⅰ | 50 | 40 | 20 | 50 |
| Ⅱ | 70 | 50 | 0 | 70 |
| Ⅲ | 100 | 30 | −20 | 100 |
| 决策 | | | | 100 |

先求出方案Ⅰ、Ⅱ、Ⅲ各种状态下的最大值，比较各方案的最大值，可知方案Ⅲ畅销状态下的100万元为最大值，则对应的方案Ⅲ为满意方案。

**（二）悲观决策准则法**

悲观决策准则，又称为"小中取大"准则，这种决策准则就是充分考虑可能出现的最坏情况，从每个方案的最坏结果中选择一个最佳值，将其对应的方案作为最优方案。

延续前面的例3-6，悲观决策准则数学表达式如表3-9所示。

表3-9　悲观决策准则（"小中取大"）数字表达式

| 利润/万元　状态<br>方案 | $\theta_1$ $\theta_2$ $\theta_3$ | $\min_{\theta_j}\{L_{ij}\}$ |
|---|---|---|
| $d_1$ | 7.39　8.07　7.19 | 7.19 |
| $d_2$ | 8.25　6.69　6.08 | 6.08 |
| $d_3$ | 6.13　8.72　7.24 | 6.13 |
| 决策 | $\max_{d_j}\{\min_{\theta_j}[L_{ij}]\}$ | 7.19 |

延续例3-7，若用悲观决策准则，其决策步骤如表3-10所示。

表3-10 例3-7悲观决策准则表 （单位：万元）

| 利润/万元 \ 状态 \ 方案 | 畅销 | 一般 | 滞销 | min |
|---|---|---|---|---|
| Ⅰ | 50 | 40 | 20 | 20 |
| Ⅱ | 70 | 50 | 0 | 0 |
| Ⅲ | 100 | 30 | −20 | −20 |
| 决策 | | | | 20 |

先求出方案Ⅰ、Ⅱ、Ⅲ各种状态下的最小值，比较各方案的最小值，可知方案Ⅰ滞销状态下的20万元为悲观情形下的最小损失值，则对应的方案Ⅰ为满意方案。

**（三）折中决策准则**

折中决策准则，又称为 $\alpha$ 系数决策准则，是对"小中求大"和"大中求大"决策准则进行折中的一种决策准则。系数依决策者认定情况是乐观还是悲观而取不同的值。若 $\alpha = 1$，则认定情况完全乐观；$\alpha = 0$，则认定情况完全悲观；一般情况下，取 $0 < \alpha < 1$。

仍然以例3-7为例，折中决策准则的计算步骤主要如下：

（1）找出各方案在所有状态下的最小值和最大值，如表3-11所示。

表3-11 各方案在所有状态下的最值 （单位：万元）

| 方案 | min | max |
|---|---|---|
| Ⅰ | 20 | 50 |
| Ⅱ | 0 | 70 |
| Ⅲ | −20 | 100 |

（2）决策者根据自己的风险偏好程度给定最大值系数 $\alpha$（$0 < \alpha < 1$），最小值的系数随之被确定为 $1 - \alpha$。$\alpha$ 也称为乐观系数，是决策者乐观或悲观程度的度量。

（3）用给定的乐观系数 $\alpha$ 和对应的各方案最大最小损益值计算各方案的加权平均值，如表3-12所示。

表3-12 各方案的加权平均值 （单位：万元）

| 方案 | min | max | 加权平均值（$\alpha = 0.75$） |
|---|---|---|---|
| Ⅰ | 20 | 50 | 42.5 |
| Ⅱ | 0 | 70 | 52.5 |
| Ⅲ | −20 | 100 | 70 |

Ⅰ：$20 \times 0.25 + 50 \times 0.75 = 42.5$

Ⅱ：$0 \times 0.25 + 70 \times 0.75 = 52.5$

Ⅲ：$(-20) \times 0.25 + 100 \times 0.75 = 70$

（4）取加权平均最大的损益值对应的方案为所选方案。

对应的方案Ⅲ为最大值系数 $\alpha = 0.75$ 时的折中法方案。

不难发现，用折中法选择方案的结果，取决于反映决策者风险偏好程度的乐观系数的确定。当 $\alpha = 0$ 时，结果与悲观原则相同；当 $\alpha = 1$ 时，结果与乐观原则相同。这样，悲观原则与乐观原则便成为折中原则的两个特例。

### （四）后悔值原则决策法

后悔值原则决策法，也称"最小最大后悔值"方法，是用后悔值标准选择方案。所谓后悔值是指在某种状态下因选择某方案而未选取该状态下的最佳方案而少得的收益。

沿用例3-7，用后悔值原则决策法进行方案选择的步骤如下：

（1）计算损益值的后悔值矩阵。方法是用各状态下的最大损益值分别减去该状态下所有方案的损益值，从而得到对应的后悔值，如表3-13所示。

表3-13　损益值的后悔值矩阵　　　　　　　　　　　　　（单位：万元）

| 方案 | 畅销（最大值为100） | 一般（最大值为50） | 滞销（最大值为20） |
|------|--------------------|--------------------|--------------------|
| Ⅰ | 50（100－50） | 10（50－40） | 0（20－20） |
| Ⅱ | 30（100－70） | 0（50－50） | 20（20－0） |
| Ⅲ | 0（100－100） | 20（50－30） | 40（20＋20） |

（2）从各方案中选取最大后悔值，如表3-14所示。

表3-14　最大后悔值选择结果　　　　　　　　　　　　　（单位：万元）

| 方案 | 畅销 | 一般 | 滞销 | max |
|------|------|------|------|-----|
| Ⅰ | 50 | 10 | 0 | 50 |
| Ⅱ | 30 | 0 | 20 | 30 |
| Ⅲ | 0 | 20 | 40 | 40 |

（3）在已选出的最大后悔值中选取最小值，对应的方案即为用最小后悔值法选取的方案。对应的方案Ⅱ即为用最小后悔原则选取的方案。

### （五）等概率原则决策法（莱普勒斯法）

等概率原则是指当无法确定某种自然状态发生的可能性大小及其顺序时，可以假定每一自然状态具有相等的概率，并以此计算各方案的期望值，进行方案选择。

若仍然以例3-7为例，则假设方案的状态畅销、一般、滞销发生的概率都是相等的，均为1/3，求出每个方案的期望，期望的最大的方案即为满意方案。

### 本章小结

本章主要介绍了决策的定义、原则与类型，决策的前提、步骤和影响因素，着重介绍了定性决策方法，以及定量决策方法中的确定型决策、风险型决策和不确定型决策的决策方法。

## 知识结构图 ///

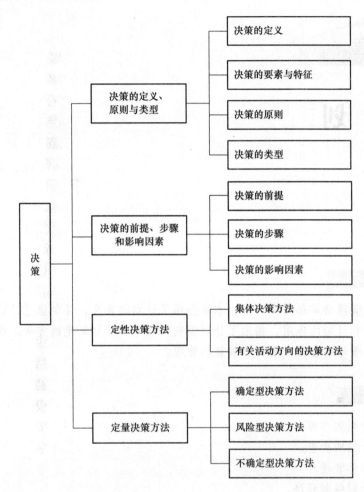

## 学习指导 ///

学习本章知识，首先要理解决策的定义和特征，分清决策的不同类型并知道其分类方法，了解决策制定的步骤和影响决策的主要因素，掌握制定决策的主要方法，能够根据实际问题，应用确定型决策、风险型决策和不确定型决策的决策方法进行求解。

## 拓展阅读 ///

小米手机的营销决策

# 第四章

# 计　　划

　　任何组织和管理活动都需要计划，本章介绍了计划的含义，详细描述了计划的内容，阐述了计划的类型和计划的作用，揭示了计划编制的程序和计划制定的方法。在此基础上，进一步阐释了目标管理的含义及如何开展目标管理。

★重点难点

　　重点：1. 计划的内容。
　　　　　2. 计划的类型。
　　　　　3. 目标管理。
　　难点：1. 计划编制程序。
　　　　　2. 计划制定方法。

★引导案例

## 越国灭吴国计划

　　孙子曰：兵者，国之大事，死生之地，存亡之道，不可不察也。

　　历史上，战争是国家的大事，除了关系到百姓生死、国家存亡，还涉及政治、经济、文化、法制等社会各个方面。所以一个领导者的运筹谋划是决定战争胜负的首要因素和前提条件。

　　春秋末年，越王攻灭吴国之战，就全面体现了谋划的重要性。公元前494年，越国进攻吴国而战败，越王勾践在危急关头，决定委曲求和保存国土，以谋东山再起，并根据本国国情和吴国情况，制定出一系列转败为胜的战略，即"破吴七计"。勾践卑言慎行，忍辱负重，一方面收买吴国重臣，麻痹夫差；一方面实行内政改革，发展生产，恢复国家元气，赢得了百姓的拥戴。同时利用外交活动，实行离间计，挑拨夫差与伍子胥的关系。最后，因知人善用，抓住时机，终于完成了长达13年之久的灭吴计划。

**问题引出：**

（1）勾践是如何取得成功的？

（2）说明计划的作用？

"凡事预则立，不预则废"。任何组织和管理活动都需要计划，任何管理人员都必须制定计划。在管理的职能中，计划职能的地位集中体现在首位性上。这种首位性一方面是指计划职能在时间顺序上处于始发或第一职能的位置上；另一方面是指整个管理活动过程必须按照计划职能的要求进行。

正如哈罗德·孔茨所言，"计划工作是一座桥梁，它把人们所处的这岸和要去的对岸连接起来，以克服这一天堑"。计划工作给组织提供了通向未来目标的明确道路。

# 第一节　计划的含义、内容、类型、作用和特点

## 一、计划的含义和内容

### ★小案例

某企业车间主任以提高自己车间整体工作能力为目标，制定了一系列的计划，要求车间每一位员工按照计划严格执行。执行过程中并未向员工讲述计划的内容及预期达到的目标。员工们感到不解，经常抱怨："其他车间没有这样办，不也过得挺好吗？为什么咱们和别的车间不一样啊？"车间主任回答："那是因为每个车间的情况不一样。"随着计划执行力度的加强，出现了很多问题，计划执行的效果很不好。员工们认为车间主任的想法太过于想当然，无法理解。

分析：车间主任单方面制定目标和计划，执行上出现问题的原因在于目标制定后没有与员工充分沟通，没有让员工了解计划的内容与实质，以便构建一个美好的前景让大家达成目标共识。因此，计划执行时就让员工产生了抵触情绪。

那么究竟什么是计划？计划的内容包括哪些呢？

### （一）计划的含义

计划是对组织在未来一段时间内的目标及其实现途径的策划与安排。

一般来说，人们在动词和名词两种意义上使用"计划"一词。动词意义的计划，也称为计划工作，意指在组织管理中，每项管理活动开展之前都要进行的预计和谋划，为组织的未来确立目标，并为实现目标预先拟定行动措施和步骤的过程。名词意义的计划，是一种管理工作的结果，它是对未来行动方案的一种说明，它告诉管理者和执行者未来的目标是什么，要采取怎样的活动来达成目标，要在什么时间范围内、按什么进度达到这种目标，以及由谁来进行这种活动。

### （二）计划的内容

计划的内容可以概括为"5W2H"，即计划必须清楚地确定和描述下述内容：

（1）做什么（What），即明确计划工作的具体任务和要求，以此确定一定时期的工作任务和工作重点。

（2）为什么做（Why），即明确计划工作的原因和目的，并论证必要性和可行性。

（3）谁去做（Who），将计划涉及的各项工作落实到具体的部门和负责人。

（4）何时做（When），确定计划中各项工作的开始和完成时间及具体的工作进度。

（5）何地做（Where），规定计划的实施地点或场所。

（6）怎样做（How），即执行计划的工作中所运用的方法与采取的措施和手段。

（7）花费多少（How much），即把决策和计划转化为对资源的预算。

上述内容是一个计划的主体要素，一个完整的计划还应该包括控制标准和考核指标的制定，这样，就能更加清晰地对计划实施者的工作进行考评。

## 二、计划的类型

由于目标以及实现目标的方案有不同的类型，因此计划工作也有不同的类型。对计划工作类型的划分有利于更深入地理解计划工作的实质，也有利于具体地分析和掌握有关计划工作的规律和方法。

### （一）正式计划与非正式计划

任何组织，无论其使命是什么，也无论其规模大小，对于计划的需要都是显而易见的。然而，计划的表现形式可能不同。有些计划是正式诉诸笔墨的，是明文规定的，而有些则可能仅蕴含在某些人的脑海中。因而，计划就有正式计划与非正式计划之分。

非正式计划没有被表述为书面文件，但这并不意味着当事人就一定没有制定行动的目标和方案。没有正式计划并不简单等同于无计划。许多小企业中就存在大量的非正式计划，只是确定和了解这种计划的人可能不多，但至少企业中会有那么一个所有者兼管理者的人或几个人认真地思考过企业想要达到什么目标，以及如何实现目标。非正式计划不容易在组织中进行交流和扩散，计划的内容也往往比较粗略且缺乏连续性。所以，在规模比较大、管理工作较规范的组织中，就经常需要编制正式计划。

非正式计划的确定往往欠周密，也很不正规，通常是对某一问题做出了决定就算有了计划。与非正式计划仅限于决策阶段对组织的目标和实现目标的途径做总括性的策划不同，正式计划的制定则是一个包括环境分析、目标确定、方案选择以及计划文件编制这一系列工作步骤的完整的过程。该过程的结果往往会形成组织的一套计划书。计划书要详细、明确并明文规定组织的目标是什么，实现这些目标需要怎样的全局战略，并开发出一个全面的分阶段和分层次的计划体系，以综合和协调不同时期和不同部门的活动。可以看出，正式计划的制定过程也是以决策为核心内容的，换句话说，任何计划的制定都离不开决策，决策是计划的先期工作，计划则是决策的逻辑延续。但是，正式计划制定工作的范围和内容远比决策所包含的更广泛、深入、具体。组织通过正式而精细地制定计划，会促使所形成的决策落到实处，使之既具体可操作，同时又相互支持、彼此协调。

### （二）指向性计划与具体性计划

这是从计划内容的详尽程度来划分的。直观地看，似乎具体性计划比指向性计划更可取。具体性计划规定有明确的目标和实现目标的方案，不存在模棱两可和容易引起误解之处。例如，一位经理想使其企业的销售额在未来的 12 个月中增长 20%，为此，他制定出特定的工作程序、预算分配方案以及与实现该销售目标有关的各项活动的日程进度表，这就是制定了具体性计划。然而，具体性计划也不是没有缺陷，因为它要求的明确性和可预见性条件在现实中并不一定都能够满足。当组织面临环境的不确定性很高，从而要求保持适当的灵活性以防意料之外的变化时，制定对行动提供较宽松指导的指向性计划就显得更有效。与具体性计划不同，指向性计划只规定一些一般性的方向。它指出行动的重点，但并不限定在具体的目标上，也不规定特定的行动方案。例如，一个旨在增加利润的具体性计划可能要明确规定，在未来的 6 个月中，成本要降低 4%，销售额要增加 6%；而指向性计划也许只提出，未来的 6 个月中使利润增加 5%～10%。显然，指向性计划具有内在灵活性的优点，但须将这一优点与其丧失具体性计划明确性的缺憾进行权衡比较。

在指向性计划的制定中，最主要的是规定组织发展的方向。可以说，指向性计划最具代表性的就是对组织使命的阐述和传达。组织使命是指一个组织存在于社会（或某一更小的环境）中的理由。这种理由是客观存在的，但不一定是显现的。事实上，组织使命需要组织高层决策者努力挖掘，才能正确识别。决策者通常需要深入思考如"我们的企业是什么？应该是什么？""我们的顾客是什么人？应该是谁？""我们的顾客购买的是什么？"等问题，才能逐步厘清企业使命所在。特别要注意，利润等并不是管理学意义上的企业使命，而只是一种结果。企业履行了自己的使命，作为结果，便可获得一定的利润。这就像球员比赛，利润相当于记分牌上的分数，打好比赛才能得分。但若仅仅盯住记分牌，得到的只能是失败。组织的基本使命明确以后，具体性计划的制定才具有客观的依据。

### （三）战略计划与战术计划

根据计划对企业经营影响范围和影响程度的不同，可将计划区分为战略计划和战术计划。战略计划是关于企业活动总体目标和战略方案的计划。整个企业组织需要有战略计划；对于在多元产业领域开展多种（多元化）经营的企业来说，其内部负责各领域业务经营的事业部单位也都需要制定相应的战略计划。企业整体层次的战略通常称为总战略或发展战略，而事业部层次的战略则称为经营战略或竞争战略。

企业的发展战略和各事业部的经营战略在现实中往往并不诉诸文字，因为有不少企业的管理者认为，他们决定的战略一旦诉诸文字而变成明文确定的战略计划，要进行修改就不是那么容易了；而经营环境恰恰是动态变化的，没有一成不变的战略，只有适应环境条件变化而不断得到修正的战略。因此，这些人坚持认为，战略不应该被编制成计划，否则就会扼杀经营的灵活性。其实，计划工作本身并不一定导致灵活性的降低。计划并不是为了消除变化，而是基于对未来可能发生的变化的预见来对组织活动做出安排。管理者制定计划的目的和制定计划的正确方式，应该是预测变化并制定最有效的应变措施。实际上，如果在计划工作中选用合适的计划形式，如制定指向性计划而不是具体性计划，或者在制定某一套具体性计划中，还制定出备用的计划方案，并规定在怎样的情况下启用该方案，则可以使组织活动既具有良好的计划性，同时又保持必要的灵活性。

战略计划的基本特点可以归纳为：计划所包含的时间跨度长，涉及范围广；计划内容抽象、概括，不要求直接的可操作性；不具有既定的目标框架作为计划的着眼点和依据，因而设立目标本身成为计划工作的一项主要任务；计划方案往往是一次性或单一用途的，很少能在将来再次或重复使用；计划的前提大多是不确定的，计划执行结果也往往具有高度的不确定性，因此，战略计划的制定者必须有较高的风险意识，能在不确定中选定企业未来的经营方向和行动目标。

战术计划是有关组织活动具体如何运作的计划，对企业来说，就是指各项业务活动开展的作业计划。战术计划主要用来规定企业经营目标如何实现的具体实施方案和细节。如果说战略计划侧重于确定企业要做"什么事"（What）以及"为什么"（Why）要做这件事，则战术计划规定由"何人"（Who）在"何时"（When）、"何地"（Where），通过"何种办法"（How），以及使用"多少资源"（How much）来做这件事。简单地说，战略计划的目的是确保企业"做正确的事"，而战术计划则旨在追求"正确地做事"。战术计划的主要特点是：计划所涉及的时间跨度比较短，覆盖的范围也较窄；计划内容具体、明确，并且通常要求具有可操作性；计划的任务主要是规定如何在已知条件下实现根据企业总体目标分解提出的具体行动目标，这样计划制定的依据就比较明确；另外，战术计划的风险程度也远比战略计划低。

从计划内容和制定的过程和方法来说，战略计划要解决的是确定组织的发展方向、总体发展思路、资源配置策略，以使组织达到或维持在其环境中的某种地位。战略计划工作要求组织对环境有较系统的认识和分析技能，要求组织的有关决策者具备创新意识和创新能力。此外，一个好的战略计划还要求对组织的现状如主业流程特征、组织结构特征、群体行为特征等有一个较全面的认识。战术计划要解决的则是在明确的战略目标指引下具体的活动安排以及有关资源安排策略。它通常是短期的作业计划，要求精确性和效率。因此，组织的有关管理人员应掌握一定的作业计划方法，特别是各种优化方法。

### （四）短期计划、中期计划与长期计划

计划期间是区别计划短期与长期的一个重要标志。一般而言，短期计划是指一年以内的计划，而长期计划则为五年以上的计划。中期计划的计划期间则介于长期计划与短期计划之间。

按照远粗近细的思维逻辑，短期计划一般都规定了较明确、具体和量化的目标以及实现这些目标的具体措施，因此通常要求具备可操作性，而长期计划则相对比较概略、总括。长期计划的制定是企业提高战略管理水平的一种手段。建立正常的长期计划制度后，企业可以根据长远发展的需要收集战略信息，发现将来的机会和威胁，以便在现在就为今后的长远项目做好准备。长期计划制度的作用表现在两个方面：一方面是有利于发现正确的战略问题，改进企业的战略决策，使其从直觉型转变为分析型；另一方面是综合各项经营决策，使企业的资源分配更加合理。换句话说，按照长期计划，企业能把多个项目综合起来考虑，并以最有效的方式分配有限的资源。随着企业经营环境日益不确定，长期计划已倾向于从强调量化指标转变为更加集中于核心战略问题。无数成功企业的实践表明，长期计划应该更侧重于目标本身的内容，而不一定非要量化为由若干类别的具体指标构成的数字化计划。企业战略问题的提出是战略决策过程的一个更重要的环节，预算的编制只是将已成型的计划方案进一步落实到资源分配方面的次要环节。从计划制定和执行的整个过程来讲，长期计划要经过编制预算和项目计划来实施，但这并不是说，制定长期计划就是要编制各种类别的预算。企业应该通过长短期计划的有机结合，形成既包括明确的战略指向又含有若干具体数字化计划的比较合理的计划体系。

### 三、计划的作用

#### （一）计划是管理活动的依据

计划为管理工作提供了基础，是管理活动的依据，良好的计划能够为组织中的所有成员指明行动方向。计划制定以后，管理者要根据计划进行指挥。他们要分派任务，要根据任务确定下属的责任和权力，要促使组织中的全体人员的活动方向趋于一致，从而形成一种协调的组织行为，以保证达到计划所设定的目标。

#### （二）计划是合理配置资源的手段

计划是将组织活动在时间、空间上进行分解，通过规定组织中不同部门在不同时间应从事何种活动，明确所需的资源的时间、数量和种类，从而为组织合理配置资源提供了依据。组织的任何活动都必须以一定资源为基础，通过计划可以使组织的各项资源合理分布，使组织的各项目标活动顺利完成。

#### （三）计划是降低风险、掌握主动的手段

计划没有变化快。当今世界正处于一种剧烈变化的时代中，如未来的资源价格变化、竞争者的变化、国际方针的变化、技术的变革、人们的价值观念的变化。如果不预先估计到这些变化，就可能导致组织的失败。计划是预期这种变化并设法消除变化对组织造成不良影响的一种有效手段。计划是针对未来的，这就使计划制定者不得不对将来的变化进行预测，通过计划工作，提高组织的预见性和主动性，使高层领导高瞻远瞩，有计划地、科学地安排各项任务，把将来的风险减少到最低限度。

#### （四）计划是管理者进行控制的标准

计划工作和控制工作是分不开的——它们是管理的一对孪生子。未经计划的活动是无法控制的，因为控制就是纠正脱离计划的偏差，以保持组织活动的既定方向。计划是为控制工作提供标准的，没有计划指导的控制是毫无意义的。另外，控制职能的有效行使往往需要根据客观条件的变化拟定新的计划或修改原定计划，而新计划或修改过的计划又被作为连续进行的控制工作的基础。

组织成功与否在于是否运用计划。如果一个组织将计划工作放在首位，那么工作将得到有效的协调且能按时完成，员工的努力就会避免重复，部门之间可以实现有效合作与协调，员工的潜能可以得到充分发挥，成本得到控制，最终将提高工作质量。

★小思考

俗话说，"计划跟不上变化""计划没有变化快"。你同意这个观点吗？为什么？

### 四、计划的特点

#### （一）首位性

计划是进行其他管理职能的基础或前提条件。计划在前，行动在后。组织的管理过程首先应当明确管理目标、筹划实现目标的措施和途径，而这些恰恰是计划工作的任务。因此，计划位于其他管理职能的首位。

## （二）普遍性

实际的计划工作涉及组织中的每一位管理者及员工。一个组织的总目标确定之后，各级管理人员为了实现组织目标，使本层次的组织工作得以顺利进行，都需要制定相应的分目标及分计划。因此计划具有普遍性。

## （三）目的性

任何组织或个人制定的各种计划都是为了促使组织经营的总目标和一定时期的目标的实现。在管理过程中，计划职能作为决策的延伸，实质是为了实现决策目标进行结构分析和设计，将组织的总目标计划分成不同层次、不同等级的分目标、次目标，并落实到组织的各个层次、各个部门，直到各生产单位、车间和个人，即实行目标管理，从而保证组织总目标的实现。有了具体的目的、任务，才能把组织决策落到实处，计划工作才具有指导性。

## （四）实践性

计划的实践性主要是指计划的可操作性，并最终为了实施。符合实际、易于操作、目标适宜，是衡量一个计划好坏的重要标准。另外，为了适应环境的变化，克服不确定的因素的干扰，应适当增加计划的弹性。

## （五）明确性

计划应明确表达出组织的目标与任务，明确表达出实现目标所需要的资源（人力、物力、财力、信息等）以及所采取行动的程序、方法和手段，明确表达出各级管理人员在执行计划过程中的权力和职责。

## （六）效率性

计划的效率性主要是指时间和经济性两个方面。任何计划都有计划期的限制，也有实施计划时机的选择。经济性是指实现计划应该以最小的资源投入获得尽可能多的产出。

★小案例

### 保险销售员的故事

有个同学举手问老师："老师，我的目标是想在一年内赚 100 万元！请问我应该如何计划我的目标呢？"

老师便问他："你相不相信你能达成？"他说："我相信！"老师又问："那你知不知道要通过哪个行业来达成？"他说："我现在从事保险行业。"老师接着又问他："你认为保险行业能不能帮你达成这个目标？"他说："只要我努力，就一定能达成。"

"我们来看看，你要为自己的目标做出多大的努力，根据我们的提成比例，100 万元的佣金大概要做 300 万元的业绩。一年：300 万元的业绩。一个月：25 万元的业绩。每一天：8 300 元的业绩。"老师说，"每一天 8 300 元的业绩，大概要拜访多少客户？"

"大概要 50 个人。"老师接着问他，"那么一天要 50 个人，一个月要 1 500 个人；一年呢？就需要拜访 18 000 个客户。"

这时老师又问他："请问你现在有没有 18 000 个 A 类客户？"他说没有。"如果没有，就要靠陌生拜访。你平均一个人要谈上多长时间呢？"他说："至少 20 分钟。"老师说："每个人要谈 20 分钟，一天要谈 50 个人，也就是说你每天要花 16 个小时在与客户交谈上，还不算路途时间。请问你能不能做到?"他说:"不能。老师,我懂了。这个目标不是凭空想象的,而是需要凭着一个能达成的计划而定的。"

想一想:这个案例给你什么启示?目标和计划有什么关系?

# 第二节 计划的编制过程

计划的编制过程包括三个阶段七个步骤的工作,即目标确定阶段,这一阶段包含收集资料、分析预测、目标决策三个步骤;方案选择阶段,这一阶段包含拟定备选方案、评价方案、选择满意方案;计划制定阶段,这一阶段就是最后一个步骤:制定实施计划。制定计划的科学程序如图 4-1 所示。

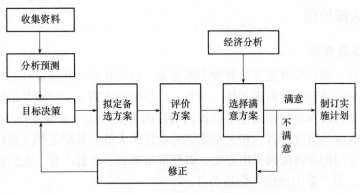

**图 4-1 制定计划的科学程序**

## 一、目标确定阶段

### (一)收集资料

收集资料的目的是为计划的编制提供依据。通过市场调查等资料收集手段,有目的地、有系统地搜集有关市场信息资料,了解市场的现状及其发展趋势,并分析组织面临的机会和挑战,为市场预测和企业决策提供依据。根据调查的任务和目的可以采用不同的调查方法进行资料收集,如文案调查法、询问法、观察法、实验法等。

★训练与练习

在校期间你参加过市场调查吗?你是如何收集资料的?你能具体说明这次市场调查的流程吗?

### (二)分析预测

管理者通过收集资料认真分析组织所拥有的资源、条件、面临的环境状况,预测其变化趋势,从中掌握市场的机会与威胁,根据组织自身的优势与劣势,明确组织发展的约束条件,对于未来不确定的事件尽可能做出科学的判断,使之满足一定程度的准确度。

★小思考

"预测是浪费管理者的时间，因为没有人能准确地预测未来。"你是否同意这种说法？说明你的观点。

### （三）目标决策

通过对现实情况的分析，管理者对组织面临的机会和挑战及应对策略形成了初步判断，接着就是确定组织的目标。目标是行动的出发点和归宿，确定目标是计划的核心内容。这一步骤中，首先要确定整个企业的目标；其次要把整体目标分解到组织的各个部门和各个环节中；最后要确定长期和短期目标。由此形成组织中的目标网络体系。在这个网络体系中，组织的整体目标具有支配组织所有分目标和计划的性质。

## 二、方案选择阶段

### （一）拟定备选方案

围绕组织目标，拟定尽可能多的各种实施方案，以便在评估和选定计划方案时有比较和鉴别，为最优方案的选定提供前提条件。通常，最显眼的方案不一定就是最好的方案。在过去计划方案上稍加修改和略加推演也不会得到最好的方案。这一步骤工作一定要发扬民主，广泛发动群众，吸收各级管理者、相关专家、专业技术人员、基层工作人员代表参与方案的制定，也可通过专门的咨询机构提出方案，做到群策群力、集思广益、大胆创新，发掘尽可能多的行动方案，为"多中选优"创造条件。

### （二）评价方案

根据环境和目标来权衡各种因素，以此来对各个方案进行评价。备选方案可能有几种情况，有的方案利润大，但支出资金多；有的方案利润小，但风险也小；有的方案对长远规划有利，有的方案对当前工作有好处。在几种方案并存的情况下，就要根据组织的目标来选择一个较合适的方案。在评价方案时应注意几点：第一，要特别注意发现每一个方案的制约因素或隐患；第二，将一个方案的预测结果与原有目标比较时，应将量化和不能量化的因素结合起来考虑；第三，要用整体效益观点来衡量方案。

### （三）选择满意方案

就方案的选择，传统的观点认为应该采用最优化原则，但西蒙认为应该采用"满意原则"。按照满意原则，不是要求决策者从各个方案中选出最优的计划方案，而是找到能基本满足计划目标要求的方案。采用"满意原则"能使计划方案的选择建立在切实可行的基础上。当然，决策者应该努力提高自己的决策水平，在条件许可的情况下，尽可能找出能达到预期目标的最佳方案。

为了对环境变化的不确定性做出一定的防范准备，保持计划稳定性，同时使计划具有灵活性，计划的确定者应该在确定了执行方案后，对其他备选方案按综合评估所得出的结果，排出顺序作为后备方案。

## 三、计划制定阶段

这一阶段即为最后一个步骤，制定具体实施计划。

根据计划目标和所确定的满意方案，确定组织的总体计划。为了使它具有更强的针对性和可操作性，还需要编制一系列支持计划，它们是总体计划的子计划，其作用是支持基本计划的贯彻落实，如投资计划、生产计划、销售计划、人力资源计划、财务计划等。

例如，一家食品公司通过市场调查和分析，发现儿童营养食品具有非常广阔的市场前景，且公司又有能力研究开发和生产此类产品，这是一个市场机会，在估量了这次机会之后，就确立了生产儿童营养食品的目标，该公司确定生产儿童营养食品后，具体预测分析了当前的消费水平，公司制造能力，产品市场价格，原材料的种类、来源、价格，市场潜力多大，市场竞争者情况等。该公司具体拟定了多个可供选择的方案，接着组织专家评估各种备选方案，最后从诸多可行方案中选中一个较优方案作为决策方案，确定了具体生产何种儿童营养食品，每年生产多少，需要投入多少人力、物力和财力，各个部门具体应该做哪些工作等。决策方案下达后，各业务部门和下层单位又拟定了具体的部门计划，以支持总计划得以实现，如生产计划、销售计划和财务计划等。然后进行方案的实施，并进行情况的检查和反馈。这就是一个完整的计划过程。

**★小案例**

### "××胶囊"商业计划书（纲要）

一、××胶囊产品的概况

××胶囊 JL 药业集团公司研制开发的保健食品，内含体内平衡因子。经过多年的实验证明，体内平衡因子具有改善胃肠功能和抗衰老的功效，对便秘、肥胖、色斑、粉刺及并发症等现代文明病有一定的预防作用和疗效。

二、××胶囊生产计划

2007 年生产 50 万盒、2008 年生产 500 万盒、2009 年生产 1 000 万盒、2010 年生产 1 500 万盒、2011 年生产 2 000 万盒（每盒 60 粒）。

三、××胶囊的市场前景分析

（一）我国保健品市场发展现状及展望

（二）国际上体内环保消费及产品开发情况

（三）××胶囊的市场优势

1. 体内环保与排毒、洗肠的区别

2. 产品定位点

3. 市场机会点

4. ××胶囊的消费群体分析

四、市场目标与营销策略

1. 市场目标

2. 营销策略

五、经济效益分析

六、投资风险分析

1. 行业风险

保健食品品种繁多，竞争激烈。

2. 广告风险

由于广告投资较大，在广告大战中，如不注意做好广告策划，建好终端销售网络，就有可能失败。

七、投资说明

1. 资金需求及用途

2. 成立股份公司

3. 投资参股模式

八、公司基本情况

（一）公司概况

（二）公司管理体系

# 第三节　计划的制定方法

## 一、环境分析法

环境分析是计划制定的基本前提。对环境进行分析，就是要通过对信息的把握以识别环境中正在出现的趋势。对企业而言，环境分析的一个重要方面是竞争者分析，这需要企业去确定竞争者，以分析竞争者正在做什么以及竞争者所做的事情对自身有些怎样的影响。

全面的环境分析有可能帮助计划制定者发现许多问题以及问题之间的联系，这些问题和联系可能影响组织当前的或拟定中的计划。当然，在环境中，并非所有的信息都同等重要，这需要计划制定者进行甄别和分析。

## 二、甘特图法

甘特图（Gantt Chart）又称为横道图、条状图，是以提出者亨利·劳伦斯·甘特先生的名字命名的。

甘特图内在思想是以图示的方式展示项目实施进度，通过项目列表和时间刻度形象地表示出任意特定项目的工作顺序与持续时间。

甘特图是基于作业排序的目的，将工作项目与时间联系起来的最早尝试之一。该图能帮助企业描述对工作中心、超时工作等资源的使用。其基本上是一种线条图，横轴表示时间，纵轴表示要实施的项目，线条表示在整个期间上计划和实际的活动完成情况。它直观地表明任务计划在何时进行，及实际进展与计划要求的对比。管理者由此可以方便地弄清一项任务还剩下哪些工作要做，并可评估工作进度。

下面以一个图书出版的例子来说明甘特图的应用，如图4-2所示。

此甘特图的实际应用，主要项目从上到下排列在图的左边，时间以月份为单位表示在图的下方。计划需要确定图书的出版包括哪些项目、这些项目的顺序，以及每项项目持续的时间。时间框里的黑色粗线条表示计划开展的项目顺序，虚线线条表示项目的实际进度。在这里，甘特图作为一种控制工具，帮助管理者发现实际进度偏离计划的情况。可以看出，在从编辑加工到设计封面的所有项目中，打印校样项目实际进度落后于计划进度，其他项目则均按计划完成。

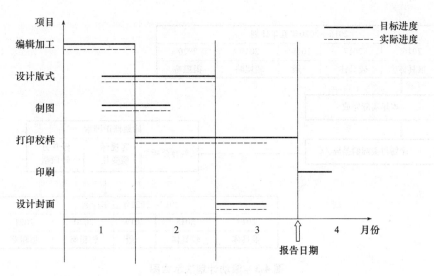

图 4-2 甘特图的应用

## 三、滚动计划法

### （一）滚动计划法的基本思想

滚动计划法根据计划的执行情况和环境变化定期修订未来的计划，并逐期向前推移，使短期计划、中期计划有机地结合起来。由于在计划工作中很难准确地预测将来影响企业经营的经济、政治、文化、技术、产业、顾客等各种变化因素，而且随着计划期的延长，这种不确定性就越来越大，因此若机械地按几年以前的计划实施，或机械地、静态地执行战略性计划，则可能导致巨大的错误和损失。滚动计划法可以避免这种不确定性带来的不良后果。具体做法是用近细远粗的办法制定计划。在计划期的第一阶段结束时，要根据该阶段计划的实际执行情况和外部有关因素的变化情况，对原计划进行修订，并根据同样的原则逐期滚动。每次修订都使整个计划向前滚动一个阶段。

可见，滚动计划法能够根据变化了的组织环境及时调整和修正组织计划，体现了计划的动态适应性。而且它可使中长期计划与年度计划紧密衔接起来。

滚动计划法还应用于编制年度计划或月度作业计划。采用滚动计划法编制年度计划时，一般将计划期向前推进一个季度，计划年度中第一季度的任务比较具体，到第一季度末编制第二季度的计划时，要根据第一季度计划的执行结果和客观情况的变化及经营方针的调整对原先制定的年度计划做相应的调整，并在此基础上将计划期向前推进一个季度。采用滚动计划法编制月度计划时，一般可将计划期向前推进 10 天。这样可省去每月月末预计月初修改计划等工作，有利于提高计划的准确性，如图 4-3 所示。

### （二）滚动计划法的评价

滚动计划法虽然使得计划编制和实施工作的任务量加大，但在计算机普遍应用的今天，其优点十分明显。其最突出的优点是计划更加切合实际，并且使战略性计划的实施更加切合实际。战略性计划是指应用于整体组织的、为组织未来较长时期内设立总体目标和寻求组织在环境中的地位的计划。由于人们无法对未来的环境变化进行准确的估计和判断，所以计划针对的时期越长，不准确性就越大，其实施难度也越大。

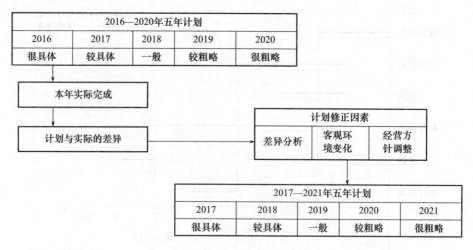

图4-3 滚动计划法示意图

滚动计划法首先来说相对缩短了计划时期，加大了计划的准确性和可操作性，是战略性计划实施的有效方法。其次，滚动计划法使长期计划、中期计划与短期计划相互衔接，短期计划内部各阶段相互衔接。这就保证了即使由于环境变化出现某些不平衡时，也能及时地进行调节，使各期计划基本保持一致。最后，滚动计划方法大大加强了计划的弹性，这对环境剧烈变化的时代尤为重要，它可以提高组织的应变能力。

### 四、网络计划技术

网络计划技术是20世纪50年代后期在美国产生和发展起来的。1958年美国海军特别项目局负责对大型军事开发计划中性能动向的探索，在北极星武器系统中首次采用了原先已被创造出来，并经汉密尔顿管理咨询公司协助改进的计划评审技术。此后，这项技术很快扩展到全美的国防和航天工业。大约在海军发展此技术的同时，杜邦公司为了解决把新产品从研究到投入生产时间日益增长的时间和成本问题，使用了一套类似的技术，称为关键路线法（Critical Path Method，CPM）。这种方法包括各种以网络为基础制定计划的方法，如关键路径法、计划评审技术、组合网络法等。现在，网络计划技术在组织管理活动中被广泛应用。

网络计划技术是运用网络图的形式来组织生产和进行计划管理的一种科学方法。它的基本原理是：利用网络图表示计划任务的进度安排，并反映出组成计划任务的各项活动之间的相互关系。在此基础上，进行网络分析，计算网络时间，确定关键工序和关键线路，利用时差，不断改善网络计划，求得工期、资源与成本的综合优化方案。在计划执行过程中，通过信息反馈进行监督和控制，以保证预定计划目标的实现。

#### （一）网络图及其构成要素

网络图是网络计划技术的基础。任何一项任务都可分解成许多步骤的工作，根据这些工作在时间上的衔接关系，用箭线表示它们的先后顺序，画出一个各项工作相互关联、并注明所需时间的箭线图，这个箭线图就称作网络图。如图4-4所示便是一个简单的网络图。

分析图4-4可以发现，网络图由以下三部分构成。

（1）"→"表示工序，是一项工作的过程，有人力、物力参与，经过一段时间才能完

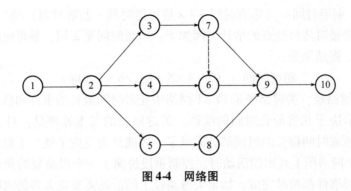

**图4-4 网络图**

成。该工序的名称标在箭线的上方，完成该项工作所需的时间标在箭线的下方。此外，还有一些工序既不占用时间，也不消耗资源，是虚设的，称为虚工序，在图中用"- - →"表示。网络图中应用虚工序的目的是避免工序之间关系的含混不清，以正确表明工序之间先后衔接的逻辑关系。

（2）"○"表示事项，是两个工序间的连接点。事项既不消耗资源，也不占用时间，只表示前道工序结束、后道工序开始的瞬间。一个网络图中只有一个始点事项、一个终点事项。

（3）路线，是指网络图中由始点事项出发，沿箭线方向前进，连续不断地到达终点事项的一条通道。一个网络图中往往存在多条路线，如图4-4中从始点①连续不断地走到终点⑩的路线有4条。比较各路线的路长，可以找出一条或几条最长的路线，这种路线称为关键路线。关键路线上的工序称为关键工序。关键路线的路长决定了整个计划任务所需要的时间，关键路线上各工序的完工时间提前或推迟都直接影响着整个活动能否按时完工。确定关键路线，据此合理地安排各种资源，对各工序活动进行进度控制，是利用网络计划技术的主要目的。

**（二）网络计划技术的步骤**

进行一个网络分析包括以下四个步骤。

（1）为完成工程对所有必要的活动进行准备。

（2）设计实际的计划评估和审查技术（Program Evaluation and Review Technique，PERT）网络，把所有的活动按照适当的先后顺序联系起来。对一项重要工程包括的所有活动做出预期需要很多技巧。另外，活动必须按照先后顺序，即计划者必须决定哪个活动在前，哪个活动在后。

（3）估算每项活动的完成时间。这一步必须谨慎处理，因为该工程所需总时间是PERT方法的主要结果之一。因为时间估算是很关键的，所以应该有几个人分别处理三种不同的估计：乐观时间、悲观时间和最可能时间。乐观时间是指如果所有的事情都顺利进行，完成一项活动所需的最短时间。悲观时间是指如果所有的事情很不顺利，完成一项活动所需要的时间。最可能时间是指对一项活动所需时间的实际估算。一项活动的最可能时间也可以采用其他工程中类似活动的估计时间。例如，建造一架飞机上的驾驶员座舱所需的时间，可能是基于过去建造类似飞机的驾驶员座舱的平均时间。

当计划者收集了全部的估计时间之后，就会运用一个公式来计算期望时间。期望时间是指完成一项活动所必需的时间。期望时间是对以上三种时间"平均"，其中最可能时间的权重比乐观时间和悲观时间的权重都大。

期望时间 = （乐观时间 + 4 × 最可能时间 + 悲观时间）/6

假设建设办公楼时选择地点的估计时间如下：乐观时间是 2 周，最可能时间是 5 周，而悲观时间是 8 周，则结果为：

期望时间 = （2 + 4 × 5 + 8）/6 = 5（周）

（4）计算关键路径。关键路径是 PERT 网络中花费时间最长的事件和活动的序列。整个工程的时间长度取决于花费最长时间的线路。关键路径的基本原理是：对于某一项工程来说，只有当其中所需时间最长的组成部分完成了，才能认为完成了整个工程。

要实施 PERT 网络图上列出的活动时，控制手段扮演了一个很重要的角色。项目经理必须保证所有的关键事件都按时完成。如果关键路径上的活动需要花太多的时间来完成，则整个工程就无法按时完成。如有必要，管理者还必须采取正确的行动使活动向前推进，如增雇员工、解雇不称职的员工或者购买更多生产设备等。

因此，利用网络技术制定计划，主要包括三个阶段的工作：首先分解任务，即把整个计划活动分成若干个数目的具体工序，并确定各工序的时间，然后在此基础上分析并明确各工序时间的相互关系；其次是绘制网络图，根据各工序之间的相互关系，根据一定规则（如两个事项之间只能由一条箭线相连），绘制出包括所有工序的网络图；最后根据各工序所需作业时间，计算网络图中各路线的路长，找出关键线路，并对此进行优化。

## （三）网络计划技术的评价

网络计划技术虽然需要大量烦琐的计算，但在计算机广泛运用的时代，这些计算大多已程序化了。这种技术之所以被广泛地运用，是因为它有如下优点：

（1）该技术能清晰地表明整个工程各个项目的时间顺序和相互关系，并指出了完成任务的关键环节和路线。因此，管理者在制定计划时可以统筹安排，全面考虑，而又不失重点。在实施过程中，管理者可以进行重点管理。

（2）可对工程的时间进度与资源利用实施优化。在计划实施中通过调动非关键路线上的人力、物力和财力从事关键作业，进行综合平衡，这样既可节约资源又能加快工程进度。

（3）可以事先评价达到目标的可能性，指出实施中可能发生的困难点，以及这些困难点对整个任务产生的影响，准备好应急措施，减小完不成任务的风险。

（4）便于组织与控制。特别是对于复杂的大项目，可以分成许多支系统来分别控制，在保证各局部最优的情况下，就能够保证整个项目的最优。

（5）简单易懂，具有中等文化程度的人就能够掌握，对复杂的、多环节的工作，可以利用已有的软件在计算机上优化。

（6）可以广泛地应用于各行各业。

# 第四节　目标管理

★读故事，学管理

### 目标永远在技巧和方法前面

张总和刘主管都是《西游记》迷，这天两人闲着无事，讨论起《西游记》中的人物来。

张总问刘主管："你认为师徒 4 个人中，谁最没本事、谁最不重要呢？"

"当然是唐僧了，"刘主管毫不犹豫地说，"在保护唐僧去西天取经的路上，孙悟空能72般变化、降妖除魔、冲锋陷阵；猪八戒虽然贪吃贪睡，但打起仗来也能上天入海，助孙悟空一臂之力；沙僧憨厚老实、任劳任怨，把大家的行李挑到西天；唐僧最舒服，不仅一路上有马骑、有饭吃，而且妖魔挡道也不用其动一根手指头，自有徒儿们奋勇上阵。他做事不明真伪，总是慈悲为怀，动不动还要给孙悟空念上几句紧箍咒。"

张总摇摇头："此言差矣。"

刘主管问："那依您之见呢？"

张总说："4个人中，最重要的是唐僧。他明白去西天的目的是取回真经普度众生。就是他，在徒弟们时不时有一些小问题的情况下，依然坚持奋勇向前，不达目的誓不罢休。因为他知道为什么要去西天，他知道他为什么做，他知道他做什么。所以，无论路程多么艰险、无论多少妖魔挡道、无论多少鬼怪想吃其肉，唐僧都毫不畏惧，奋勇前进。最后，唐僧不仅取回了真经，而且还使曾经被称为妖精的3个徒弟最终功德圆满成佛。"

想一想：你同意刘主管还是张总的看法？为什么？

## 一、目标的定义及作用

### （一）目标的定义

目标是组织和个人活动所指向的终点或一定时期内所寻求的最终成果。它既是一切组织管理活动的出发点，又是一切组织管理活动所指向的终点；它既是管理活动的依据，又是考核组织管理效率和效果的标准。

### （二）目标的作用

#### 1. 引导行为

目标的作用首先在于为管理指明了方向，而管理是一个为了达到目标有效地协调资源所做努力的过程。如果没有明确的目标就没有前进的方向，也就无法有效地协调资源。

#### 2. 激励作用

从组织成员个人角度来看，目标激励作用具体表现在两个方面：个人只有明确目标才能发挥潜在能力，创造出最佳成绩；个人只有在达到目标后，才会产生成就感和满意感。要使目标对组织成员产生激励作用，一方面要使目标尽量符合他们的需要，另一方面要增加目标的可行性。

★小试验

管理学家们曾经专门做过一次摸高试验。试验内容是：把20个学生分成两组进行摸高比赛，看哪一组摸得更高。第一组10个学生，不规定任何目标，由他们自己随意制定摸高的高度；第二组规定每个学生先定一个标准，如要摸到2.40米或2.60米。试验结束后，把两组的成绩全部统计出来进行评比，结果发现规定目标的第二组的平均成绩要高于没有制定目标的第一组。

摸高试验证明了一个道理：目标的确定对于激发人的潜力有重大作用。

#### 3. 评价标准

大量的实践表明，单凭上级管理者的主观印象和价值判断作为考核下属绩效的依据是不科学的，不利于调动下属人员的积极性。管理的目的在于促进成员取得最大的工作绩效，而没有目标就无法衡量工作是否取得了绩效及绩效的大小。

4. 凝聚作用

为了增强组织内部之间的凝聚力，减少其冲突和矛盾，必须靠目标使组织成员联系起来。一个组织凝聚力的大小受到多种因素的影响，其中一个主要因素是组织目标。特别是当组织目标充分体现了成员的共同利益，并能与组织成员的个人目标取得最大限度的和谐一致时，就能极大地调动组织成员的积极性、主动性和创造性。

## 二、目标管理的概念及特点

### （一）目标管理的概念

"目标管理"（Managing by Objective，MBO）的概念是管理专家彼得·德鲁克（Peter Drunker）于 1954 年在其名著《管理实践》中最先提出来的，其后他又提出"目标管理和自我控制"的主张。德鲁克认为，并不是有了工作才有目标，而是有了目标才能确定每个人的工作。所以"企业的使命和任务，必须转化为目标"，如果一个领域没有目标，这个领域的工作必然被忽视。因此，管理者应该通过目标对下级进行管理，当组织最高层管理者确定了组织目标后，必须对其进行有效分解，转变成各个部门及个人的分目标，管理者根据分目标的完成情况对下级进行考核、评价、奖惩。

目标管理是指组织的管理者和员工共同参与目标的制定，在工作中员工实行自主控制并努力完成工作目标，管理者实行最终成果控制的一种现代管理思想与管理方法。

★读故事，学管理

**石匠的故事**

有个人经过一个建筑工地，问那里的石匠们在做什么，3 个石匠有 3 个不同的回答。

第一个石匠回答："我在做养家糊口的事，混口饭吃。"

第二个石匠回答："我在做整个国家最出色的石匠工作。"

第三个石匠回答："我正在建造一座大教堂。"

点评：3 个石匠的回答给出了三种不同的目标，第一个石匠说自己做石匠是为了养家糊口，这是短期目标导向的人，只考虑自己的生理需求，没有大的抱负；第二个石匠说自己做石匠是为了成为全国最出色的匠人，这是职能思维导向的人，做工作时只考虑本职工作，只考虑自己要成为怎样的人，很少考虑组织的要求；而第三个石匠的回答说出了目标的真谛，这是经营思维导向的人，这些人思考目标时会把自己的工作和组织的目标关联起来，从组织价值的角度看待自己的发展，这样的员工才会获得更大的发展。

德鲁克说，第三个石匠才是一个管理者，因为他用自己的工作影响着组织的绩效，他在做石匠工作时看到了自己的工作与建设大楼的关系，这种人的想法难能可贵！

中松义郎的目标一致理论讲的就是这一点，一个人的目标与组织的目标越一致，这个人潜能发挥就越大，就越有发展！

### （二）目标管理的特点

**1. 员工参与管理**

目标管理是员工参与管理的一种形式，由上下级共同商定目标。首先确定出总目标，然后对总目标进行分解，逐级展开，通过上下协商，制定出企业各部门、各车间直至每个员工的目标；用总目标指导分目标，用分目标保证总目标，形成一个"目标—手段"链。

**2. 以自我管理为中心**

目标管理的基本精神是以自我管理为中心。目标的实施由目标责任者自我进行，通过自身监督与衡量，不断修正自己的行为，以达到目标的实现。这种用"自我控制的管理"代替"压制性的管理"，使管理人员能够控制自己的成绩。这种自我控制可以成为更强烈的动力，推动他们尽自己最大的力量把工作做好，而不仅仅是"过得去"就行。

**3. 促使权力下放**

集权和分权的矛盾是组织的基本矛盾之一，唯恐失去控制是阻碍大胆授权的主要原因之一。推行目标管理有助于协调这一矛盾，促使权力下放，有助于在保持有效控制的前提下，把局面搞得更有生气。

**4. 重视成果**

采用传统的方法，评价员工的表现，往往容易根据印象、本人的思想和某些问题的态度等定性因素来评价。实行目标管理后，便有了一套完善的目标考核体系，评价重点放在工作成效上，按员工的实际贡献大小如实地评价一个人，使评价更具有建设性。

## 三、目标管理的基本步骤

目标管理可分为目标制定及展开、组织实施、成果评价、意见交流四个步骤，如图4-5所示。

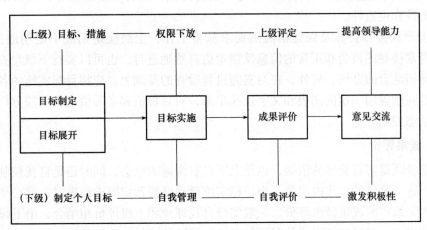

**图4-5　目标管理的基本步骤**

### （一）目标制定及展开

实行目标管理，首先要建立一套完整的目标体系。它包括确定组织的总体目标和各部门的分目标。其具体经过以下步骤：

**1. 制定总体目标**

总体目标是组织在未来从事活动要达到的状况和水平，其实现有赖于全体成员的共同努力。建立总体目标的工作是从最高管理层开始的。

**2. 将总体目标层层分解**

下属各单位根据组织总目标、总方针的要求和本部门的实际情况，制定部门目标和具体的保证措施；部门下属各小组负责人为完成部门目标而制定小组目标；基层每一个职工根据小组目标和自身的情况，制定具体、切实可行的个人目标和保证措施。这样，自上而下与自下而上地把组织总体目标层层展开，最后落实到每个职工，这样就形成了一个以组织总体目标为中心的一贯到底的目标体系。

制定目标时要注意：第一，制定目标工作如同所有其他计划工作一样，需要事先拟定和宣传前提条件。这是一些指导方针，如果指导方针不明确，就不可能希望下级主管人员会制定出合理的目标来。第二，制定目标应当采取协商的方式，上级和下级商妥后，由下级写成书面协议，编制目标记录卡片，当整个组织汇总所有资料后，就可绘制出目标图。

**（二）目标实施**

目标实施是指目标的执行和实现的过程，这是目标的执行阶段，也就是进入了完成预定目标值的阶段。这一阶段的工作主要包括以下四个部分：

（1）目标既定，主管人员应把权力交给下级成员，而自己去抓重点的综合性管理。完成目标主要靠执行者的自我控制。

（2）有了目标，下级成员便会明确努力的方向；有了权力，他们便会产生强烈的与权力使用相应的责任心，下级成员应充分发挥自己的判断力和创造力，使目标执行活动有效地进行。

（3）在目标实施阶段，上级要加强与下级的交流，进行必要的指导，最大限度地发挥下级的积极性和创造性。

（4）为严格按照目标及保证措施的要求从事工作，上级应定期或不定期地进行检查，利用双方经常接触的机会和正常的信息反馈渠道自然地进行，也可以实行下级自查报告和上级巡视指导相结合的办法。另外，在对实施过程检查的基础上，应将目标实施的各项进展情况、存在的问题等用一定的图表和文字反映出来，对目标值和实际值进行比较分析，实行目标实施的动态控制。

**（三）成果评价**

成果评价既是实行奖惩的依据，也是上下左右沟通的机会，同时还是自我控制和自我激励的手段。这一阶段的工作内容是：当目标实施活动已按预定要求结束时，就必须按照定量目标值对实际取得的成果做出评价。一般实行自我评价和上级评价相结合，由下级提出书面报告，上下级在一起对目标完成情况进行考核，使这种评价与奖惩挂钩。

**（四）意见交流**

评价结果及时反馈给执行者，让其主动总结经验教训。根据一些单位的实践来看，搞好成果评价的关键是：必须把评定结果与集体和个人经济利益真正挂钩，严格实行按劳分配、奖勤罚懒的原则。

根据对目标实施结果的考核情况，制定下一阶段新的目标体系，目标管理就是这样一个循环往复的过程。

★ 小练习

假如你所在寝室同学之间关系不和，寝室卫生较差，还频繁发生违纪现象。

请你作为新任寝室长运用目标管理的方法来改变这种局面。

## 本章小结

　　计划是对组织在未来一段时间内的目标及其实现途径的策划与安排。计划内容可以概括为"5W2H"。按照不同的标准，计划可以分为不同的类型，与此对应，计划有着不同的作用。计划的编制有着相应的步骤和程序，编制计划时应进行环境分析，采用甘特图、网络计划技术或滚动计划等方法。对于目标管理，要先明确目标的含义，在此基础上再来理解目标管理，了解目标管理的特点和作用，明确目标管理的步骤。

## 知识结构图

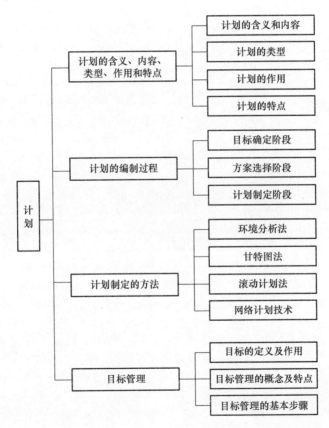

## 学习指导

　　计划是管理的首要职能，目标是计划制定的依据。学习本章，需要理解计划的含义，掌握计划的内容，厘清计划的类别，明了计划编制的程序，从而把握计划制定的步骤和方法。在此基础上，更进一步掌握目标管理的方法。

## 拓展阅读 \\\\

目标管理——德
鲁克的三大贡献之一

目标管理——如何获得
最高管理阶层的支持

目标管理——怎样选择
负责推行目标管理的单位

第五章

# 组　织

★ 本章提要

　　组织工作与管理具有密切的直接相关性，一切管理都是在组织中并借助于特定组织形式进行的，作为管理的载体和基本途径，组织对于管理具有基础性和工具性意义，组织工作是管理的基本职能之一。

　　组织工作的实质就是研究如何合理有效地进行分工。在计划工作确定了组织的具体目标，并对实现目标的途径做了大致的安排之后，为了使人们能够更加有效地工作，还必须设计和维持一种组织结构，包括组织机构、职务系统和相互关系。

★ 重点难点

　　重点：1. 组织的含义。

　　　　　2. 组织结构类型。

　　　　　3. 组织人员的配备。

　　难点：1. 企业组织结构设计。

　　　　　2. 企业（组织）文化的理解。

★ 引导案例

## 石墨与钻石

　　在自然科学领域，石墨与钻石都是由碳原子构成的，虽然两者的构成要素一样，但两者的硬度和价值简直无法相提并论。钻石为什么会比石墨坚硬？钻石为什么比石墨值钱？造成它们之间差异的根本原因是原子间晶体结构的差异：石墨的碳原子之间是"层状结构"，而钻石的碳原子之间是独特的"金刚石结构"。在工程技术领域，性能同等优良的机器零件，由于组装的经验和水平不同，装配出来的机器在性能上可能相差很大。在军队，一队士兵数量上没有变化，仅仅由于组织和列阵的不同，在战斗力上就会表现出质的差异。

**问题引出：**

作为经济组织的企业，是否也是如此呢？试举例说明。

# 第一节　组织概述

## 一、组织职能的含义与特点

### （一）组织职能的含义

在现代汉语中，组织具有动词与名词两种词性。作为动词的组织是一种活动或过程，体现出管理职能，而作为名词的组织则是管理的载体，是按照目标和要求建立起来的机构与权力系统，它是行使职能的实体。

组织是指为了有效地实现目标，通过建立组织机构将组织内部各要素联结成一个系统，并对人力、财力、物力等资源进行合理配置的过程，也就是设计一种组织结构并使之运转的过程。显而易见，这里的组织是个动词性概念，是从职能角度给组织确定的概念和分析，同时也涵盖了名词组织的内容，即组织职能的发挥是以组织机构与权力系统为基础的。

组织工作作为管理的一项重要职能，其重要内容是进行组织结构的设计与再设计，一般称设立组织结构为"组织设计"，使每个人知道谁该做什么，谁对结果负责，变革组织结构为"组织再设计"或"组织变革"。

### （二）组织职能的特点

1. 组织工作是一个过程

组织工作是根据组织的目标，考虑组织内外部环境来建立和协调组织结构的过程。这个过程中的一般步骤如下：

（1）确定组织目标并进行分解。

（2）确认为实现目标所必需的各项业务工作并加以分类。

（3）将进行业务活动所必需的职权授予各部门的负责人，从而形成职务说明书，规定该职务的职责和权限。

（4）通过职权关系和信息系统，把各部门的业务活动上下左右紧密联系起来。

2. 组织工作是动态的

组织内外部环境的变化，都要求对组织结构进行调整以适应变化，组织工作不可能是一劳永逸的。由于任何组织都是社会系统中的一个子系统，它在不断地与外部环境进行能量、信息、材料的输入和输出，而这种输入和输出一般都会影响到组织目标。随着时间的推移，原来的目标由于环境变化，可能不再适宜，那么这时就必须根据环境条件的变化不断修正目标，目标的变化自然又会影响到随同目标而产生的组织结构，为使组织结构能切实起到促进组织目标实现的作用，就必须对组织结构做出适应性的调整。

3. 组织工作要充分考虑非正式组织的影响

非正式组织会对组织的目标产生影响，组织工作必须考虑非正式组织的影响，才能在组织工作中设计与维持组织目标与非正式组织目标的平衡，并在领导与指导时使非正式组织发挥积极作用。

## 二、组织工作的作用

### （一）组织能使资源增效

组织能把各种资源组合成有机的整体，使各种分散的力量形成合力，从而产生大于这些资源和力量机械总和的效能。对于这个原理，生活于 2 000 多年前的古希腊哲学家亚里士多德就已清楚地认识到了，他用一种突破数学公理的语言做了表述：整体大于部分之和。千百年来的人类管理实践更无数次地对它做了证实。因而，马克思深刻地指出："单个劳动者的力量的机械总和，与许多人手同时共同完成同一不可分割的操作（如举重、转绞车、清除道路上的障碍物等）所发挥的社会力量有本质的差别。"

### （二）组织是实现目标的依托

组织是一个综合系统，其目标具有复合性，非单个人或分散的力量能够实现。要创造条件，改造环境，顺利地实现目标，就必须以组织为依靠。这当然是因为，对于自然界和人类社会来说，单个人的作用是十分有限的，合理地组织起来就能形成个人长处和短处的互补机制，就会产生新的力量。所以，只有依靠组织，才能更好地决策、更好地制定目标和有效地实施目标；只有凭借组织，才能创造相互激励、相互促进的环境；只有凭借组织才能形成思想政治工作气氛，才有相应的部门和人员去做各层次人员的思想政治工作；只有凭借组织，才能选贤任能，把才智出众者推到领导位置上。一句话，在管理工作中，只有依托组织，才能完成较为宏大的任务，实现目标。

### （三）组织是管理者行使职能的实体

管理工作是管理者对被管理者的思想行为施加影响，对管理的其他对象产生如调配、使用的过程。在这个过程中，管理者必然要按一定的规则和程序把组织成员编排起来，形成一级制约一级的系统，以及对财、物、事、时等进行统筹安排，使之成为有机的整体。这个过程，实质上就是管理者行使各种管理职能的过程。没有组织这个实体，这个过程就失去了存在的形式。

★ 小知识

组织的目的，就是要使平凡的人做出不平凡的事。　　　　　　　　——彼得·德鲁克

## 三、正式组织与非正式组织

### （一）概念

所谓正式组织，是指有明确的目标、任务、结构、职能以及由此确定的成员间的责权关系，它对个人具有某种程度的强制性。

在正式组织的运转中，会不可避免地形成非正式组织。非正式组织是指存在于正式组织中，是人们在共同工作中所形成的依靠情感和非正式规则联结的群体。现代企业中盛行的 TQC 小组就是非正式组织的一种具体形式。TQC 小组由 6～8 名来自组织内的生产工人、管理人员、技术人员等自愿组成，研究和解决在工作中发现的问题，向管理部门提出建议。

### （二）非正式组织形成的原因

**1. 共同的利益指向**

在一个正式组织中，虽然存在一个共同的正式的目标，但在这个目标之下，各个成员又都有自己的利益，如果一部分成员的共同利益比较接近或相同，就容易对一些问题做出同样反应，久而久之，就会自然而然地形成一种非正式组织。

**2. 共同的价值观和兴趣爱好**

在一个正式组织中，如果一部分成员在性格、爱好、情感、志向等方面存在着一致性，自然会经常接触，形成伙伴关系。这种伙伴关系会对正式组织的工作产生有利或不利的影响，从而发展为非正式组织。

**3. 具有类似的经历或背景**

在一个正式组织中，同乡、同事、同学、师徒等具有类似的经历或背景的人都会加强相互接触和往来，并在工作中互相作用，进而形成非正式组织。

非正式组织是相对于正式组织而言的，但它也有一套被其成员所共同接受并遵守的行为规则，认识非正式组织可以从其行为特征上来把握。

★ 小案例

#### 无处不在的非正式组织

比尔·史密斯在工程学校毕业之后，到一家大型制造厂的实验室工作。在实验室里，比尔的任务是管理4名负责检验生产样品的技术员。一方面比尔是他们的监督者和管理者，另一方面又受到这个集体本身的制约，正是这种制约在折磨着比尔。他很快发现这4名技术员每个人都在设法保护别人，所以实验室的脏活也就很难确定由谁负责。正是这个团体大大限制了比尔作用的发挥，他们每天都只完成同样的实验工作量，根本不考虑比尔催促他们加快检验速度的要求。尽管比尔是上级指定的实验室主管，但是经过多次观察发现，实验室的技术员有问题时并不是找他，而是经过走廊找另外部门的老技术人员。

比尔还注意到，其中3名技术员经常一起到咖啡间吃午饭。第4位技术员经常与自己的朋友到邻近实验室用餐，比尔通常与其他实验室的管理人员一同进餐。午餐时，比尔逐渐明白了其中的种种蹊跷，很快认识到实验室发生的情况说明非正式组织在起作用，必须像对待正式组织一样与这些组织一同共事。

### （三）非正式组织的特征

（1）非正式组织的建立以人们之间具有共同的理想、相互喜爱、相互依赖为基础，有较强的凝聚力。

（2）由于非正式组织是自发形成的，所以在很大程度上具有不稳定性。

（3）非正式组织最主要的作用是满足个人不同的需要，具有明确的目的。

（4）非正式组织一旦形成，会产生各种行为规范，形成群体价值观，约束个人的行为。这种规范可能与正式组织一致，也可能不一致，甚至相抵触。

（5）非正式组织的领袖，团体没有授予他们任何权力，但他们往往是组织成员的核心，影响作用较大。他们凭借自己所具有的力量，如知识渊博、经验丰富、技术超群等来实施对别人的影响，成为组织的权威人物，一般他们比正式组织的管理者更具感召力。

### （四）非正式组织对管理的意义

**1. 非正式组织的积极和消极作用**

非正式组织的作用可以分为积极和消极两个方面。一个非正式组织是发挥积极作用还是消极作用，取决于非正式组织的内部结构和形成的基础。当非正式组织的结构与正式组织一致时，就会发挥积极作用；当两者相悖，尤其是当正式组织的领导在非正式组织成员中失去威信时，就会产生消极作用。其具体包括：

（1）非正式组织的存在会增强组织内职工间的凝聚力。

（2）非正式组织的存在会增加信息沟通，使人们更快地取得一致性。

（3）非正式组织的存在可能会增加激励，也可能会减少激励。

非正式组织的存在是客观的，不以人的意志为转移，其作用也是客观存在的，因而必须采取正确的态度对待非正式组织，使其发挥出积极作用，抑制乃至消除其消极作用。

**2. 对待非正式组织的正确态度**

在我国由于长期以来组织理论不发达，对非正式组织缺乏深入的分析和研究，因此在认识上有一些偏差。其主要问题如下：

（1）不承认企业及其他组织中存在非正式组织，不能实事求是地对待非正式组织。

（2）把非正式组织与正式组织对立起来，只看到它的消极作用，而看不到它的积极作用。

（3）认为非正式组织无足轻重，采取放任自流的态度，不闻不问。

显然这些认识都应加以更正，对待非正式组织应采取一分为二的态度，既要看到它积极作用的一面，更要看到只要对其加以引导就可以使其表现出积极作用的一面。

**3. 采取合理措施使非正式组织为组织目标服务**

（1）利用非正式组织成员之间情感密切的特点，引导他们相互取长补短，互帮互学，提高生产技术水平，提高劳动生产率。

（2）利用非正式组织成员之间互相信任、说话投机、有共同语言的特点，引导他们开展批评与自我批评，克服缺点，发扬优点，不断提高工作能力。

（3）利用非正式组织信息沟通迅速的特点，可及时收集职工对组织工作的意见和要求，使领导做到心中有数。

（4）利用非正式组织的凝聚力，能较好地满足成员的社会等心理需求的特点，可以有意识地把有些组织无力顾及的群众工作交给他们去做，这对于解决群众的特殊困难问题、促进组织内部安定团结具有重要作用。

（5）利用非正式组织中自然形成的领袖人物说话灵、威信高、能力强、影响大的特点，在情况允许的条件下，对其领袖人物可以适当信任、依靠，并授予他相应的权力，从而把整个非正式组织纳入企业正式组织目标的轨道。

此外，还应针对非正式组织的不同性质分别采取不同的对策，对有积极作用的非正式组织应予以支持和帮助，如员工自发组织的革新小组、学习小组等；对于有消极影响的非正式组织，则应给予积极引导，加以改造，削弱其消极作用，促进其向有利的方面转变。

# 第二节　组织结构及其设计

## 一、组织结构的含义

组织结构（Organizational Structure）是指，对于工作任务如何进行分工、分组和协调合作。组织结构是表明组织各部分排列顺序、空间位置、聚散状态、联系方式以及各要素之间相互关系的一种模式，是整个管理系统的"框架"。

组织结构是组织的全体成员为实现组织目标，在管理工作中进行分工协作，在职务范围、责任、权利方面所形成的结构体系。组织结构是组织在职、责、权方面的动态结构体系，其本质是为实现组织战略目标而采取的一种分工协作体系，组织结构必须随着组织的重大战略调整而调整。

## 二、组织结构的类型

组织结构描述组织的框架体系，是组织各部分之间关系的一种模式，表明了组织各部门之间的排列顺序、空间位置、联系方式以及各要素之间的相互关系。随着科学技术的发展、生产力水平的提高，管理组织的结构也有了多种类型，以下将介绍最基本的组织结构类型。

### （一）直线型组织结构

直线型组织结构也称为单线型组织结构，是最早使用，也是最为简单的一种组织结构类型，如图 5-1 所示。其特点是：每个主管人员对其直接下属有直线职权；每个只能向一位直接上级报告；主管人员在其管辖的范围内，有绝对或完全的职权。其优点是：结构简单，易统一指挥，责任和权限都比较明确，有利于迅速做出决策；指挥和管理工作集中在企业行政负责人手中，下属不会得到互相抵触的命令，便于全面执行纪律和进行监督。其缺点是：它要求主管负责人通晓多种知识技能，亲自处理各种业务，对所属单位的一切问题负责，他不仅要处理生产、设备、技术方面的问题，还要排除财务、销售以及人事上出现的问题，因此领导者必须是通才式的人物，而当全能管理者离职时，难以找到替代者；当企业规模扩大时，在产品品种多、业务复杂、技术要求高的情况下，个人的知识能力就会感到无法应付。

因此，这种组织结构类型只适用于没有必要按职能实行专业化管理的小型企业或现场作业管理。

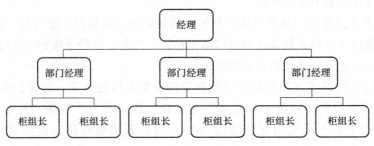

图 5-1　直线型组织结构

★小思考

某人开了一家小饭馆，除他自己以外，还雇了三个人：一个厨师、两个伙计。试着画出这样的一个组织结构图，它是什么类型呢？假设这个小饭馆生意很红火，厨师抱怨自己忙不过来，于是老板又雇了两个人给厨师打下手，这种情况下，组织结构图有什么变化吗？这样的组织结构图适用于大酒楼吗？

**（二）职能型组织结构**

职能型组织结构也称为多线型组织结构，如图 5-2 所示。其特点是：采用按职能分工和专业化分工的管理办法来代替直线型的全能管理者，即在上层主管下面设立职能机构人员，把相应的管理职责和权力交给这些职能机构，各职能机构在自己业务范围内可以向下级单位下达命令和指示，直接指挥下级单位。

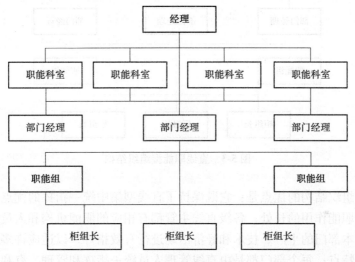

**图 5-2 职能型组织结构**

职能型组织结构形式的优点是：具有适应管理工作分工较细的特点，能充分发挥职能机构的专业管理作用；由于吸收了专家参与管理，减轻了上层主管人员的负担，他们有可能集中注意力履行自己的职责。但缺点也比较明显，下级行政负责人员除了接受上级行政主管人员的领导外，还必须接受上级各职能机构的领导和指示，即实行多头领导方式，会妨碍对企业生产经营活动的统一指挥，对基层来讲是"上边千条线，下边一根针"，往往会形成无所适从的局面，容易造成管理混乱；不利于明确划分直线领导人员和职能机构的职责和权限；各职能机构往往都从本部门的业务工作出发，不能很好地相互配合，横向联系差，对环境变化的适应性也差；更不适应培养高层管理人员。

★小思考

实际工作中，是否存在纯粹的职能型组织结构？

**（三）直线职能型组织结构**

直线职能型组织结构又称为直线参谋职能型组织结构，该组织结构形式建立在直线型和职能型基础上，充分吸收了两种形式的优点，并克服其缺点，如图5-3所示。其特点是设置了两套系统，一套是按命令统一原则组织的纵向的直线指挥系统，另一套是按专业化原则组织的横向的职能管理系统；直线部门担负着实现组织目标的直接责任，并拥有对下属的指挥权，而职能部门只是上级直线管理人员的参谋和助手，他们主要负责提供建议和信息，对下级进行业务指导，以贯彻直线管理人员的指示和意图，起参谋作用，不能对下级直线管理人员发号施令，除非上级管理人员授予他们某种职能权力。

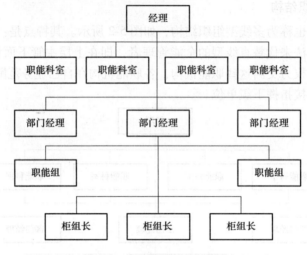

**图5-3　直线职能型组织结构**

直线职能型组织结构的优点是：它既保持了直线型集中统一指挥的优点，又吸取了职能型发挥专业管理职能作用的长处；各级直线主管都有相应的职能机构和人员作为其参谋和助手，因而能够对本部门的生产、技术和经济活动进行有效指挥，以适应许多企业管理工作比较复杂和细致的特点；每个部门都是由直线管理人员统一指挥和管理，有利于实行严格的责任制度。其缺点是：由于各职能部门分担不同的专业管理工作，观察和处理问题的角度不同，因此常常会出现矛盾，也不利于部门之间的意见沟通，会加大协调工作量；各部门遇到问题，要先向直线领导请示、报告，然后才能处理，这既加重了高层领导人员的负担，也造成生产经营活动的迟缓，最终影响工作效率。

这种组织结构类型一般在企业规模比较小，产品品种比较简单，工艺比较稳定，市场销售情况比较容易掌握的情况下采用。

**（四）事业部型组织结构**

事业部型组织结构又称联邦分权化，是美国通用汽车公司总裁阿尔弗雷德·斯隆于1924年提出的，因而也被称为"斯隆模型"，即在集中领导下设立多个事业部进行分权管理，这是在组织领导方式上由集权制向分权制转化的一种改革，它是目前国内外大型企业普遍采用的一种组织结构类型，如图5-4所示。其特点是：企业可以按产品、地区分别成立若干事业部，该项产品或地区全部业务——从产品设计到产品销售全部由事业部负责；各事业部是一个利润中心，实行独立经营、独立核算、自负盈亏；高层管理者只保留人事决策、财务控制、规定价格幅度以及监督等大权，并利用利润等指标对事业部进行控制，事业部经理根据企业最高领导的指示进行工作，统一领导其所管的事业部和研制、技术等辅助部门。

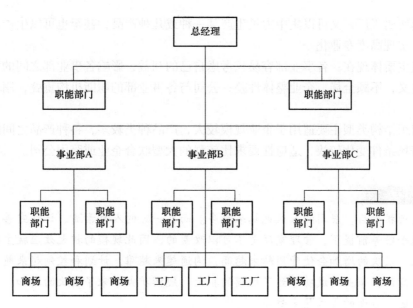

图 5-4 事业部型组织结构

★小案例

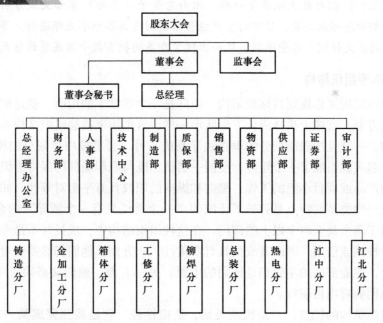

这家企业建立的组织结构是什么类型?

这种组织结构类型的优点是:①每一个事业部都是一个利润中心,总公司可以从每一个利润中心的盈亏中获知其绩效,每个事业部的负责人都要承担责任,这样容易调动积极性和主动性,增强企业生产经营活动的适应能力;②按产品或地区划分事业部后,总公司可以根据各个事业部的资料了解各产品和地区的情况,能够对市场变化做出迅速反应;③有利于将联合化和专业化结合起来,一个公司可以经营很多种类的产品,形成大型联合企业,而每个事业部及其所属工厂，又可以集中力量生产某一种或几种产品，甚至也可以生产几种产品的某些零件，实现高度专业化。

其缺点主要体现在：各事业部容易只考虑自己的利益，影响各事业部之间的协作，即易造成本位主义，不顾全局，企业整体性差；公司与各事业部的职能机构重叠，用人较多，费用较大。

这种组织结构类型主要适用于企业规模较大，产品种类较多，各种产品之间的工艺区别也较大，市场条件变化较快，适应性要求比较强的大型联合企业或跨国公司。

★ 小知识

企业规模扩大后，雇用的人数也越来越多。而在一定的人员素质、计划完善程度、变化程度、沟通手段等前提下，管理宽度是不可以改变的，因此规模的扩大效应就主要反映在层次的增加上。层次的增加会使费用越来越高，沟通越来越难，计划和控制越来越复杂，这就引出了一个悖论：事业的成功导致了规模的扩大，规模扩大带来了层次的增加，而层次的增加则使得上述几方面的弊端越来越多。

大名鼎鼎的通用汽车公司在20世纪20年代面临的就是这种困境。通用汽车当时的总裁阿尔弗雷德·斯隆想出了解决这一问题的招数，就是采用事业部制。这种制度颇像分家的做法，各个儿子（事业部）相对独立地各管一摊，但由老爷子（总部）掌管大政方针，如人事、投资等重大问题都由总部来决策，日常的生产经营活动则交由各个事业部进行。事业部制的出现使得企业规模的扩大计划不再受限制，从而出现了众多的拥有数十万雇员的巨无霸企业。

### （五）矩阵型组织结构

矩阵型组织结构又称规划目标型结构。矩阵是一个数学上的用语，就是把多个单元按横向纵列组成长方形，就像士兵排成长方形队形一样，这里用来描绘组织结构类型。它是由两套系统组成的，一套是按职能划分的垂直领导系统，另一套是按项目划分的横向领导系统，两套系统结合起来就组成了一个矩阵，使同一名员工既与原职能部门保持组织与业务上的联系，又能参加产品或项目小组的工作，横向和纵向的职权具有平衡对等性，如图5-5所示。

这种组织结构类型的特点是打破了传统的"一个员工只有一个领导"的命令统一原则，使一个员工属于两个甚至两个以上的部门。在这种组织结构中，成员并不是专门设置，而是从职能组织中抽调或借用，因而其成员具有双重性：一方面，他们仍然需要对其原来所属的职能部门负责，职能部门的主管仍是他们的上级；另一方面，他们又必须对项目经理负责，项目经理对他们拥有项目职权。

矩阵型组织结构的优点：一是机动灵活，适应性强。它是按照完成某一特定任务的要求，把具有各种专长的有关人员调集在一起组成项目组，这样便于沟通意见，能够集思广益，对工程项目能够进行很好的控制，获得成功的机会较大。二是有利于将管理中的垂直联系和水平联系更好地结合起来，加强各职能部门之间的协作。三是项目经理一职的设置，可以提供训练全面管理人员的机会。其缺点：一是项目小组是临时性的，稳定性较差，容易产生临时观念，对工作有一定的影响；二是小组成员要接受双重领导，既隶属于职能部门，又隶属于项目小组，若两个部门的意见不统一，就会使他们的工作无所适从；三是从职能部门来看，人员经常调进调出，也会给正常工作造成某些困难。

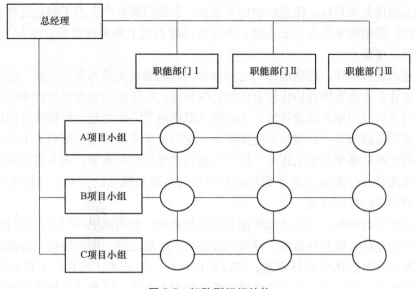

图 5-5 矩阵型组织结构

这种组织结构类型适用于变动性大的组织或临时性的工作项目，以及设计、研制等创新性质的工作。采用这种组织结构类型，选好项目负责人很关键。

## 三、组织结构设计原则

要管理好一个单位就要建立一个高效能的管理系统。只有建立一个高效能的管理系统，才能保证管理工作有序地进行，才能使得管理中枢的决策得到有效的贯彻，并收到良好的效果。

机构是组织结构的细胞，而结构是组成一个整体的各个因素之间稳定的联系，一定的结构可以使组成事物的各个因素发挥其单独所不能发挥的作用。合理的结构能促进事物的发展，不合理的结构将阻碍事物的发展。要使组织机构有合理的结构，在设置机构时应依照科学的原则，组织结构设计的合理有效对组织成功具有举足轻重的作用。

### （一）目标明确原则

任何一个组织的存在，都是由它特定的目标所决定的。也就是说，每一个组织和这个组织的每一个部分，都是与特定的任务、目标有关系的，否则它就没有存在的意义。组织结构的设计必须以有利于实现组织的目标为出发点和归宿。组织的调整、增加与合并都应以是否对实现目标有利为衡量标准，而不能有其他标准。

企业中的管理组织结构，是为了实现企业目标而设置的。其中每一分支机构的确立和每一岗位的设置，都必须与企业目标密切相连，由此把各级管理人员和全体工人联结为一个有机整体，为生产符合社会需要的高质量的产品，创造良好的经济效益而奋斗。所以，在建立组织结构时，一定要首先明确目标是什么，每个分支机构的分目标是什么，以及每个人的工作是什么，这即目标明确原则。

### （二）分工协作原则

分工就是按照提高管理专业化程度和工作效率的要求，把组织的目标和任务分成各级、各部门、个人的任务和目标，使组织中的各层次、各部门甚至个人都了解自己在实现目标中应承担的工作，即明确做什么、怎么做，不允许出现名义上是共同负责，实际上职责不清、无人负责的混乱现象。

有分工还必须有协作，即明确部门之间和部门内的协调关系与配合方式，组织只有作为一个系统的整体，才能发挥其协作和集体的特殊作用。在组织结构设计过程中，除了对组织的层次、部门进行分门别类的设计外，还必须从纵横两个方向对组织结构进行协调和整合。

分工中需要强调的是：必须尽可能按照专业化的要求来设置组织结构。工作上要有严格分工，每个员工在从事专业化工作时，应力争达到熟练操作的要求；人人应当掌握基本的工作规范，在完成自身的业务活动中要有必要的专门知识和熟练的技巧，这样才可能提高效率，要注意到分工的经济效益。

协作中也要强调两点：一是自动协调是至关重要的。要明确甲部门与乙部门到底是什么关系，在工作上是什么联系和衔接，寻找出容易产生矛盾之点，加以协调。协调搞不好，分工再合理也不会获得整体的最佳效益，可以说协调是一门艺术。二是对于协调中的各项关系，应逐步规范化、程序化，应有具体可行的协调配合办法，以及违反规定后的惩罚措施。

### (三) 权责统一原则

为了完成组织中具体部门和职位的工作任务，保证组织活动的正常有效进行，必然要运用组织的人力、物力和财力等资源，这就要求组织的具体部门和职位具有动用和支配这些组织资源的权力。因此，必须按照具体部门和职位，规定好获取、使用和支配必需的组织资源的相应工作条件，规定具体的工作责任和制定相关规则的相应权力，实现组织结构设计中权力与责任的对称。

权责统一是建立组织机构和配置人员所必须遵循的原则，在组织机构中权责分离是一大忌讳。一个权责分离的组织，总是难以完成好任务的。权力大于部门和职位的任务要求，会使权力滥用，使组织运行混乱和组织结构变形，并且会出现不负责任的权力；权力小于任务要求，则会出现有关职责无法有效实施，相应的任务不能完成的状况，管理者的积极性和主动性就会受到束缚，实际上是不可能承担起应有责任的。我国的管理实践也充分证明，在过去很长一段时间里，由于管理体制存在的弊端，往往在组织内部，有的机构或管理者有职责，但无相应的职权；有的则是有职权而又可以不负责任，这往往会给工作造成很多矛盾和带来损失。

职权和职责是组织理论中的两个基本概念。职责是指职位的责任、义务。职权是指在一定职位上，在其职务范围内，为履行职责所应具有的权力，一般包括决定权、命令权、审查权、提案权等。在设置管理组织结构时，既要明确规定每一管理层次和各职能机构的职责范围，又要赋予完成其职责所必需的管理权限。因此，设置怎样的机构，配备怎样的人员，规定怎样的职责，就要授予怎样的职权，职责与权限必须协调一致。

★ 小知识

### 权责利等边三角形

职责、权力与利益之间的关系构成一个等边三角形，职责、权力、利益作为三条边，它们是相等的。有这样的职责，就要赋予它相等的权力和利益，否则管理者责大权小，或有责无权，或责大利小、有责无利，就不可能发挥其主观能动性，管理工作也就不可能卓有成效。

在这个等边三角形中，能力是支撑它的"砥柱"，是做到完全负责的关键因素，能力是等边三角形的高，略小于职责，这样工作就会富有挑战性。管理者的能力与其所承担的职责相比，略显不够，这种压力能促使管理者不断努力，使用权力时也会慎重些，获得利益时还会产生更大的动力。但是，能力不可过小，以免形成"挑不起"职责的后果。

### （四）统一指挥与分权管理原则

统一指挥与分权管理原则，就是要求组织的各个机构和个人，必须服从其上级管理机构的命令和指挥，并且非常强调只能服从一个上级管理机构的命令和指挥，只有这样，才能保证命令和指挥的统一，避免多头领导和多头指挥，使组织最高管理部门的决策得以贯彻执行。

统一指挥原则在具体实行过程中，要注意各级管理机构在行政上都必须实行领导人负责制，下级领导对上级领导负责，副职对正职负责，一般干部对本部门的直接领导负责，以避免分散指挥和无人负责的现象。在一般情况下，各级管理机构都不应该实行越级指挥。

但是，统一指挥原则，并不是把一切权力都集中在组织最高一级领导层，而是既有集权，又有分权，即实行集权与分权相结合的领导体制。该集中的权力必须集中起来，该下放的权力就应当分给下级，如果事无巨细，把所有的权力都集中于最高一级领导层，不仅会使最高层领导淹没于烦琐的事务当中，顾此失彼，而且会助长官僚主义、命令主义和文牍主义作风，有时甚至"捡了芝麻，丢了西瓜"，忽视了规划性、方向性的大问题，成为庸庸碌碌的事务主义者。要将高层管理者的适度权力集中，而把一些基层应该拥有的权力下放，这样既能使高层管理者把握局面，又可调动下级的积极性，也提高了组织的灵活性与适应性。

那么在组织中，哪些权力该集中起来、哪些权力该分下去呢？这并没有统一规定的模式，往往根据具体情况结合管理经验来确定。但是有这样一些因素影响着集权和分权的划分，如组织规模、组织的地区分布、组织环境与竞争能力、管理人员的能力等。

### （五）管理宽度原则

组织的机构多设了不行，少设了也不行，同样，一个机构中的人员多了是浪费，少了又不利于开展工作，每个管理者管理幅度大小的设计，必须确保能够实现有效控制。一个领导者或一个上级机构能够有效地直接领导的人员数量就是管理宽度。

管理宽度是个老问题，中外典籍中都对此问题有所记载。《圣经》上就曾记载着犹太教的创始人摩西如何将迁徙到埃及的犹太人组织起来重新带出埃及的故事。当时摩西对如何组织成千上万的人并要求他们听从自己的指挥感到茫然，他的岳父杰思罗向他建议：你一个人指挥那么多人当然是困难的，你就从这些人当中挑选有能力的人出来，然后按千人一长、百人一长、五十人一长和十人一长分别做出编排，由他们来具体指挥，你只对重大事情做出决策就行了。摩西采纳了这一建议，果然很有作用。

杰思罗的建议实际上是反映了管理宽度的问题，因为一个人在某一时候只能对付一定数量的可变因素，这就限制了管理者所管辖下属的人员数，而不能任意扩大。一般来讲，在一个系统中或一个单位里，管理宽度与组织层次成反比，管理宽度小，组织层次增多，组织层次多，则易造成信息交流阻塞，指挥失灵；而管理宽度太大，又容易失控。通常认为，组织以分三级为宜。

后来，戴维斯又把管理宽度分为行政管理宽度和业务管理宽度两种。根据不同的特点，他把管理宽度不同的数量规定下来。他指出，行政管理宽度包括一个组织内的中上职务者，其管理宽度应为 3~9 人；业务管理宽度用于机构基础的管理，其管理宽度可为 30 人。厄威克建议，最高管理者理想的管理宽度是 4 人，其他管理者的管理宽度为 8~12 人。显然，管理宽度是一个动态的数量，具有较大的弹性。

以上是从一般管理角度来说的，也仅仅提出了一个一般原理，特定组织的管理有自己的实际情况，运用这个原理来启迪研究特定组织的管理宽度才是目的。

管理宽度的定量意义较大，在一定宽度范围内的管理，一般来说是有效的，突破这个宽度，自然对下属所给予的指导和监督就更为一般化，管理的作用就降低。管理宽度小的基本优势是：为管理者与下级迅速沟通和对下级严密监督、严格控制提供了便利，各种情况下均有利于管理者的有效领导。管理宽度小的劣势是：随着管理层次的增加，管理费用明显加大；管理层次增多使组织信息沟通复杂化，层次是信息的"过渡器"，信息在上下级逐级传递中发生扭曲，结果容易使组织失去时间与机会；管理者过度干预下级的工作，无疑将使下级工作热情和创造力的发挥受到严重阻碍。与此相对应，管理宽度大的优势是：管理者必须制定明确的方针和政策；注重下级的品行与能力；充分调动下级的积极性和创造性。事实上，伴随管理宽度增大，下级的工作态度和行为将呈现正面效应，因为随着权责下放，下级的工作更加丰富充实，富于挑战，有了更多的发展机会。而管理宽度大的劣势突出表现为：难以控制局势的危险性剧增；负荷超载的管理者成为决策瓶颈。

毋庸赘言，管理宽度大与小各有千秋。古典学派将管理宽度限制为 4 人，对现代企业而言则过于窄小。而对瞬息万变的环境，现代企业要求富有更大的弹性及应变能力。因此，为了缩短决策与行动者之间的距离，保持信息畅通无阻，使企业目标更为清晰与和谐，降低巨额管理成本，充分意识与捕捉到发展机遇，扁平型组织结构应运而生，并呈现为现代企业管理体制变革的主流。

★小知识

**高长式和扁平式组织结构**

由于管理幅度大小的不同，形成了两种典型的组织结构形式：一种是管理幅度窄，组织层次多的高长式组织结构；另一种是管理幅度宽，组织层次少的扁平式组织结构。

高长式组织结构的优点在于可以进行严密的控制和监督，使上下级之间联络迅速，但上级较易插手下级的工作，管理费用较高，信息传递缓慢且容易失真。

扁平式组织结构的优点是机构精简，工作效率较高，管理费用也可大大节约，而存在的主要问题是上级主管负担较重，容易出现失控的危险，并且对管理者的要求较高，需要很好授权和谨慎选择下层人员。

美国著名管理学家彼得·德鲁克对未来企业组织结构变化的预测是："未来企业主要特征将是以知识为基石，因此企业成员将由知识专家代替工人和办事员，他们应用从同事、顾客及偶尔从上级那里得到的信息，对自己的绩效进行控制与负责。他们坚决反对传统的指挥——控制管理模式。鉴于此，未来 20 年内，一般大型企业都将比目前缩减至少 50% 的管理层次，以及近 70% 的管理人员。管理者的管理宽度将显著拓宽。"

### （六）精简高效原则

组织机构是否精干直接影响到组织效能。所谓精干就是在保证完成目标，达到高效率和高质量的前提下，设置最少的机构，用最少的人完成组织管理的工作量，真正做到人人有事做，事事有人做，保质又保量，负荷都饱满。为此，就要克服"人多好办事"的偏见，树立"用最少的人办最多的事"的新观念。根据这一原则，就应当改变过去片面强调"上下对口"设置组织机构的现象，改变随意滥设临时机构的现象，消除机构臃肿、人浮于事等现象，使组织轻装前进，高效运转。

### （七）稳定性与适应性原则

组织结构及其形式既要有相对的稳定性，不要轻易变动，但又必须随着组织内外部条件的变化，根据长远目标适时做出相应的变动和调整。越是能在组织结构的稳定性和适应性之间取得平衡，就越能保证组织的正常运行。

# 第三节　组织人员配备

## 一、人员配备的原则与内容

人员配备就是管理者为确保任务目标的实现，为每个岗位配备适当数量和类型的工作人员，并使他们能够有效完成任务的过程。人员配备是组织职能的重要组成部分：因为一切工作都是由人来完成的，人员的选配直接决定着各项工作的质量和效率，同时设计组织结构，必须由具有相应条件的人员去填充职位，才能真正建立起现实的组织结构。

组织结构中需要配备的人员大体上可分为两类：一是各级主管人员；二是一般员工。这两类人员的配备所采用的基本方法和原则是相似的，但主管人员在组织中的作用更重要一些。

传统观点一般把人员配备作为人事部门的工作，即按照组织手册的要求配备各部门、各岗位所需的人员。现代观点认为，人员配备不但包括选人、评人、育人，而且包括如何使用人员，以及如何增强组织凝聚力来留住人员，这又与指导和领导工作紧密联系起来。

### （一）人员配备的原则

1. 职务要求明确原则

职务要求明确原则是指对管理人员的要求越是明确，培训和评价人员的方法及其工作质量也就越有保证。

2. 责权利一致原则

责权利一致原则是指组织越是想要尽快地保证目标的实现，就越是要使主管人员的责权利相一致。

3. 公开竞争原则

公开竞争原则是指组织越是想要提高管理水平，就越是要在管理职务的接班人之间鼓励公开竞争。

4. 用人之长原则

用人之长原则是指管理人员越是处在最能发挥其才能的职位上，就越能使组织得到最大的收益。

**5. 不断培养原则**

不断培养原则是指任何一个组织，越是想要使其管理人员能胜任其所承担的职务，就越是需要他们去不断地接受培训和进行自我训练。

### （二）人员配备的内容

**1. 人员选聘**

人员选聘主要解决人与事的配置问题：

（1）要根据组织的职位需要，选择适当人员来担任相应职务。

（2）要明确各类人员的职权、职责，以及相互关系，并加以规范化。

**2. 人员组合**

人员组合主要解决人与人的配合问题：

（1）按照组织目标要求，结合人员的专业与素质条件，实现各类人员科学的技术组合。

（2）研究各类人员的社会心理类型与特点，实现最佳社会心理组合，以形成有效激励的氛围，增强组织的凝聚力。

**3. 人力资源开发**

人力资源开发主要解决人的素质提高问题：

（1）通过各种形式的培训，进行智力开发，提高各类人员的业务素质和职务（岗位）技能。

（2）通过各种激励形式，最大限度地调动各类人员的积极性和创造性，提高工作效率和质量。

## 二、人员选聘

在确定了组织内的一些职位后，企业就可以通过招聘、选拔、安置和提升来配备所需的管理者，应根据职位本身的要求和受聘者应具备的素质和能力进行选聘。

### （一）选聘条件

鉴于人员的多样性和复杂性，本书主要探讨管理人员的选聘条件。总体来说，管理人员应该德才兼备，符合革命化、知识化、专业化、年轻化的"四化"要求。具体说来，就是要看候选人是否具有管理愿望，是否具有管理能力或管理的本领。

**1. 管理愿望**

成功地履行管理职能最基本的要求就是有强烈的管理愿望。一个管理人员良好的工作成效，与他所具备的通过下属的协同努力而达到目标的强烈愿望之间，有着密切的联系。所谓管理愿望就是指人们希望从事管理的主观要求。由于人不是生活在真空中，他的各种想法是与他所处的外部环境有着千丝万缕的联系，所以负责选拔的主管人员必须摸清候选人想从事管理工作的真正理由。

一个人只有对管理工作有这种愿望，才能将其全部才能充分发挥出来，才能积极地去学习一切与此有关的知识和技能，才能真正成为一个合格的主管人员。

**2. 管理能力**

所谓管理能力，就是指完成管理活动的本领。由于能力是在实践中形成和发展起来的，因此，在以是否具有管理能力这一标准来选拔管理人员时，就必须从管理人员在工作中认识问题、分析问题以及综合处理问题时表现出来的管理能力来评价他。

### （二）选聘方式和途径

选拔人员的方式，可考虑从内部提升，也可考虑从外部招聘。但不管是从内部提升，还是从外部招聘，都要鼓励公开竞争。

**1. 内部提升（"内升制"）**

从内部提升是指从组织内部提拔那些能够胜任的人员来充实组织中的各种空缺职位。内部提升意味着由较低职位提升到较高职位。实行内部提升一般要求在组织中建立详尽的人员工作表现的调查登记资料，以便在需要填补空缺时，即可据此进行研究分析，以找出合适人选。

**2. 外部招聘（"外求制"）**

外部招聘是从组织外部设法得到组织急需的人员，特别是那些关键性作用的人员。从外部招聘可通过广告、就业服务机构、学校、组织内成员推荐等途径进行。它的对象可以是外单位有经验的管理人员，也可以是刚毕业的大学毕业生，甚至可以是没有任何背景的，但能胜任的其他人员。

究竟从内部提升，还是从外部招聘，要根据具体情况而定，要考虑如下因素：

（1）职务的性质：大部分基层职务、非关键性职位可从外部招聘，而高层管理人员，则多从内部提升。

（2）企业经营状况：小型的、新建的及快速增长的企业，需要从外部招聘员工及有经验的管理者，而大型的、较成熟的企业因有经验、有才干的备选人才众多，则可以依靠自己的力量。

（3）内部人员的素质：能否从内部人员中选拔出合适的人员来填补职务的空缺，关键要看候选人的能力，同时也要看企业是否具备相应的培训体系来提高员工的素质，培养出他们相应的能力。

在实际工作中，通常采用的往往是内部提升和外部招聘相结合的途径，将从外部招聘来的人员先放在较低的岗位上，然后根据其表现进行提升。

### ★小案例

宝洁公司始创于1837年，是全球最大的日用消费品公司之一，如同世界上大多数最优秀的公司一样，宝洁公司也有自己独特的持续增长之道，宝洁公司的持续增长之道可以概括为价值观、经营理念和组织流程。其价值观在人力资源管理上的具体体现：所有高层均从内部选拔。

宝洁公司著名的三大准则是：宝洁公司只雇用具有优秀品质的人；宝洁公司支持员工拥有明确的生活目标和个人专长；宝洁公司提供一个支持和奖励员工成长的工作环境。宝洁公司鼓励员工毕生在公司度过他们的职业生涯，为此高层管理人员都从公司内部选拔，而不是从公司外部招聘，这就是宝洁公司著名的"不招空降兵"政策。

### 三、人员组合

#### （一）人员组合的含义及重要性

**1. 含义**

人员组合是指组织内按管理或作业需要所进行的人员配置与合作。人员组合的目的是提高管理的效率，取长补短、人尽其才，最大限度地调动组织内各种人员的工作积极性，使他们能在彼此之间、上下级之间以及整个组织内，达成一种默契的合作关系，为实现组织的总体目标而共同努力。

**2. 重要性**

当今世界社会化、国际化的大生产要求企业的管理者必须以人为中心，尽可能做好各类人力资源的组合分配，以最大限度地发挥人的潜能与群体的整体效应；组织要想在复杂、激烈的市场竞争中站稳脚跟，并求得不断发展，必须有效地实现人员的最佳组合，增强员工的凝聚力；组织中的人员都有参与特定组合群体的需求，如管理群体、技术群体、业务群体等，因此人员组合也是人自身发展的需要。

#### （二）实现最佳组合的途径

人员按一定的方式组合后会产生相应的组合效应，合理的组合使综合效应放大，不合理的组合将使综合效应缩小。管理者必须通过有效的管理与配置，努力实现最优组合，取得最佳综合效应。一般管理者要善于根据组织目标、工作要求及人员特点，从以下三个方面需求实现人员最佳组合。

**1. 实现最佳年龄组合**

组织中各成员的年龄要实现合理搭配。年龄结构是人员组合中一个重要的因素，合理的年龄结构应是老、中、青结合的梯形结构。一般而言，老年人阅历丰富，思想深邃，遇事沉着冷静，但往往精力、体力显得不足，因而可以在群体中充当参谋、顾问或掌舵的角色；与老年人相比，中年人年富力强、锐意进取，有开拓精神，捕获新知识快、创造力大，各方面日益成熟，处于人生的高峰期，因而可以在管理集体时发挥承前启后的桥梁作用、核心作用；青年人则思维敏捷、精力充沛、竞争心强、不墨守成规，因而可以充当从事攻坚工作的突击队，但他们存在缺乏经验、处事草率等不足之处。

**2. 实现最佳知识、技能组合**

组织成员之间要在知识、技能上扬长避短，科学互补。最佳的组合应是成员之间具有不同专业知识优势和不同技能特长，取得互补效应，实现最佳配置。一般而言，就一个企业的管理集体而言，应当包括各方面的人才，如能够卓有成效地组织指挥生产和经营的经理，具备自然科学技术知识、能够完成技术开发的工程师和普通科技人员，及理财有方、精打细算的财会人员等。

**3. 实现最佳气质、性格组合**

组织成员之间要在气质、性格上相容与互补。由于个人经历、周围现实环境等的差异，人的性格总会有所不同，管理者应正视这种差异，合理组合，实现在社会和心理上的相容与互补，从而使组织成员之间融洽相处，满足归属感，形成凝聚力。

# 第四节 组织文化

## 一、组织文化的含义

组织文化，或称企业文化，是一个组织由其价值观、信念、仪式、符号、处事方式等组成的其特有的文化形象，简单而言，就是企业在日常运行中所表现出的各方面。

组织文化是在一定的条件下，企业生产经营和管理活动中所创造的具有该企业特色的精神财富和物质形态。它包括文化观、价值观、企业精神、道德规范、行为准则、历史传统、企业制度、文化环境、企业产品等。其中价值观是组织文化的核心。

★小知识

**福特汽车公司的企业文化**

（1）人是力量的源泉。

（2）产品是"我们努力的最终目的"（我们的产品是汽车）。

（3）利润是必要的工具和衡量我们成就的尺度。

（4）起码的诚实与正直。

组织文化是企业的灵魂，是推动企业发展的不竭动力。它包含着非常丰富的内容，其核心是企业精神和价值观。这里的价值观不是泛指企业管理中的各种文化现象，而是企业或企业中的员工在从事经营活动中所秉持的价值观。

组织文化由以下三个层次构成：

（1）表面层的物质文化，称为企业的"硬文化"，包括厂容、厂貌，机械设备，产品造型、外观、质量等。

（2）中间层次的制度文化，包括领导体制、人际关系以及各项规章制度和纪律等。

（3）核心层的精神文化，称为"企业软文化"，包括各种行为规范、价值观、企业的群体意识、职工素质和优良传统等，是企业文化的核心，称为企业精神。

## 二、组织文化的意义

（1）组织文化能激发员工的使命感。不管是什么企业都有它的责任和使命，企业使命感是全体员工工作的目标和方向，是企业不断发展或前进的动力之源。

（2）组织文化能凝聚员工的归属感。组织文化的作用就是通过企业价值观的提炼和传播，使一群来自不同地方的人共同追求同一个梦想。

（3）组织文化能加强员工的责任感。企业要通过大量的资料和文件宣传员工责任感的重要性，管理人员要给全体员工灌输责任意识、危机意识和团队意识，要让大家清楚地认识企业是全体员工共同的企业。

（4）组织文化能赋予员工的荣誉感。每个人都要在自己的工作岗位、工作领域，多做贡献，多出成绩，多追求荣誉感。

（5）组织文化能实现员工的成就感。一个企业的繁荣昌盛关系到每一个员工的生存，企业繁荣了，员工们就会引以为豪，会更积极努力地进取，荣耀越高，成就感就越大、越明显。

★ 小知识

**海尔集团的企业文化**

核心理念：敬业报国，追求卓越。

1. 质量工作

理念：高质量的产品是高质量的人做出来的。

模式：高标准、精细化、零缺陷、下道工序是用户。

2. 售后服务

理念：用户永远是对的。

模式：一条龙服务。

开发—制造—售前—售中—售后—回访。

3. 用人机制

理念：人人是人才。

模式：赛马不相马。

工人：三工并存，动态转换。

干部：在位要受控、届满要轮流、升迁靠竞争。

## 三、组织文化的特征

### （一）独特性

组织文化具有鲜明的个性和特色，具有相对独立性，每个企业都有其独特的文化积淀，这是由企业的生产经营管理特色、企业传统、企业目标、企业员工素质以及内外环境不同所决定的。

### （二）继承性

因为企业在一定的时空条件下产生、生存和发展，所以组织文化是历史的产物。组织文化的继承性体现在三个方面：一是继承优秀的民族文化精髓；二是继承企业的文化传统；三是继承外来的企业文化实践和研究成果。

### （三）相融性

组织文化的相融性体现在它与企业环境的协调和适应性方面。组织文化反映了时代精神，它必然要与企业的经济环境、政治环境、文化环境以及社区环境相融合。

### （四）人本性

组织文化是一种以人为本的文化，最本质的内容就是强调人的理想、道德、价值观、行为规范在企业管理中的核心作用，强调在企业管理中要理解人、尊重人、关心人。组织文化注重人的全面发展，用愿景鼓舞人，用精神凝聚人，用机制激励人，用环境培育人。

### （五）整体性

组织文化是一个有机的统一整体，人的发展和企业的发展密不可分，企业要引导员工把个人奋斗目标融于企业发展的整体目标之中，追求企业的整体优势和整体意志的实现。

### （六）创新性

创新既是时代的呼唤，又是组织文化自身的内在要求。优秀的组织文化往往在继承中创新，随着企业环境和国内外市场的变化而改革发展，引导大家追求卓越，追求成效，追求创新。

# 第五节　组织变革

当今的组织面临一个复杂多变的大环境：劳动力的多元化、技术更新加快、全球经济一体化、全球市场竞争激烈、社会发展迅速以及世界政治格局的多极化，这就要求适时地对组织进行变革。

## 一、组织变革的原因

组织变革是以适应内外条件的变化而进行的，以改善和提高组织效能为根本目的的一项活动。一般来说，引起组织变革的主要因素，可以归纳为内在动因和外在动因两个方面。

### （一）组织变革的内在动因

内在动因主要来自组织发展阶段的改变、组织内部条件的变化。

1. 组织发展阶段的改变

组织像任何有机体一样有其生命周期，一个组织的成长大致可以分为创业、聚合、规范化、成熟、再发展或衰退五个阶段。每一个阶段的组织结构、领导方式、管理体制和员工心态都各有特点。

（1）创业阶段。这是组织的幼年期，规模小、人心齐，关系简单，一切由创业者决策、指挥，组织的生存与成长完全取决于创业者的素质与创造力。随着组织的发展，管理问题日益复杂，使组织内部产生"领导危机"。

（2）聚合阶段。这是组织的年轻时期，组织在市场上取得成功，人员迅速增多，组织不断扩大，员工对组织有较强的归属感。创业者或引进的专业管理人才为了整顿组织，必须重新确立发展目标，以集权的管理方式来指挥和管理，中下层管理者逐渐感到不满，要求获得较大的自主决定权。但是高层主管已经习惯于集权管理，一时难以改变，从而产生"自主性危机"。

（3）规范化阶段。这是组织的中年时期，这时企业已有相当规模，增加了许多生产经营单位，甚至形成了跨地区经营和多元化发展。如果组织要继续成长，就要采取授权的管理方式，采用分权式组织结构，但是日久又使高层主管感到由于过分分权，企业业务发展分散，各阶层、各部门各自为政，本位主义盛行，使整个组织产生"失控危机"。

（4）成熟阶段。为了防止"失控危机"，组织又有了采取集权管理的必要，但由于组织已采取过分分权的办法，不可能重新恢复到第二阶段的命令式管理。解决问题的办法是在加强高层主管监督的同时，加强各部门之间的协调、配合，加强整体规划，建立管理信息系统，成立委员会组织，或实行矩阵式组织。一方面使各部门有所作为，另一方面使高层主管能够掌握、控制整个公司的活动与发展。为此就必须拟定许多规章制度、工作程序和手续。随着业务的发展和复杂，这些规定、制度成了妨碍效率的官样文件，产生了"官僚主义危机"。

（5）再发展或衰退阶段。此阶段组织可能通过组织变革与创新重新获得再发展，更趋于成熟、稳定，也可能由于不适应环境的变化而走向衰退。为了避免过分依赖正式规章制度，组织必须培养管理者和各部门之间的合作精神，通过团队合作与自我控制以达到协调配合的目的，另外要进一步增加组织的弹性，采取新的变革措施。

2. 组织内部条件的变化

（1）人员的变化。一方面，组织领导者的变化，可能引起组织的变革；另一方面，组织内人员结构和素质的变化，影响到组织目标、结构、权力系统、奖惩制度的修正等，从而促使组织进行变革。

（2）管理的变化。如推行各种现代化管理方法，实行新的人事分配制度，推行劳动优化组合等，必须要求组织做出相应的改革。

（3）技术的变化。如企业实行技术改造，引起集中控制的要求和技术服务部门的加强等，也会促使组织进行变革。

**（二）组织变革的外在动因**

外在动因包括组织的市场、资源、科技和社会等环境的变化，这部分因素是管理者无法控制的。

1. 市场环境变化

市场是推动组织变革的重要力量之一。组织的有效性与可行性唯一的评价标准是市场，只有适应市场化的组织结构才能满足持续发展的需要。从我国大型国有上市公司的组织变革来看，它们更多地采用了适应市场化的组织变革模式，如独立董事制的产生，战略委员会作用的不断增强，审计委员会或投资委员会的尽责机制等。

2. 资源环境变化

资源环境变化包括人力资源、能源、资金、原材料供应等。如劳动力素质的提高使传统的"权力—服从"式管理越来越不适应，组织必须寻找符合现代员工需要的新的管理制度和办法，包括实行参与管理、自由选择工作岗位、工作丰富化等。

3. 科技环境变化

科技环境变化包括新工艺、新材料、新技术、新设备的出现等。科技环境变化不仅影响到产品，而且会使组织出现新的职业和部门，会带来管理方式、责权分工和人与人关系的变化。

4. 社会环境变化

社会环境变化包括政治形势、经济形势和投资、贸易、税收等政策的变化。如我国从计划经济体制向社会主义市场经济体制的转变，对企业的组织形式就带来了深刻的变革。

★ 小案例

### 海尔组织变革的背景

1999年3月海尔提出了企业必须完成三种转变，即从职能型结构向流程型网络结构转变、由主要经营国内市场向国外市场转变（提出了3个1/3战略，即1/3国内生产国内销售、1/3国内生产国外销售、1/3国外生产国外销售）以及从制造业向服务业转变。这三个目标是与海尔国际化经营战略相联系的，其目标是海尔成为一个国际化企业，进入世界500强。

海尔经营国际化面临的主要问题之一就是如何回避"大企业病"的发生和流程效率与

国际化企业接轨。发生"大企业病"的根本原因在于传统的组织结构所造就的业务流程已无法适应当今市场的变化和个性化的消费需求，专业化分工带来的效率优势已开始被过多过细的分工而造成的分工之间的边界协调替代，不可能根除的"小集团利益"使这种协调更为困难。因此，这种由于分工和专业化带来的业务单位信息交流不完全、不流畅和迟缓成为各大型企业的通病，自身的结构缺陷不可避免地使企业步入衰退的境地，因此调整组织结构成为解决这一问题的关键。

## 二、组织变革的方式

美国管理学家哈罗德·利维特提出，一个单位的组织变革一般都从三方面着手：组织结构、技术和人事。

### （一）组织结构变革

它是从一个单位内部的部分或整个组织结构来进行变革，是对体制、机制、权责关系等方面的变革。从组织结构着手进行变革，即通过改革组织所有制形式、产权结构和组织内部的机构形式，以及部门与管理幅度的调整、精简机构来实现组织变革，这项变革往往是组织改革过程中的重点和难点。

### （二）技术变革

一个组织的技术水平是指其将原材料的投入转变为产品的整个过程的能力。现在的时代是技术飞速发展的时代，因此进行技术变革对一个组织来说就具有特别重要的意义。它是指对业务流程、技术方法的重新设计，包括更换设备、工艺、技术和方法等，主要是通过引进与采纳新技术、新工艺、新设备，开发新产品和技术改造来进行组织的变革。

### （三）人事变革

从人事方面着手进行变革，就是改变组织成员的思想观念、目标价值以及提高人员的素质来开展组织工作的变革。对人员的思想与行为的变革，是其他变革的基础和保证。这种方法假定人是推动变革或反抗变革的主要力量。贯穿这种方法中的一条线是组织成员之间的权力再分配，这种权力的再分配可以通过鼓励下级人员独立决策和开辟新的意见沟通渠道来实现。其实质就是鼓励下级人员承担更多的责任，上级与下级部门共同享有治理的职权。它是通过改变组织内影响个人行为的各种力量的方法来实施组织变革的。

## 三、组织变革的发展趋势

### （一）分立化趋势

由于企业规模越来越大，市场竞争日益激烈，企业经营管理的难度越来越大，市场变化越来越快，因而企业一方面希望通过不断扩大规模，提高实力；另一方面又在扩大规模的同时，化整为零，提高企业的灵活性。

自改革开放以后，中国企业组织结构已经发生了积极的变化，但是目前仍然不尽合理，重复设置、大而全、小而全的问题至今仍未得到根本解决，企业专业生产、社会化协作体系和规模经济的水平都还较低，市场竞争能力不强。可以预料，随着传统观念的逐渐破除，企业的组织结构将会逐步走向小型化。资产运营、委托生产、业务外包等已经为企业组织小型化提供了实现的条件。世界有些资产几十亿、几百亿美元的大企业都不再直接组织生产，而开始走委托生产之路，甚至连销售也采取一次性买断的做法，千方百计地降低企业运行成本。特别是企业用工制度的改革为建立小型化组织提供了人事保证，固定工人数普遍在锐减，合同工、季节工、计时工、计件工等在增多，减员增效内涵发展已经成为众多企业的选择。

### （二）弹性化趋势

所谓弹性化，就是企业为了实现某一目标而把在不同领域工作的具有不同知识和技能的人集中于一个特定的动态团体之中，共同完成某个项目，待项目完成后团体成员回归原处。这种动态团队组织结构灵活便捷，能伸能缩，富有弹性。

由于跨国经济的发展和企业集团的壮大，一种跨地区、跨部门、跨行业、跨职能的机动团队如同雨后春笋遍地开花。中国香港一些企业已经不再按专业设置科室，而是改为按任务设置科室，除办公室、人力资源部等必设的结构外，其他非常设结构一律随着任务变化而变化。

### （三）学习型组织

学习是指组织成员对环境、竞争者和组织本身的各种情况分析、探索和交流的过程。与传统的学习意义不同，这里的学习不仅是指知识、信息的获取，更重要的是指提高自身能力以对变化的环境做出有效的应变。学习型组织就是组织中存在着学习，并成为企业立身的一个基本原则的组织形式。它能认识环境、适应环境，进而能动地作用于环境。

### （四）扁平化

所谓扁平化，就是减少中间层次，增大管理幅度，促进信息的传递与沟通。高长式组织结构的优点是：结构严谨、等级森严、分工明确、便于监控等。但是随着社会的发展和时代的变迁，特别是经济全球化进程的加快和市场竞争的加剧，这种传统组织结构的弊端已日益凸显：它严重束缚了员工的手脚，会极大挫伤下属的积极性，阻碍人才健康成长，不利于优秀人才的脱颖而出。按照扁平化的原理改革传统的组织构架，已成大势所趋，势在必行。

### （五）虚拟化

知识经济时代，大量的劳动力将游离于固定的企业系统之外，分散劳动、家庭作业等将会成为新的工作方式，虚拟组织会大量出现。计算机软件及其网络技术的蓬勃发展，将加快这一时代的到来。届时，组织不必去建造庞大的办公大楼，取而代之的是各种形式的流动办公室。20世纪80年代，人们大为不解的"皮包公司"届时将司空见惯、习以为常。据了解，美国、加拿大等国的大型跨国公司的科技人员目前在家办公的人数已达40%以上。组织形式将以往庞大合理化的外壳逐渐虚拟，流动办公、家庭作业必将受到广泛青睐。随着组织结构的虚拟和家庭作业人数的增多，如何利用网络技术来实施管理将成为企业领导者和管理者需要认真解决的新课题。

### （六）网络化

组织结构的网络化主要体现在四个方面：一是企业形式集团化。随着经济全球化和经营国际化进程的加快，企业集团大量涌现。企业集团是一种新的利益共同体，这种新的利益共同体的形成和发展，可使众多企业之间的联系日益紧密，构成了组织形式的网络化。二是经营方式连锁化。很多企业通过发展连锁经营和商务代理等业务，形成了一个庞大的销售网络体系，使企业的营销组织呈现网络化特征。三是内部组织网状化。由于组织构架日趋扁平，管理层次跨度较大，执行层机构在增多，每个执行机构都与决策层建立了直接联系的关系，横向的联络也在不断增多，企业内部组织结构网络化正在形成。四是信息传递网络化。随着网络技术的蓬勃发展和计算机的广泛应用，企业的信息传递和人际沟通已逐渐数字化、网络化。

## 本章小结

　　本章主要介绍了管理的组织职能，包括组织工作的作用，企业中非正式组织的存在及作用，组织结构及其设计原则和程序，组织人员如何配备、选聘和组合，组织文化的含义、特征和组织文化在组织中的重要意义，以及组织变革的发展趋势。

## 知识结构图

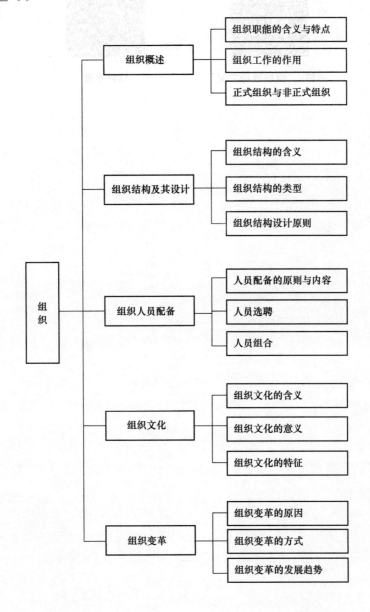

通过对本章内容的学习后，要能掌握组织的含义及组织工作的特点，了解组织结构设计的基本原则，能识别不同类型的组织结构，并具备设计常见企业组织结构的能力。能够了解企业文化对企业成长的重要意义，若能适当阅读有关组织设计书籍，并能对企业组织结构多观察、分析与思考，则可进一步巩固和提高学习成果。

拓展阅读

韦伯："组织理论之父"　　　　标杆管理

# 第六章

# 领　导

领导是管理过程的一个重要职能,是连接管理工作各个环节的纽带。有效领导能形成一种积极互动、团结、融洽、目的明确的人际环境,给员工以引领、帮助和推动,使员工个人目标与企业目标指向一致,确立员工与企业的共同愿景。员工与企业的关系,如同水与舟的关系,如何使其成为企业发展的助力而非阻力,是领导的重要课题。发挥领导职能,需要学习借鉴西方领导理论和经验,在企业实际工作中不断摸索突破和提升领导力和影响力,树立领导权威,提高领导艺术;更需要与时俱进,在变革中实现科学和艺术的融通、理论和实践的结合、理性和悟性的互补,从而进一步提高企业领导成效和企业管理水平。

★重点难点

重点:1. 领导职能含义。
　　　2. 领导工作内容。
　　　3. 领导权威含义。
　　　4. 领导艺术的内容。
难点:1. 领导理论在实际中的运用。
　　　2. 领导权威的构建和树立。
　　　3. 提高领导艺术的途径。

★引导案例

## 华为领军人物的领导风格

在企业内部管理上,华为总裁任正非的领导风格是强硬的、务实的、低调的。他不愿接受记者采访,也很少参加令许多商界精英趋之若鹜的媒体盛事。尽管如此,其杰出的领导力,依然能够"引无数英雄竟折腰"。

有案例为证。印度尼西亚 M8 项目是华为在海外的第一个融合计费项目，也是通信业界屈指可数的真正的融合计费项目之一。出于对华为的信任，客户把全网搬迁原有计费系统的项目交给了华为，但也提出了在 6 个月内交付商用的要求，这几乎只有常规期限的一半。任务如此艰巨，使无论是一线工作人员还是总部支持团队，都在工作上和心理上承受着巨大压力。华为前后派四五批研发专家团到现场与客户交流，其中有两批是大规模的，每批都有 20 多人的专家队伍到场。其根本目的，就是要弄清楚客户的真正需求，如哪些是最重要的需求，哪些是最紧急的需求，哪些是不必要的功能，等等。只有不厌其烦地把这些搞清楚，才能实现最终的优质交付，才能体现出华为一贯坚持的"实现客户梦想"的基本原则。双方五六个团队封闭在酒店里，白天开会，当晚就要输出会议纪要，并进行相互确认。在此过程中，华为的本地员工发挥了很大作用，他们既是一线工作人员，又担任了翻译和沟通的角色。研发部门的人员也非常卖力，对客户所提出的问题，他们都尽可能地给予现场解答。对于客户提出的要求，他们也会仔细地分类整理：可以做的、必须做的、没必要做的、无法做到的，然后坦诚地与客户进行沟通，直到最终达成一致。

由于准确把握了客户的需求，并突出了重点，确保了进度，该项目最终成功地按期交付客户使用，并受到印度尼西亚合作方极高的评价。人不是机器，不会无条件地按照领导的意图去努力工作。这一说法很容易理解，所以在具体操作中对领导者提出了非常高的要求。

在华为 2018 新年献词中，华为轮值 CEO 胡厚崑表示，2017 年华为全年销售收入预计约 6 000 亿元人民币，同比增长约 15%。其中华为消费者业务 2018 年全球智能手机出货量为 1.53 亿台，全球份额突破 10%，稳居全球前三名，在中国市场持续保持领先。目前，华为已经成为一家名副其实的全球化公司，产品及解决方案被推广至全球 100 多个国家和地区，并在海外设立了 22 个地区部和 100 多个分支机构，华为全球员工总数已超过 18 万人。

**问题引出：**

对于这样一家精英云集、发展迅速的高科技企业来说，要具有怎样的领导力才能使它像案例中所描述的那样高效运转呢？

# 第一节 领导概述

## 一、领导的含义

管理学的鼻祖彼得·德鲁克是这样定义领导的："领导就是创设一种情境，使人们心情舒畅地在其中工作。有效的领导应能完成管理的职能，即计划、组织、指挥、控制。"在学术界引用较为广泛的是斯蒂芬·罗宾斯的定义："领导就是影响他人实现目标的能力和过程。"关于领导，美国前国务卿基辛格博士有一个非常著名的说法：领导就是要让跟随他的人们，从他们现在的地方，努力走向他们还没有去过的地方。从本质上讲，领导就是一种影响力、领导力。

要正确理解领导职能的内涵，就必须能够明确界定领导和领导者、领导和管理这几个名词术语的含义。

### （一）领导和领导者

领导一词有两种含义：第一，作为名词是指人，指领导人、领导者；第二，作为动词，领导是一种活动过程，一项管理活动、管理工作。本章领导职能中领导的含义是指第二种，即领导是引导和影响个人或团体在一定条件下为实现组织目标而做出努力和贡献的活动过程，是企业管理四大职能：计划、组织、领导、控制职能中的重要一环。

这样就明确了领导和领导者的含义：领导者是指实施领导的人，是领导活动的主体，在领导工作中居于主导、支配地位。领导活动成效如何取决于领导者素质，取决于领导者的影响力、领导力和领导艺术水平；而领导是领导者发挥领导作用的一种动态行为过程，是管理的一种职能。

## （二）领导和管理

管理包括领导，领导只是管理工作中的一项职能。管理的对象包括人、财、物、时间等多种资源及企业的一切生产经营活动过程；而领导的对象只是人，领导的实质就是一种人际影响力，其主要职责功能就是指挥、引导、沟通、激励、影响和带动人们做出杰出贡献。领导职能比管理中的计划、组织、控制职能更注重人的因素及人与人之间的相互作用。管理的目的是充分利用各种资源，提升企业竞争力，提高企业经济效益；领导的目的是充分调动起人们实现管理目标的热情、主观能动性和积极性。可见，领导是开展有效管理工作的必不可少的一项职能，也是最充分体现管理工作艺术性的一项职能。

如表6-1所示，可以从以下五个方面比较管理和领导。

表6-1 管理和领导的比较

| 对比方面 | 管理 | 领导 |
|---|---|---|
| 提供指导 | 制定计划和预算<br>关注利润底线 | 设定愿景、战略<br>关注未来前景 |
| 团结追随者 | 组织和人员分配<br>导向和控制<br>设定界限 | 形成共享的文化和价值观<br>帮助他人成长<br>减少界限 |
| 建立关系 | 关注目标——生产、销售产品和服务<br>权力基础是所在职位<br>角色是老板 | 关注员工——启发和激励下属<br>权力基础是个人影响力<br>角色是教练、帮手和公仆 |
| 培养个人素质 | 感情上与人保持距离<br>专家思维<br>善于交谈<br>作风保持一致<br>能洞察组织事务 | 与员工谈心<br>开放式思维（留心细节）<br>善于倾听（交流）<br>喜欢变化（有勇气）<br>能洞察自己（个性） |
| 创造成果 | 保持稳定；形成高效的组织文化 | 带来变化；形成追求完美的组织文化 |

所有的管理者都是领导者，都负有领导的职责，即对下属的引导、影响和推动。从企业管理工作的总体效果来看，一个好的管理者，除有较强的计划、组织、控制方面的能力，还必须具备卓越的领导力。彼得·德鲁克有一句话：管理的成功就是管理人的成功。现代企业管理注重的是指导、帮助、开发和服务而非监督、控制、规范和约束。人的潜能是巨大的，有效领导能极大地激发出员工潜能及发挥潜能达成组织目标的高度工作热情。

## 二、领导活动构成要素

领导活动包括领导者、被领导者、领导环境三个基本要素。

### 1. 领导者

领导者是在组织共同活动中履行一定领导职务的个人或集体。凡担任一定领导工作的人，凡属于团体和组织的带头人，统称为领导者。德鲁克认为："领导者的唯一定义是：一个拥有跟随者的人。"

领导者是领导活动的主体，在领导活动诸要素中占据主导地位，是关键角色。一般在组织中都具有担任职务、拥有权力、负有责任等多重角色特征。

领导者的特征：第一，拥有职权。领导者必须担任一定的职务，然后根据职务的性质、轻重赋予一定的权力。职务是领导者行使权力、履行职责的身份。第二，负有责任。领导者的职权越大，其责任也就越大。第三，提供服务。领导的实质就是服务。领导者是反映组织与群体意志和愿望的代表，因此领导者无论职位高低和权力大小，其领导活动都是服务——为组织团体服务。第四，富于创新。领导者必须能够创造性地提出组织与团体的目标并予以推行，创造性地给被领导者提供服务，并能在不断实践的基础上创造性地总结经验，并将之上升为领导理论。第五，多重角色。领导者既是本团体组织的领导者，同时也是社会的一员。所以，面对不同情景、不同对象，领导者必须扮演不同的角色，从而也就有相应的规范、态度、行为及相应的方式。

### 2. 被领导者

被领导者是在一定领导活动中，在领导者组织、指挥、管理下开展工作，进行创造物质、精神财富的主体力量，是在组织共同活动中处于被领导地位的组织和个人，是相对领导者而言的，是领导者所管辖的个人或群体。他们在领导活动中身兼两职，即对领导者来说他们是客体；而对领导活动的作用对象来说，他们又与领导者共同组成了主体。

被领导者的特征：第一，服从性。被领导者是在领导者的组织、指挥下进行活动的，被领导者要服从于领导者，这是任何组织都通行的原则，但服从程度如何就取决于领导威信和领导艺术的发挥了。第二，受动性。一般来说，领导者总是比被领导者更具威信、影响力和统率力。这也是被领导者受动性成为现实的内在依据。领导者在领导活动中发挥主观能动性，带领被领导者努力实现组织目标。第三，对象性，即领导者服务的对象。领导者的实质就是服务，作为领导者的相对面而言，被领导者具有被领导者服务的对象性的特点。第四，不担任职务或担任较低的职务。被领导者可分为绝对被领导者和相对被领导者，不担任职务的就是绝对被领导者，担任较低职务的，就是相对被领导者。绝大多数被领导者对上级而言是被领导者，对下级或群众而言又是领导者。随着知识、经验、技能的积累和丰富，被领导者可以变为领导者，绝对领导者也可以变为相对领导者。

### 3. 领导环境

领导环境和领导者、被领导者一样都是构成领导活动不可或缺的要素。领导环境是领导活动的客观基础，研究领导环境对于提高领导效能，进而实现组织目标具有十分重要的意义。

领导环境是指制约或推动领导活动开展的各种企业内外部要素的组合，是影响领导行为模式的政治、经济、文化、法律、科学技术、自然要素等组织内、外氛围和条件的总称。领导环境包括自然环境、社会环境、市场环境、企业环境。

　　领导活动实际上就是领导者带领被领导者，在特定的领导环境中进行的活动。自古至今任何领导活动都离不开一定的环境条件。领导者所进行的决策和经营管理活动不但会受到广泛的、外围的社会大环境的影响和制约，还要受到具体的、内部的组织小环境的影响和制约。脱离社会环境的领导活动是不切实际的，领导者在任何时候都要考虑所处的客观环境对领导活动可能造成的影响和制约，因为超越环境、与环境过分抵触的领导活动必定是无效的。此外，领导者还应努力改变环境，使之利于领导决策活动。

### 三、领导工作内容

　　领导工作的主要内容是建立共同愿景，发挥权力作用，树立领导权威，提高领导素质和领导艺术，引导影响员工实现组织及个人目标；更能创造一种激动人心的氛围，激励人们通过行动，把理念、愿景化为现实，把困难、风险化为革新和挑战性的机会。

#### （一）建立愿景

　　法国政治家拿破仑·波拿巴说："一个领导者就是一个希望经销商。"愿景，是设定一个明确的、有意义的、有挑战性的、值得追求的，并且可信的，能够让人感到鼓舞的远景目标。愿景，展望的是未来，可能要经过若干年的时间才能成为现实。重要的是，领导者必须思考未来，走在时间的前面规划未来，并且能够有效地将这些愿景、目标与团队成员共同去沟通分享，让所有团队成员都能够认同这个目标。最成功的战略是愿景，不是计划。麦吉尔大学教授亨利·明茨伯格说：计划是一种"会计的"方式，而不是领导者要采用的一种"作战的"方式。"作战的"方式，吸引人们踏上征途，以这样一种方式进行领导，使每个踏上征途的人都充满热情；使用"会计"方式的人看重的是程序规则，不考虑人们的喜好和内心感受。

　　愿景，最重要的作用是给人力量。领导者不断向员工描绘未来梦想、可能历尽艰辛但鼓舞人心的美好前景，赋予追随者期望、希望、动力。执着、热情、充满活力、态度积极并不能改变工作内容，但能让工作变得更有意义。

#### （二）领导权力运用及树立领导权威

　　领导者首先要充分发挥其各方面的权力。权力是领导者对部属施加影响的基础。领导权力主要有以下几种：

　　1. 法定权力

　　法定权力是指企业各领导职位所固有的、法定的、正式的权力。法定权力是企业正式组织所赋予的，在这一职位的领导者拥有组织指挥调度下属的权力，这一权力不随任职者的变动而变动，在这一职位上就具有这一职位相应的职权，关键是如何有效运用。

　　2. 奖赏权力

　　奖赏权力是指领导者所拥有的对部属行为认可满意时实施奖励、赞赏手段的权力。奖赏权力包括赞扬、提薪、升职、发奖金，给予培训的机会和提供其他任何令人愉悦的东西的权力。每一领导职位都拥有相应的奖赏权力。

　　3. 强制权力

　　强制权力是指领导者凭借其领导职位、法定权力向部属实施惩罚性措施的权力。强制权力包括：批评、降职、扣发工资奖金，给予行政处分或其他令人感到压力、不悦的权力。现代企业奖赏权力和强制权力都纳入企业的各项制度规范下。

### 4. 专家权力

专家权力也称专家影响力，是指由于领导者个人的特殊能力或某些专业知识技能，而产生的权力。一个有着丰富知识和经验，处理问题能力突出的领导者，会使部属由衷地敬佩、信服和尊重，其指示命令就很容易得到贯彻。

### 5. 感召和参考权力

感召权力是指由于领导者个人的品质、魅力、经历、背景等产生的权力，也称个人影响力。这种人格魅力会折射出太阳般的光芒，将周围人紧紧吸引，愿意追随其左右。参考权力是指因为与某些领导或权威人物的特殊关系而具有的与普通人不同的影响力。

以上几种权力可以归纳为两大类：制度权力（行政性权力）和个人权力。把与职位有关的法定权力、奖赏权力和强制权力统称为制度权力；把与个人因素相关的专家权力、感召和参考权力统称为个人权力，即个人影响力。

领导权威就是这种法定权力和个人影响力的有效结合，领导权威来源有两方面：一方面是组织授予的法定权力；另一方面是管理者本人的内在素质。法定权力来自领导的职务，这是外在的权威。个人内在素质包括领导者个人的能力、知识、品德、作风、资历和形象气质等，这是内在的权威，也称为个人影响力。领导权威的相关内容在本章第三节具体阐述，在此不再赘述。

### （三）提高领导素质和领导艺术

企业管理中的领导职能是一种执行性职能，是工作职责更是领导艺术，因为它面对的是思想、志趣、动机、欲求、行为、习惯都不相同且处于不断变化之中的复杂个体——人。领导者的素质能力不同，其领导成效会大相径庭。从被委任成为一个领导者，到真正成为一个称职的领导者，这中间有一大段距离。领导者的素质，以及领导艺术风范，是不能够被委任的，只能通过后天培养、积累、修炼，通过反复学习和实践，来获得和提高。现代企业领导者应该具备的素质，可以概括为德才兼备、见多识广、敏锐果断、魅力非凡。领导者要提升"领导力"，既要练内功，也要练外功；要恰当地运用权力因素与非权力因素；既要加强学习，又要加强管理，善于把广大员工的思想与精力集中到组织事业的成功和个人价值的实现上。关于领导艺术在本章第四节具体阐述，在此不再赘述。

# 第二节　领导理论

西方领导理论是研究领导有效性的理论。其理论研究的核心是影响领导有效性的因素以及如何提高领导的有效性。西方领导理论的研究，主要经历了"特质论""行为论"和"权变论"三个阶段。

## 一、领导特质理论

领导特质理论是以领导者为中心，通过对领导者的身体、智力、性格、气质等方面的分析，探索领导者具有的不同于其他人的特质，找出一个好的领导者应该具备的特征。其研究主要集中在领导者与非领导者以及有效领导者与无效领导者之间的素质差异上。

20 世纪初期，很多领导研究者专注于探索有效领导者和无效领导者相比是否学识更渊博、更精明能干、更有创造性、更雄心勃勃或者更加外向，这些领导者的行为方式是否与其追随者存在本质上的差异，并且，这些行为上的差异是否源于其内在智力、特定人格特质或创造力上的差异。对此类问题的研究就形成了最早的领导理论——伟人论（Great Man theory）。其结论是领导者与追随者之间存在本质差别。

之后，此类研究引发了更多的人从更深层次更多角度去考证领导者个人特质对有效领导行为的影响。由此形成了人格特质与领导成功之间关系研究的系统理论——特质论（Trait approach）。特质是指一个人的行为中重复发生的规律性和趋势。结论：一是领导者在素质上与追随者并没有本质差异；二是好的领导效果是由于领导者拥有的某种特质。

特质论在继承"伟人论"的基础上，因加入心理学的研究成果而超越了伟人论。伟人论的基本假设是领导者的特质是与生俱来的，领导者是天生的"伟人"，正是这些与众不同的特质才使他们发挥出杰出的领导作用。而特质论对领导者先天具有和后天养成的特质都进行了充分探讨。特质理论主要从以下六个方面探讨了有效领导者具有的个性特点：

（1）身体特质，如相貌、身高、身材、体力、精力等。

（2）背景特质，如家庭、教育、经历、社会关系等。

（3）智力特质，如智商、洞察能力、判断能力、决断能力、思维特点、语言能力等。

（4）性格特质，如热情、开朗、自信、机敏、刚毅、果敢等。

（5）与工作相关特质，如工作的责任感、使命感、事业心、创造性、协作性等。

（6）社交特质，如沟通技巧、影响力、个人声望、老练程度等。

描述领导特质的词汇有很多，但都可以分为五项大的人格维度，所以人格的大五模型被领导研究者们普遍认可。对这一模型的描述如表6-2所示。

表6-2 人格的大五模型

| 五要素维度 | 特质 | 行为/项目 |
| --- | --- | --- |
| 外倾性 | 支配欲<br>社交能力 | 我喜欢承担对他人的责任<br>我有一大群朋友 |
| 随和性 | 共情能力<br>友善 | 我是个富有同情心的人<br>我通常都是心情愉快的 |
| 可靠性 | 组织能力<br>可信度<br>合乎规范性<br>成就导向 | 我通常会列出"待完成事项"的清单<br>我言行一致<br>我很少陷入麻烦中<br>我是个高成就者 |
| 情绪稳定性 | 恒定性<br>自我接受度 | 我在压力情境下保持镇静<br>我能很好地接受个人批评 |
| 经验开放性 | 知性方面的兴趣<br>求知欲 | 我喜欢到国外旅行<br>我喜欢阅读、学习 |

## 二、领导行为理论

领导行为理论是以领导者行为为中心，探索领导者做什么和怎样做能取得好的领导效果。该理论强调通过有效领导行为对组织成员施加影响来完成组织任务。在领导行为的研究中，按照领导行为基本倾向，提出如下几种代表性的理论模式。

## （一）魅力型—工具型领导理论

魅力型—工具型领导理论探讨企业变革时的领导行为。现代领导理论研究者们根据领导在变革中的角色对魅力型领导和工具型领导进行了描述。

1. 魅力型领导的三个特点

（1）提供远景：描绘创造未来的蓝图，以最简单的形式清晰地表达出人们所认同和能激发人们热情的未来状况，加强人们的责任感，提供共同目标，并为人们设定成功的途径。

（2）鼓舞：领导的角色就是直接为组织的员工提供动力，激励他们行动。不同的领导鼓舞的方式不同，常用的方式是领导演示个人的激情和干劲，通过指导个人与大多数人的合作使激情凝聚在一起，表达出他们有能力成功的信心。

（3）注重行动：领导从心理的角度帮助人们行动，面对挑战。领导要让个体设想远景并受到激励，他们可能在完成任务时需要精神上的帮助。领导必须能够分享组织的情感（倾听、理解），表现为支持员工，更重要的是要把对他们的信心灌输于人们心中，以使人们有效地工作，迎接挑战、战胜困境。

2. 工具型领导的三个特点

（1）结构化：领导投入时间建立团队，这种团队要与企业的战略相协同，同时创建一种结构，这种结构能清晰地表达出组织需要什么类型的行为。在这个过程中涉及设立目标、建立标准、定义角色和责任。

（2）控制：涉及创建测量、监督，行为和结果的评估体系以及管理行为的系统和程序。

（3）一致的回报：对员工行为与变革所要求的行为一致与否所做的奖励和惩罚。

企业在变革过程中，魅力型领导似乎更有效。但魅力型领导有其自身的缺陷：期望的非现实性，在创造远景和鼓舞员工的过程中，领导创造的远景可能不现实或无法达到。

## （二）领导方式理论

领导方式理论是美国管理学家怀德和里皮特提出来的，该理论将领导方式分为专制式、民主式、放任式三种。

1. 专制式领导

专制式领导是指领导者运用其个人具有的职权、影响力进行决策，根据领导者个人的了解与判断来安排、监督成员的工作，一切由领导决定，其他人只能执行；运用奖励、责罚方法促使下属执行组织目标，与下属较少接触和沟通；成员对团队工作的意见不受领导者欢迎，也很少会被采纳。此种方式的优点：行动迅速，控制力强，效率高。其缺点：家长式作风容易导致上下级之间存在社会心理距离和隔阂；领导者对被领导者缺乏敏感性，被领导者对领导者存有戒心和敌意；下级被动消极地遵守制度，执行指令，团队中缺乏创新与合作精神，容易使群体成员产生挫折感和机械化的行为倾向。

2. 民主式领导

民主式领导是指领导者很少行使权力直接控制下属。领导者在做出决策，采取行动之前，听取下属意见，由相关人员集体讨论制定决策和行动方案，在一定范围内可以由群体决定工作内容和方法，下属人员有较多的选择余地和一定的自主权。其优点：群策群力、集思广益，能保证决策的相对优化；调动起下属人员参与工作和管理的积极性，拉近领导与下属之间的距离。其缺点：不适合处理紧急情况。

### 3. 放任式领导

放任式领导是指领导者很少运用权力，给下属极大自由度，让其自主设定工作目标和决定实现目标的手段，员工自行处理工作事务。领导者只布置任务及提供资料，很少进行指导、协调、监督、检查等职责，很少或基本上不参与下属活动，只偶尔表示一下意见。其优点：能充分发挥成员的聪明才智；促进产生新观念、新设想、新技术。其缺点：容易导致领导者不负责任，工作流于形式。

以上三种领导方式的运用，都取决于环境情况，都需因人、因事、因地、因时而异。

#### ★ 小知识

吴女士是某小饭馆的投资人和经理，员工都是雇佣者。她必须身兼采购员、操作员和服务员数职。她每天都守在饭馆，每时每刻都在忙着，有时常常站着吃饭，也从未午休过。常常到晚上12点饭馆打烊后才回家。她努力在降低成本的情况下不断提高质量，保持了饭馆的声誉和利润的增长势头。三年来，营业额每年以30%的速度增长。员工对她的反映有很大差异，有人喜欢她的风格，有人则不喜欢。喜欢她的人认为，这个饭馆有组织、有效率，能够长期发展和生存，自己的工作任务很明确，生活也有依靠，他们喜欢为她工作。不喜欢她的人认为，吴女士太辛苦，为她工作的人也不轻松，一切都为了赚钱。她几乎没有与大家沟通和闲聊过，也从来没有与大家一起娱乐过，很难相处。好像大家就是为了给她赚钱而活着的，在这里工作没有任何乐趣。吴女士知道这些反映后，她也想改变，却不知如何改变。而且她也不仅希望成为一个好的经营者，同时还想成为一个好妻子和好母亲。

问题：

（1）根据领导方式理论，你如何描述吴女士的领导方式？

（2）为什么这样的方式会使下属有如此对立的反映？

（3）你认为她该如何改变自己的领导方式？

（4）如果改变，她还能有这样的效益吗？

### （三）管理方格理论

管理方格理论是美国得克萨斯州立大学心理学教授布莱克和穆顿在四分图理论基础上，在1964年出版的《管理方格法》一书中提出来的。他们把企业中不同的领导行为方式分别结合起来，如图6-1所示。

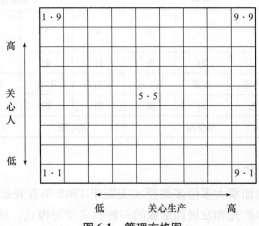

**图6-1　管理方格图**

图 6-1 中横坐标表示领导者对生产的关心，纵坐标表示领导者对人的关心，他们列举了 5 种典型的领导方式："9·1"型称为任务式管理；"1·1"型称为贫乏式管理；"1·9"型称为乡村俱乐部式管理；"5·5"型称为中间管理；"9·9"型称为团队式管理。他们认为领导者应该客观地分析企业内外的各种情况，尽可能地把自己的领导行为方式改造成"9·9"型。

### 三、领导权变理论

领导权变理论是以组织所处的环境为中心，研究如何使领导行为与环境相适应，以取得最佳的领导效果。该理论考虑领导者—成员关系、任务结构和职位权力三种情境。领导权变理论主张领导是一种动态过程，有效领导行为应随着领导者特性、被领导者的特性和环境的变化而变化，没有适用于任何情况的领导模式。其主要理论有以下几种。

#### （一）费德勒的权变模式理论

从 1951 年起，经过 15 年的调查研究，费德勒提出了一个有效领导权变模式。他认为领导者的影响力取决于领导者风格和个性、领导环境以及领导方法的适合程度。费德勒认为对领导工作影响较大的因素有以下三个：

（1）领导者与下级的关系。其主要是指领导者对下属的信任、依赖和尊重程度，以及下属对领导者的信任、爱戴、忠诚和愿意追随的程度。

（2）职位权力。职位权力主要是指与领导人职位相关联的正式职权的大小强弱，以及领导者从上级和整个组织各个方面所取得的支持的程度。

（3）任务结构。任务结构主要是指组织工作任务的程序化程度和明确程度。

费德勒认为根据以上三个因素的情况，领导者所处环境从最有利到最不利，可分为 8 种类型（见表 6-3）。其中领导者与下级关系好、任务结构化程度高、职权强大的环境对领导者最有利；而三者都不具备的环境最不利。领导者采取的领导方式只有与环境类型相适应，才能获得有效的领导。费德勒对 1 200 个团体进行调查分析后指出，在最不利和最有利两种情况下，采用以"任务为中心"的指令型领导方式，效果较好；而对处于中间状态的环境，则采用"以人为中心"的宽容型领导方式，效果较好。按照费德勒的模式，要提高领导的有效性可以通过两种途径：或者改变领导者的领导方式，或者改变领导所处的环境。

**表 6-3　领导环境与领导方式匹配表**

| 状况　　　领导环境　　影响因素 | 有利 | | | 中间状态 | | | | 不利 |
|---|---|---|---|---|---|---|---|---|
| | 1 | 2 | 3 | 4 | 5 | 6 | 7 | 8 |
| 上下级关系 | 好 | 好 | 好 | 好 | 差 | 差 | 差 | 差 |
| 任务结构 | 明确 | 明确 | 不明确 | 不明确 | 明确 | 明确 | 不明确 | 不明确 |
| 职位权力 | 强 | 弱 | 强 | 弱 | 强 | 弱 | 强 | 弱 |
| 领导方式 | 指令型 | | | 宽容型 | | 宽容型 | 指令型 | 指令型 |

#### （二）路径—目标理论

路径—目标理论是由加拿大多伦多教授埃文斯于 1968 年首先提出的，之后由其同事罗伯特·豪斯等予以进一步扩充和发展而形成的一种权变领导模式。该理论是以期望理论和管理四分图理论为依据的，探讨的核心是领导者如何引导下属走上一条能够使下属和组织双方都能满意和受益的道路，并提供必要的指导和支持以保证下属能够顺利达成组织目标和个人目标。豪斯认为"高工作"与"高关系"的组合不一定是最有效的领导方式，还应该补充环境因素，并提出了四种领导方式。

（1）指令型。指令型是指领导者发布指示，明确告诉下属做什么、怎样做。决策完全由领导者做出，下属不参与。

（2）支持型。支持型是指领导者很友善，平等待人，关注下属，重视怎样通过工作使人满意。

（3）参与型。参与型是指领导者在做决策时非常注重征集下属的意见，认真考虑和接受下属的建议。

（4）成就型。成就型是指领导者向下属提出挑战性的目标，激励下属最大限度地发挥潜力，达到目标。

豪斯认为，一个领导者选择何种领导方式不是固定不变的，而是主要考虑以下两方面因素：

**1. 员工的个人特点**

员工的个人特点包括员工的业务能力、教育程度、对成就的需要、独立性、承担责任的愿望等。有的员工表现出极强的权力欲，并有较高的素质，对这样的员工领导者应选择参与型领导方式；而有的员工依赖性强，不喜欢独立思考，愿意在别人指导下工作，领导者就可选择指令型的领导方式。

**2. 工作环境因素**

工作环境因素包括工作性质、权力结构、工作群体的情况等。当工作属于常规性或任务明确具体、易于执行时可选择参与型领导方式，放手让下属用自己的方法完成任务；反之，领导者就应当提供较多的指导和支持。也可以将几种领导方式结合使用。

路径—目标理论证明：当领导者弥补了员工或工作环境方面的不足，领导者的领导方式及行为适应于工作环境的特点，适应于下属的要求、能力和人格等，才会对员工的绩效和满意度起到积极影响，其工作绩效才能达到最佳。

### （三）领导生命周期理论

领导生命周期理论是著名管理学家柯曼首先提出的，后由郝西和布兰查德予以发展。该理论是一种三因素的权变领导理论，其基本观点是：领导者的风格应适应其下属的成熟程度。下属的成熟程度是指下属对成就感的向往，承担责任的能力、愿望以及个人的工作经验和知识等。因此，领导方式应由工作行为、关系行为、下属的成熟程度这三个因素来决定。采用何种领导方式主要取决于下属的成熟程度。领导生命周期图如图6-2所示。

（1）当员工刚进入企业时，成熟度低，经验和自觉性都差，这时应采用高工作、低关系的领导方式，即多强调工作行为，明确规定其工作任务并加强指导，

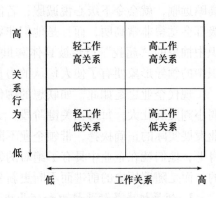

图6-2　领导生命周期图

不让员工有更多自主权。

（2）当员工对工作稍微熟悉后，应采用高工作、高关系的领导方式，即一方面加强工作指导，另一方面教育引导员工努力工作，加强自我控制和管理。

（3）当员工进一步成熟时，应采用轻工作、高关系的领导方式，即在工作内容、方法、程序上不做太多规定和约束，进一步发挥员工的主动性、积极性、创造性，吸引员工参加决策。

（4）当员工经过较长时间的磨炼，在工作和行为上都高度成熟时，则可采用轻工作、低关系的领导方式，即充分调动员工的主观能动性，更多地授权，让员工独立地去负责或承担某一工作，不多干预。

# 第三节　领导权威

## 一、领导权威的含义

### （一）领导权威的内涵

领导权威是组织领导活动的必然产物，是实现领导活动有序开展的必然条件。任何没有权威关系的领导活动都是不可想象的，没有权威就不能进行有效的领导、组织、指挥和协调。权威是管理者解决问题，行使领导职能的基础和保证，也是领导职能的外在体现。对于领导权威的含义，可以从以下三个方面来理解：

1. 领导权威是人类社会的必然现象

恩格斯在《论权威》中指出：权威是以"服从为前提的"，"问题是靠权威来解决的"，"活动的首要条件也是要有一个能处理一切所属问题的起支配作用的意志，无论体现这个意志的是一个代表，还是一个负责执行有关的大多数人的决议的委员会，都是一样，无论在哪一种场合，都要碰到一个表现得很明显的权威"。

2. 领导权威是物化的观念形态

物化观念就是将观念形态（即意识形态）的东西固定在某一物质形态上，是意识对客观物质世界的正确反映。例如，领导者的任何倡导和说教，都说到下级的心上了，自然而然成了他们的理想、追求和使命；领导者的任何决策，都与下级想到一起了，而且比下级更加高瞻远瞩，就会令下级心悦诚服；若能做到这样，那么领导者的任何命令、指挥与协调，下级都会觉得非常高明，而且是他们非做不可的事，因此会不折不扣地去执行，这表明下级意识中抽象的"超我"已经被具体和世俗化的领导者人格魅力及其形象取代。于是，人们意识中的领导形象便有了使人信从的力量和威望。

现代企业也是如此，如联想的柳传志、海尔的张瑞敏、阿里巴巴的马云等，带领企业从弱小到发展壮大，每每在关键阶段，无不果断英明决策，把握机遇，处变不惊，做出符合企业发展实际的正确抉择，带领企业不断走向辉煌。于是，企业全员将正确的思想物化到他们身上，他们就在企业中具有了绝对的领导权威。领导权威作为一种物化观念，不是静止不变的，而是随着历史的前进而不断更新变化。

3. 领导权威是领导权力和领导威信的有机结合

孔子说过"为政以德，譬如北辰，居其所而众星共之"。一是"以德服人"，二是"以力服人"，"有权的不一定有威，有威的不一定有权"。韦伯在权威理论中区分了"权力"与"威信"之间的关系，他指出，权力是指"一个人或一些人在某一社会行动中，甚至是不顾其他参与这种行为的人进行抵抗的情况下实现自己意志的可能性"，而威信则是"一个人在相信他或她施行影响的权力的合法性基础上要求别人服从的可能性"。法约尔则认为，权威既存在于组织规则之中，又取决于管理者本人的素质。科特认为，只有具备足够的威信，才能弥补领导工作中固有的权力空隙。管理者需要他人的协作，但常规的职权又缺乏对这些人的实际控制权。这时，威信的作用就凸显出来了。正确运用领导权威的影响力，才能有效、负责地管理形形色色的人员和错综复杂的相互依赖关系。领导权力和领导威信二者紧密融合，缺一不可。

### （二）领导权威的概念

所谓领导权威就是领导者正确运用权力以及非权力因素，协调处理复杂关系，解决问题，从而在被领导者中取得威望、获得信任。

领导权威通俗地讲就是领导者在领导过程中所拥有的权力与威信。领导权威＝领导者的职务权力＋个人影响力。

领导权威来自两方面：一方面是组织授予的法定权力；另一方面是管理者本人的内在素质。从本质上讲，领导权威是一种非权力性影响力，是领导者的品质、作风、知识、能力、业绩以及行为榜样等非权力因素对下属造成的影响力。这种影响力更多地属于自然性影响力，其产生的基础要比权力性影响力广泛得多。表面上，这种影响力并没有合法权力所拥有的那种明显的约束力，但实际上，它常常能发挥权力性影响力所不能发挥的约束作用。

作为构成领导权威的法定权力和个人影响力两个部分是不可分离的，是相互联系、相互作用的。法定权力来自领导职务，是组织授予的。一个人只要担任了某个领导职务，他就具有了相应的职责和权力。法定权力是领导者履行职责、实施领导活动的前提条件。个人影响力是领导者履行职责，实施领导活动效能高低的决定因素。

企业领导权威，是企业成员对于企业组织目标代表者的意志服从关系。现代企业是一个由不同类型成员构成的统一体，这些成员之间存在着复杂的关系。经营管理者只有建立起符合企业成员利益协商和整合要求的决策机制，才能具有领导权威。

随着信息革命和网络新经济时代的来临，管理活动面临着前所未有的环境变化，管理学家们越来越关注研究组织如何适应新的知识经济环境、增强竞争能力。例如，美国麻省理工学院的彼得·圣吉提出了更适合于知识经济的新型组织模式——以"五项修炼"为基础的学习型组织。学习型组织需要学习型的领导，领导者的领导方式和领导素养都需要进行相应变革，从而适应学习型组织的要求。现代企业只有会学习、知识丰富的管理者，才会有丰富的领导权威。

## 二、领导权威的特征

企业是人们有意识建立起来的正式组织，以微观效益为中心。相应地，企业领导权威必然有其特殊规定性。

#### 1. 经济性

所谓经济权威，是以经济利益为目的、以经济力量为依托的权威。

企业领导权威之所以是一种经济权威，是因为它以人们的经济权利为前提，在人们的经济协作活动中产生。人们为了更好地实现自己的经济利益，自愿地组织起来建立企业，通过企业效益来满足自身的利益需求。而企业效益，产生于企业成员的协作之中，需要人们行动的统一。企业的整体目标，因为能够满足企业成员的个体目标，因而得到企业成员的自愿服从。在整体目标的形成和实现过程中，不是每个企业成员的地位和作用都是一样的。那些拥有一定经济实力的企业成员，会占据主导地位，成为企业目标赖以形成的核心人物，成为企业领导权威的主体。

2. 理性

所谓理性权威，是指通过理性活动形成并发挥作用的权威。企业领导权威是理性权威，它是在主客观条件的约束下，在一定社会心理的基础上，通过人们自觉活动形成的权威，其性质和作用可以通过理性来理解。但并不是说，企业领导权威仅凭理性就可以建立和驾驭。例如，它的形成要依赖各种信任关系，而信任关系在很大程度上是非理性的心理活动结果。

3. 制度性

所谓制度权威，是以制度来支持和维护的权威。制度是在一定准则指导下自觉建立起来的行为调整体系。在这个体系中，不同职务具有不同的责、权、利，对体系具有不同的影响。越重要的职务，对体系的影响越大，相应地，其任职者的意志就越能得到他人的服从。因此，领导权威在一定意义上，可以看成是领导职务所拥有的权威。说企业领导权威是制度权威，强调的是企业制度对于领导权威的支持作用，包括制度赖以产生的经济关系，对权威的支持作用和制度本身结构对权威的支持作用。

经济性、理性、制度性是企业领导权威区别于其他领导权威的特点，其中经济性占有最重要的地位。理性和制度性是以经济性为基础，为实现经济性的要求而产生的。能不能有效地实现一定的经济目标，是企业领导权威能否形成和巩固发展的最终根源。

## 三、领导权威的类型

根据权威发生作用的不同方式和程度，可以把领导权威划分为以下五种类型：

1. 标准式权威

标准式权威，是在权威构成的基本要素都处在正常、规范的结构关系时形成的，领导活动体现为有效率的稳定控制系统。例如，某组织在努力提高工作效率的同时，实施严格的管理制度，并且注重思想教育工作。由于领导者和被领导者的根本目标一致，组织上下都一丝不苟地执行制度，由此而使领导者建立了高度的权威。标准式权威，反过来又推进了组织工作效率的进一步提高。

2. 集权式权威

集权式权威，是在领导者居于领导活动的超常突出位置时形成的，其主要表现为领导者占主导甚至独断的地位，凡事都由领导者单方面做出决定，领导方式简单、粗暴、草率。领导者根据个人好恶随意奖励或批评成员的行为，往往使整个组织陷入僵化。共同的工作事业由于得不到成员的一致认可支持而遭受损失，结果反而造成丧失领导权威的局面。

3. 离散式权威

离散式权威，是当被领导者因素居于领导活动中的反常突出位置而形成的。此时，领导者的强制影响力和个人影响力都明显下降，大政方针直接由下属决定。领导者的决策、组织、指挥等基本职能难以实现，领导者与被领导者之间的关系要么紧张僵化，要么淡漠松散，处于不协调状态之中。整体工作始终得不到顺利进展，结果领导权威的有效性大大降低。

#### 4. 商议式权威

商议式权威，是当领导活动中相互作用方式居于领导系统中的突出地位时形成的。这时，领导权威的功能主要通过领导者与被领导者之间的作用方式来具体实现。这种权威类型的特点有三个：一是重大方针均由讨论、商议决定；二是在讨论中领导者与被领导者的地位平等；三是经讨论通过的决策对领导者和被领导者具有同等的约束力。

#### 5. 被动式权威

被动式权威，是当领导活动中的客观环境因素占据中心地位时形成的。在一些社会生活的特殊时刻和场合，客观事态一时使人无法掌握，以其巨大的力量向整个方向趋进，整个领导系统处于被牵制状态，领导者和被领导者都只能以种种方式来被动适应，领导系统失去对事态的引导和指挥功能。这时，领导者的责任是针对事态积极采取有力措施，尽早跳出困境，摆脱被动，重新控制局势和树立领导权威。

### 四、领导权威的作用

#### 1. 领导权威是实现领导职能和组织目标的前提

领导者的根本任务是实现组织的目标。在实现组织目标的过程中，领导权威起着重大的促进作用。有权威的领导者能够对下属形成强大的吸引力、向心力，从而使他们产生巨大的工作动力，激励他们追随领导者去实现目标，并可使下属不假思索地去执行领导者的指示，做到没有权威的领导者花几倍的努力也不可能做到的事情。在领导过程中，一个领导者绝不能满足于自己手中握有的对被领导者产生威慑力的权力，而要把自己在员工中的权威作为带领全员实现目标的主要手段。

#### 2. 领导权威有利于推进组织变革的进程

现代组织是一个开放的系统。要适应新的社会条件，适应新的市场经济发展的需要，就必须进行变革。变革必然会触犯一部分人的既得利益。在实行改革的过程中，领导权威对推进改革具有很大的作用。如果领导者具有很高的威望而且作风正派、大公无私、秉公办事，他的改革主张就容易被群众理解和接受。相反地，如果领导者结党营私、利欲熏心、搞不正之风，那就会因为缺乏权威而引起广大群众的反感和不满，从而扩大相互间的心理距离，甚至引起抵制和反抗。

#### 3. 领导权威有助于融洽领导者与被领导者的关系

一个组织内，领导者和被领导者之间由于所处的地位不同、所扮演的角色不一样，因此思考和处理问题的角度和方法也就不一样，矛盾和分歧是难免的。有权威的领导者与被领导者之间的关系是信赖和融洽的，即使产生矛盾，出现分歧，甚至出现过失往往也容易得到谅解。对于有权威的领导者，群众往往不会计较他们的一些过失。

### 五、构建和树立领导权威

领导权威是领导权力与威信的统一。要构建和树立领导权威要从企业层面和领导者个体层面这两方面入手。

#### （一）从企业层面

在现代企业管理活动中，约束手段往往体现为各种明文规定的规章制度，这些制度对被管理者具有强制约束力。领导者以制度为依托保障正确运用和充分发挥组织授予的法定权力，在横向上进行职责分工，在纵向上进行分权指挥。没有制度保障，将难以树立企业领导权威，领导者的领导活动也无从谈起。

1. 完善组织领导体制，科学运作领导权力

领导权力是领导者在实施领导活动过程中，为达到组织目标，使下属的个体行为和意志达成一种共同指向的影响力量。领导权力总是在一定的组织结构中得以体现的，是整个组织运行的推力，对于组织的生存和发展，对于领导者获得权威有十分重要的作用。合理的组织领导体制，明确的组织内部的机构设置、职责权限以及与被领导的关系、管理方式的结构体系，可以为领导者协调调度，发挥领导权力提供保障。

2. 信息指令系统的建立和维护

（1）明确信息交流传递渠道。明确地建立起权威的脉络，如及时公布企业新的人员任命及变更；明确个人的岗位职责；明确宣布组织机构的设置和调整等，务使人人知晓。每个人都要将自己置于这种信息交流系统之中，必须建立起个人与组织之间的明确关系。

（2）信息指令的有效传递。信息交流传递层次越少，距离和时间越短，指令（尽可能见诸文字、数据、表格，内容简明扼要）的完整性和准确性越有保障，越能保障领导作用的有效发挥。所以，领导的指令要确保及时准确传达，防止延误、误解或歧义现象的发生。

（3）正确解读领导指令及具有相应的应变能力。传递领导信息指令的首要任务是把收集到的有关外部条件、业务进度、成功失败、困难、危机的大量信息，通过综合分析研究后，进行组织新的业务活动指令发布和部署。这要求企业信息系统中工作人员不但熟练掌握各种现代化的技术手段，而且具有较强的应变能力，还要善于及时地发现已经发出的指令，哪些符合实际情况，可以执行下去，而哪些随着情况变化应该及时地停止执行，同时及时进行反馈。

（4）强化领导指令相应的权威性。在组织内部明确地树立领导权威形象，增强组织的使命感和全员的团结观念。让处在"上级"地位的意志在组织层面得到重视和贯彻，这就是人们常说的"职位"权威。

3. 提升领导班子建设科学化水平，树立领导权威

领导就是影响他人行为的一种过程。领导群体的价值观，领导风格决定了团队的文化氛围。领导团队与团队领导是一种互动的过程，领导与团队共同成长。只有当领导者群体职位权威和由于自身较高素质能力带来的专家权威合二为一时，组织成员也才乐于接受领导指令，所以提升领导班子整体建设科学化水平，是真正树立起企业领导权威的基础。

（二）从领导者个体层面

要树立领导权威，仅靠科学运作权力是不够的，还必须努力获得领导权威。领导权威是一个涉及施受双方的概念，是领导者和被领导者之间正常人际关系的集中反映，是由领导者自身所具有的素质自然地引起被领导者的敬佩感、信赖感和服从感。它的特点是被领导者由衷地、自觉地认可领导者。领导者所具有的高尚品德、渊博学识、过人能力、良好心理及健康体魄，是树立领导权威的根本。应该选择那些具有领导素质与领导艺术的领导者做直线管理工作，不具备领导才能的人可能是某一方面的专家，但应从管理者的位置上调离。

1. 提高思想道德修养

领导者的道德修养是其非职位影响力的主要来源。杰出的领导者，无论是政界精英、军中豪杰，还是企业巨子、商海名流，无不具有鲜明的个性特征和非凡的个人魅力。"行之以躬，不言而信"，领导者应以良好的道德风范赢得人，以巨大的人格力量感召人。有德才有得，有诚才有成。企业的凝聚力与领导者的人格修养呈正相关。要领导他人，必先修炼自己的品德，领导者自律在先，传教在后，从而产生较强的人格魅力，凝聚起力量，团结起员工，才能使众人行。领导者应具有的道德修养包括强烈的事业心、高度的责任感、公正无私、奉献开拓、以身作则、以人为本、言行一致、信守承诺、谦虚真诚等。

★ 小案例

### 校长和工友

1917 年 1 月 4 日，一辆四轮马车驶进北京大学的校园，徐徐穿过校园内的马路。这时，早有两排工友恭恭敬敬地站在两侧，向蔡元培——这位刚刚被任命为北京大学校长的传奇人物鞠躬致敬。新校长缓缓地走下马车，摘下他的礼帽，向这些工友们鞠躬回礼。在场的许多人都惊呆了：这在北京大学是前所未有的事情，北京大学是一所等级森严的官办大学，校长是内阁大臣的待遇，从来就不把工友放在眼里。今天的新校长怎么了？

像蔡元培这样地位崇高的人向身份卑微的工友行礼，在当时的北京大学乃至中国都是罕见的现象。这不是件小事情，北京大学的新生由此细节开始效仿。他的这一行为，是对北京大学官气的一个反拨，是一面如何做人的旗帜。

2. 提高知识素质

提高知识素质就是要掌握自然科学和社会规律。人类是智慧的生物，可以凭借智慧的头脑来认识和改造世界，这是人区别于其他动物的根本所在。作为人类组织中的领导者，理应足智多谋、智力过人。知识素质是领导才能和领导魅力的基础，是领导者适应复杂多变的领导环境和领导活动要求应具备的最主要的条件。企业领导者的工作性质决定其应有一定的才智学识与合理的知识结构，主要包括以下三个方面：

第一，专业知识。企业的各级领导者要努力学习、掌握与自己负责范围相关的专业技术知识，对本企业生产的产品和服务有比较透彻的了解，尽量做到管什么，懂什么。

第二，管理知识。现代领导者要懂得现代管理学、领导学的一般原理与方法，熟悉本行业、本单位、本部门的特殊管理规律和方法，熟悉主要的现代管理技术；在现代国际大市场的环境条件下，不仅要掌握本国的文化和管理特点，而且要善于学习国外先进的管理理念、管理理论和管理方法；不仅要懂得对资金、物资、信息的管理，更要懂得对人的管理等。

第三，相关知识。相关知识领域包括经济、政治、法律、心理学、社会学等许多方面，对高层次领导者还应包括历史、哲学、美学等方面。

领导者不仅要具备一定的专业知识、管理知识，还要具备比较系统的人文科学知识。因此，领导者应加强学习，持之以恒，永不满足，在知识化、专业化方面达到较高的水平，成为有关领域、专业的行家里手，从而运筹帷幄、以智胜人、以才助威。

3. 提高能力素质

能力素质是领导者的一种内在素质。领导者要有处理各种事务游刃有余的能力。智力与能力是紧密相连的，但智力好并不代表能力强。因为智力大多是汲取前人的经验总结而形成的，而能力则更多是在实践中培养出来的。领导者一般都是在漫长的工作实践中成长起来的，因而积累了丰富的经验，具有了较强的能力。但是，由于各种原因，这些能力大多是零乱的、不成体系的，这样就很难达到一个较高的水准。领导者不必事必躬亲，但在涉及企业成败大局或日常领导决策中，要有超出常人的准确把握主要方向和目标，驾驭全局的能力。善于在繁杂的现象中分析问题，抓住本质，从而协调各方，调动群众，很好地履行自己的领导职能。

因此，领导者要有目的地提高两种能力：一种是变革创新能力，主要包括预见力、决断力、控制力和应变力；另一种是综合能力，主要包括思维能力、表达能力、信息获取能力、知识综合能力、利益整合能力以及组织协调能力。领导者能力的高低直接关系到其威信的大小，努力提高这两种能力是领导权威生成的主要途径。

### 4. 提高身心素质

企业的创新发展，要求领导者具备健康的心理和精神世界，有良好的心理素质。领导者要胆大心细，有冒险精神，具备健全的人格、成熟的心理态度、敏锐的认知能力和正常的思维能力。领导者要情绪稳定，意志坚定，要克服冷漠、虚伪、易怒、粗暴、狭隘、忌妒等不良心理，需要坦诚明朗、胸怀宽广、豁达大度、处变不惊、胜不骄、败不馁、发怒得当、善于制怒。善于控制情绪，不等于凡事都无动于衷，"气血之怒不可有，义理之怒不可无"。一方面，树立正气，心底无私天地宽；另一方面，树立信心，领导者有信心，会增添成功的机会。

此外，提高领导者的身心素质，锻炼出一副强壮的体魄，以饱满的热情和旺盛的精力投入工作中，也是获得领导权威的有力途径。

领导者只有经常不断地充实提高自己，增强自身素质与能力，才能在履行领导职能过程中，充分发挥主客观条件，努力建树，做出实绩，逐步形成领导权威，成为能力强、威信高、有职有权、有个人魅力、有影响力的领导者。

# 第四节　领导艺术

在实际工作中，领导者不能刻板地按照某个科学原理来解决某个具体问题，而必须具有与时俱进、因地制宜、创造性地运用领导方法的能力，这种能力就是领导艺术。它是反映领导者综合素质的一面镜子，也是下属评价领导者水平的一把尺子，是决定领导者事业成败的关键因素之一。

## 一、领导艺术的含义

所谓领导艺术，就是领导者在实施领导职能的过程中，以领导者一定综合素质为底蕴，在领导者个人一定知识和经验的基础上，创造性地、富有成效地解决各种实际问题及偶发、特殊或复杂疑难问题等的方法、技能、技巧，以及通过这些方法和技能的运用，表现出来的领导风格和艺术形象。领导艺术是领导者的一种特殊才能，是领导技巧与风格的巧妙结合。

从领导艺术的含义可以看出，领导者个人的素质修养是领导艺术得以发挥的重要前提；对领导条件、领导理论方法运用得纯熟、巧妙，创新而有效，是领导艺术的核心；而领导风格和艺术形象，是前两者有机结合的结果，是领导艺术的外在形态。领导艺术就是这些方面的综合表现。

彼得·圣吉提出了"生态领导学"的观点。他指出，领导艺术来自拥有创造性张力的人的能力。他认为，应该将组织看作一个鲜活的体系，组织的各个层面都有许多人，在激发和保持组织的创造性张力方面都承担着极为重要的角色，只有充分发挥组织中不同层面的人的积极性、主动性和创造性，使人们自然而然地形成互动和互补关系，才能形成组织的创造性张力，保证组织的长期持续发展。领导者在发挥影响力和对下属施加影响力的过程中，如何最大限度地挖掘、培养和提升下属的这种张力，就是领导艺术的平民化过程和软着陆的过程，也是领导效能的体现过程。

## 二、领导艺术的特征

领导艺术之所以区别于其他领导活动，是因为它具有普遍性、经验性、非常规性和创造性的特征。正确认识这些特征，是把握领导艺术的关键。

1. 普遍性

领导艺术普遍存在于领导活动的各个阶段和每一个环节中。无论领导者处于何等职位、从事何种工作，只要他开始实施领导职能，进行领导活动，完成领导目标，就能高效率地完成领导工作任务。这就是领导艺术的普遍性。

2. 经验性

领导艺术并不是按照逻辑规则推导出来的一般结论。古人云："运用之妙，存乎一心。"这里的"心"依据的就是阅历、知识和经验。运用同一种方法，在同一条件下处理同一问题，不同的领导者处理的效果是不一样的。领导艺术是在丰富的领导经验的基础上，结合领导科学对领导经验的灵活、巧妙的运用。领导经验既包括领导者自己的直接经验，也包括他人的间接经验；既有成功的经验，又有失败的教训；既有本国的经验，又有国外的经验。领导经验的积累，不仅靠学习书本上的抽象的理性经验，更要靠学习实践中具体生动的感性经验。

3. 非常规性

领导艺术是领导者个人素质的综合反映，是因人而异的。领导艺术没有固定的模式，它是对具体问题的具体分析，一切以时间、地点、条件为转移，不可能模式化、程序化。领导者处理的事件大致可分为两大类，即常规事件和非常规事件。处理常规事件基本上可以按领导方法、理论中所规定的常规程序来处理；而处理非常规事件，不仅需要依靠常规的办法，还需要采取一些非常规的办法。

需要明确的是领导艺术的非常规性与遵循事物规律性并不是相悖的。在繁杂多变的非常规性领导艺术中，包含着一定的规范性东西，这就是事物的规律性。"冰冻三尺，非一日之寒"。任何高超的领导方法，都不是仅靠灵机一动、火花一闪产生的，它有赖于知识、经验的长期积累，有赖于胆略、意志的刻苦训练，有赖于领导者审时度势的果断处置。

4. 创造性

领导艺术是领导活动中的一种创造性活动，它要求领导者在运用领导方法、理论解决实际问题时，要考虑如何与企业实际结合，如何具体运用。这种因地制宜地解决实际问题的能力和技能就是领导艺术的创造性。创造性是人的自觉能动性的最高表现形式，是领导艺术的灵魂和生命。领导活动就是面向未来的创造性活动。领导者面对层出不穷的新矛盾、新问题，单凭经验、靠老一套是不行的，只有具有新观念、新意识，采用新办法，才能打开新局面。

## 三、领导艺术的内容

所有非凡领导者的共同之处就是，他们能够让属下"心悦诚服"，具有很强的个人魅力。这点来自领导者个人知识、经验的积累和智慧的创造。艺术是富有艺术性创造的领导活动的载体。

### （一）用人的艺术

★ 小案例

杰克·韦尔奇退休之前，在一次全球500强经理人员大会上，与同行们进行了一次精彩的对话交流。

问："请您用一句话说出通用电气公司成功的最重要原因。"

他回答："是用人的成功。"

问："请您用一句话来概括高层管理者最重要的职责。"

他回答："是把世界各地最优秀的人才招揽到自己的身边。"

问："请您用一句话来概括自己最主要的工作。"

他回答："把50%的时间花在选人用人上。"

问："请您用一句话说出自己为公司所做的最有价值的一件事。"

他回答："是在退休前选定了自己的接班人——伊梅尔特。"

问："请您用一句话来概括自己的领导艺术。"

他回答："让合适的人做合适的工作。"

1. 善于用人所长

用人之贵在于用人所长，且最大限度地实现优势互补。用人所长，首先要"适位"。做到知人善任，适才适所，把人才所长与岗位所需进行组合。其次要"适时"。界定各类人才的最佳使用期，对看准的人一定要大胆使用、及时使用。最后要"适度"。领导者用人不能搞"鞭打快牛"，"快牛"只能用在关键时候、紧要时刻，如果平时只顾用起来顺手、放心，长期压着那些工作责任心和工作能力都较强的人在"快车道"上超负荷运转，这些"快牛"必将成为"慢牛"或"死牛"。

2. 善于用人所爱

爱因斯坦生前曾接到要他出任以色列总统的邀请，对这个不少人垂涎的职务，他却婉言谢绝了，仍钟情于搞他的科研。正因为有了他这种明智的爱，才有了爱因斯坦这个伟大的科学家。领导者在用人的过程中，就要知人所爱、帮人所爱、成人所爱。

3. 善于用人所变

鲁迅、郭沫若原来都是学医的，后来却成了中华民族的文坛巨匠。很多名人名家的成功人生告诉人们：人的特长是可以转移的，能产生特长转移的人，大多是一些创新思维与能力较强的人。对这种人才，领导者应加倍珍惜，应适时调整对他们的使用，让他们在更适合自己的发展空间里施展才华。

### （二）决策的艺术

任何领导都是人们有目标的活动，领导过程就是不断做出决策和实施决策的过程。古人曰："将之道，谋为首"。决策是领导行动的方向和依据，是一切行动的起点和指南。开展任何领导工作之前，都必须清楚和解决情况怎样、发生了什么、要做什么、如何做的问题，都需要领导者果断准确地拍板决定。领导者的决策艺术和能力，不仅体现在关乎企业生死存亡的战略规划或重大事项的运筹帷幄上，还包括日常领导指挥、协调调度中的敏锐洞察、快速反应、分析决断能力。这就要求领导者要强化决策意识，提高决策水平。

1. 决策前慎重

领导者在决策前多做调查研究，摸清企业内外部各种情况，以市场和消费者需求作为自己决策的第一信号。

2. 决策中注意民主

领导者在决策中要充分发扬民主，优选决策方案，尤其碰到一些非常规性决策，应懂得按照"利利相交取其大、弊弊相交取其小、利弊相交取其利"的原则，适时进行决策，不能未谋乱断，错失决策良机。

3. 决策后狠抓落实

决策一旦定下来，就要认真严格实施、执行。一个领导者在工作中花样太多，朝令夕改，是一种不成熟的表现。做到言必信、行必果，是决策所必需的。

**（三）处事的艺术**

一个会当领导的人，不应该成为做事最多的人，而应该成为做事最精的人。

1. 多做自己该做的事

摆在领导者面前的事情，主要有三类：第一类是领导者想做、擅长做、必须做的事，如用人、决策等。第二类是领导者想做、必须做，但不擅长做的事，如跑路子、筹资金等。第三类是领导者不想做、不擅长做，也不一定要做的事，如一些小应酬、一些可去可不去的会议等。领导者对该自己管的事一定要管好，对不该自己管的事一定不要管，尤其是那些已经明确了是下属分管的工作或明确了流程和按有关制度就可办的事，一定不要乱插手、乱干预。

2. 多做着眼于明天的事

领导者应经常反思昨天，做好今天，谋划明天，多做一些有利于企业可持续发展的事，例如，构划一个长、中、短期工作目标，打造一个团结战斗且优势互补的领导班子。

3. 多做最重要的事

例如，如何做有利于企业可持续发展，如何调动下属的工作积极性。领导者在做事时应先做最重要和最紧要的事，不能主次不分、本末倒置。

**（四）时间管理的艺术**

领导者从宏观上把握时间的策略和技巧就是时间管理艺术。

1. 强化时间意识

只有合理运用时间、有效管理时间，才能提高工作效率。有人做了统计：一个人一生的有效工作时间大约一万天。一个领导者的有效领导时间最多15年。一旦错过这个时效，观念再好、能力再强，也是心有余而力不足。所以，领导者要利用这宝贵的时间多做有意义的事。

2. 学会管理时间

要建立高效的办事机制，强调工作的计划性，把每日、每周、每月甚至一个时期的工作认真分类，列出运行大表，合理安排时间，确保各项工作井然有序地进行。领导者管理时间应包括两个方面：一方面是善于把握好自己的时间。当一件事摆在领导者眼前时，先权衡下"这事值不值得做"，然后考虑"是不是现在必须做"，最后确定"是不是必须自己做"，这样才能主动驾驭好自己的时间。另一方面是不浪费别人的时间。领导者要力戒"会瘾"，开会也应开短会，说短话，不要让无关人员来"陪会"。

**3. 养成惜时习惯**

人才学的研究表明：成功人士与非成功人士的一个主要区别，就是成功人士年轻时就养成了惜时的习惯。要像比尔·盖茨那样——能站着说的就不要坐着说，能站着说完的就不要进会议室说，能写个便条的就不要写成文件。只有这样才能养成好的惜时习惯。

**（五）说话的艺术**

说话是一门艺术，是领导艺术中一门主要的必修课。领导者要提高说话艺术，除了要提高语言表达基本功外，关键要提高语言表达艺术。

**1. 言之有物**

领导者在员工面前讲话，不能空话连篇，套话成堆，要做到实话实说，有事实、有数据、有分析，有解决问题的思路和对策。大家能从领导者的讲话中，获取一些新的有效信息，能听到一些新的见解，能受到一些新的启发。

**2. 言之有理**

领导者讲话，一是应注意情理相融，与员工的思想、工作、生活实际结合，以理服人。二是要注意条理，讲话不能信口开河、语无伦次，要条理清晰、层次分明。三是要通情达理，不能拿大话压人，多讲些大家眼前关心的问题、大家心里想得最多的问题。

**3. 言之有味**

领导者说话时，不能官气十足，语言要带煽动性，智慧、形象、生动，有新意，有幽默感，意味十足。

**★ 小案例**

**喜欢与基层员工交谈的盛田昭夫**

索尼公司领导人盛田昭夫，常常找机会下到工厂各分店与员工谈话。他也要求经理们都要找时间离开办公室，深入员工中间，倾听他们的意见。

有一次，盛田昭夫去东京办事，抽空到一家挂着"索尼旅行服务社"招牌的小店，对员工先自我介绍，接着说："相信你们在电视或者报纸上见过我，今天让你们看一看我的庐山真面目。"一句话逗得大家哈哈大笑。盛田昭夫在服务社里四处看看，与那些基层员工随意攀谈家常，有说有笑，关系显得非常融洽，没有人觉得与企业的这一高层领导人在一起会感到拘束。

**（六）激励的艺术**

管理重在人本管理，人本管理的核心就是重激励。领导者要调动大家的积极性，就要学会如何激励下属。

**1. 激励注意适时进行**

美国前总统里根曾说过这样一句话："对下属给予适时的表扬和激励，会帮助他们成为一个特殊的人。"一个聪明的领导者要善于经常适时、适度地表扬下属，这种"零成本"激励，往往会"夸"出很多尽心尽力的好下属。

**2. 激励注意因人而异**

领导者激励应根据不同的对象、不同的个性特征、不同的需求关注点，区别对待。

**3. 激励注意多管齐下**

激励的方式方法很多，有目标激励、榜样激励、责任激励、竞赛激励、关怀激励、许诺激励、金钱激励等，从大的方面来划分主要可分为精神激励和物质激励两大类。领导者在进行激励时，要以精神激励为主，以物质激励为辅，只有形成这样的激励机制，才是一种有效的、长效的激励机制。

## 四、提高领导艺术的途径

### （一）善于学习和总结

当今社会无论是知识更新，还是技术进步，其速度都是前所未有的，在这种新形势下，领导者唯有掌握过硬的知识，才能在现有条件下做出科学的决策和判断。领导者只有经常不断地充实提高自己，才能更好地提高自身的影响力，才能推动各项工作的开展。领导者要学习心理学知识，掌握经济管理知识，注重效率与效益管理，关注绩效及其考核结果应用，了解市场经济运行规律，积极主动地参与到现代经济转型之中。

### （二）鼓励变革创新

创新是领导者卓越领导艺术的外在体现。管理创新是一种新的资源整合的有效形式：提出新思路、设计新的组织结构类型、提出全新管理方法、设计新的管理模式和进行制度创新。最主要的是通过知识资源和信息、大数据资源的共享，鼓励全员树立知识经济化、全球化和网络化的新观念和新思维，积极营造全员共同交流进步的浓厚氛围，在实践中掌握和探索提高领导艺术创新的手段和方法。

### （三）提倡团队合作

传统的领导文化是一种使命型领导文化，引导组织成员遵从既定目标，完成组织赋予的使命。现代的领导文化是一种团体型文化，鼓励成员的介入和参与，发挥团队协作的效力，鼓励团队合作达到组织目标。这样能够实现知识和信息的全方位共享，领导者和员工改变竞争理念，提倡合作竞争，自觉联合其他企业、科研单位和政府部门等，打破地域限制，结合成紧密的联合体，产生巨大的协同效应，促进领导艺术更上一层楼。

### （四）应用教练技术

教练技术是通过对话等一系列策略、行为，洞察被指导者的心智模式，向内挖掘潜能，向外发现可能，令被领导者有效达到目标，从而有效地提升领导艺术。

从领导走向教练必须掌握教练技术知识，调整自己的角色，从领导转换成教练，以教练来取代管理，从而逐步提升领导艺术。第一步，找准项目目标，明确做什么、达到的目标和完成的时间；第二步，厘清问题现状，明确问题的关键；第三步，确定关键行为，确定比较有效的关键步骤和方式；第四步，商定具体要求；第五步，展开教练活动，针对目标，教练技术的提高要通过对话与辅导的模式进行，一般用到 TOTE （Test – Operation – Test – Exit），即经过测试—操作—测试—退出；第六步，跟进教练活动；第七步，呈现绩效成果。

提高领导艺术不能停留在理论学习上，更应注重它的实践性探索。领导者要认真思考和总结前人的领导艺术，研究提高自身领导艺术的途径和方法，由感性到理性，由简单到复杂，由低级到高级不断由浅入深地提高和升华。

## 本章小结

领导是管理的四大职能之一。领导的实质就是一种人际影响力、领导力。领导的主要工作内容包括建立共同愿景，发挥权力作用，树立领导权威，提高领导素质和领导艺术，引导影响员工实现组织及个人目标。

有几种研究领导行为和领导作风的理论是广为人知和被普遍认同的，而且对领导理论的研究也随着社会政治经济环境条件的变化而不断深入演变。

有权威的领导才是有效能的领导。树立领导权威要从企业体制和领导者个体两方面入手。

领导艺术贯穿整个领导活动过程中，是领导者执行领导职能，提高领导效能不可缺少的重要因素。

## 知识结构图

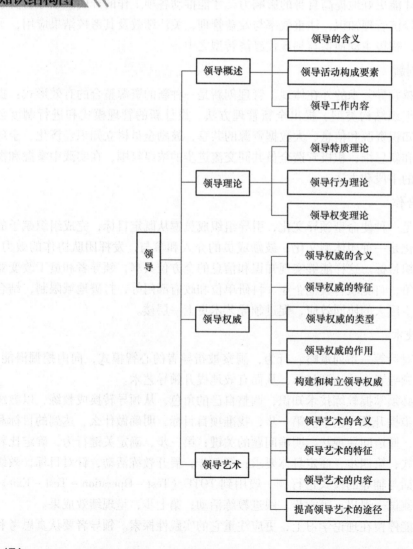

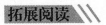

**学习指导**

　　本章的学习，要在理解管理基本概念、基本理论的基础上，掌握领导的基本概念和理论要点，增强互动、训练环节，注重领导相关技能的训练；提高生活、工作中的领导艺术水平。

**拓展阅读**

标杆企业领导力的培养

# 第七章

# 激励方法

★ **本章提要**

激励是人力资源管理的核心，是领导工作内容的一个重要组成部分，领导和各级管理者必须重视激励。本章从什么是激励，激励是如何运作开始，主要介绍最典型的四大激励理论——内容型激励理论、过程型激励理论、行为修正激励理论和综合型激励理论，以及运用广泛的几种激励方法。

内容型激励理论又称需要理论，是指针对激励的原因与起激励作用的因素的具体内容进行研究的理论。其代表理论主要有马斯洛的"需要层次理论"、奥尔德弗的"ERG理论"、麦克利兰的"成就需要理论"、赫茨伯格的"双因素理论"。过程型激励理论重点研究从动机的产生到采取行动的心理过程，主要包括弗鲁姆的"期望理论"、亚当斯的"公平理论"、洛克的"目标设置理论"。斯金纳的"强化理论"也称为行为修正激励理论，主要强调的是人们现在的行为结果影响其未来的行为。而综合型激励理论主要是将上述几类激励理论进行结合，把内外激励因素都考虑进去，系统地描述激励全过程，以期对人的行为做出更为全面的解释，克服单个激励理论的片面性。其代表性理论有勒温的"场动力论"和波特、劳勒的"综合激励模型"。在此基础上，本章还介绍了目标激励、报酬激励、强化激励和组织文化激励等在实际工作中广泛应用的激励方法。

★ **重点难点**

重点：1. 解释马斯洛的需要层次理论。

2. 解释目标设置理论及目标激励法。

3. 对双因素理论与成就需要理论的应用价值做出分析与评价。

4. 全面掌握内容型激励理论间的相互关系。

5. 解释强化理论及强化激励应用的注意事项。

难点：1. 认识期望理论的内涵及其应用的价值。

2. 了解公平理论的实质，并学会将此理论应用于社会公平与分配公平中。

## ★引导案例

### 猎狗的故事

一条猎狗将兔子赶出了窝，一直追赶它，追了很久仍没有捉到。牧羊人看到此种情景，讥笑猎狗说："你们两个之间小的反而跑得快得多。"猎狗回答说："你不知道我们两个跑的目的是完全不同的！我仅仅是为了一顿饭而跑，它却是为了性命而跑呀！"

这话被猎人听到了，猎人想：猎狗说得对啊，那我要想得到更多的猎物，得想个好法子。于是，猎人又买来几条猎狗，凡是能够在打猎中捉到兔子的，就可以得到几根骨头，捉不到的就没饭吃。这一招果然有用，猎狗们纷纷努力去追兔子，因为谁都不愿意看着别人有骨头吃，自己却没得吃。

可过了一段时间猎人发现，猎狗们相互争夺兔子的情形越来越严重，甚至有猎狗受伤的情形出现，猎人不得不想办法解决这一问题。猎人不仅给捉到兔子的猎狗骨头，而且如果所有猎狗捉到的总兔子数量达到一定的数目后，全体猎狗都有一定的骨头作为奖励。于是猎狗们相互争抢的情况越来越少，通力合作的情况越来越多。

就这样过了一段时间，问题又出现了。大兔子非常难捉到，小兔子好捉，但捉到大兔子得到的奖赏和捉到小兔子得到的奖赏差不多，猎狗们善于观察，发现了这个窍门，而专门去捉小兔子。慢慢地，大家都发现了这个窍门。猎人对猎狗说："最近你们捉的兔子越来越小了，为什么？"猎狗们说："反正没有什么大的区别，为什么费那么大的劲去捉那些大的呢？"

猎人经过思考后，决定不将分得骨头的数量与捉到兔子的数量挂钩，而是采用每过一段时间，就统计一次猎狗捉到兔子的总重量。按照重量来评价猎狗，决定一段时间内的待遇。于是猎狗们捉到兔子的数量和重量都增加了。猎人很开心。

但是过了一段时间，猎人发现，猎狗们捉到兔子的数量又少了，而且越有经验的猎狗，捉到的兔子的数量下降得就越厉害。于是猎人又去问猎狗，猎狗说："我们把最好的时间都奉献给了主人——您，但是我们随着时间的推移会老，当我们捉不到兔子时，您还会给我们骨头吃吗？"

于是猎人做了论功行赏的决定。分析与汇总了所有猎狗捉到兔子的数量与重量，规定如果捉到的兔子超过了一定的数量后，即使捉不到兔子，每顿也可以得到一定数量的骨头。猎狗们都很高兴，大家都努力去达到猎人规定的数量。一段时间过后，有一些猎狗终于达到了猎人规定的数量。这时，其中有一条猎狗说："我们这么努力，只得到几根骨头，而我们捉的兔子远远超过了这几根骨头。我们为什么不能给自己捉兔子呢？"于是，有些猎狗离开了猎人，自己去捉兔子了。

猎人意识到猎狗正在流失，并且那些流失的猎狗像野狗一般与自己的猎狗抢兔子。情况变得越来越糟，猎人不得已引诱了一条野狗，问它到底做野狗比做猎狗强在哪里。野狗说："猎狗吃的是骨头，吐出来的是肉啊！"接着又说，"也不是所有的野狗顿顿都有肉吃，大部分到最后连骨头都没得舔！不然我也不至于被你诱惑。"于是猎人进行了改革，使得每条猎狗除基本骨头外，还可获得其所猎兔子总量的$m\%$，而且随着服务时间加长，贡献变大，该比例还可递增，并有权分享猎人总兔子的$n\%$。就这样，猎狗们与猎人一起努力，将野狗们逼得叫苦连天，纷纷强烈要求重归猎狗队伍。

日子一天天过去，冬天到了，兔子越来越少，猎人的收成也一天不如一天。而那些服务时间长的老猎狗们老得捉不到兔子了，但仍然在无忧无虑地享受着那些它们自以为应得的大份额食物。终于有一天猎人再也不能忍受，把它们扫地出门，因为猎人更需要身强力壮的猎狗。

被扫地出门的老猎狗们得了一笔不菲的赔偿金，于是它们成立了 Micro Bone 公司。它们采用连锁加盟的方式招募野狗，向野狗们传授猎兔的技巧，它们从所有猎狗猎得的兔子中抽取一部分作为管理费。当赔偿金几乎全部用于广告后，它们终于有了足够多的野狗加盟，公司开始盈利。一年后，它们收购了该猎人的家当。

连锁加盟公司竞争越来越激烈后，Micro Bone 公司还许诺加盟的野狗能得到公司的股份，这实在是太有诱惑力了。这些自认为是怀才不遇的野狗们都以为找到了知音：终于做公司的主人了，不用再忍受猎人们呼来唤去的不快，不用再为捉到足够多的兔子而累死累活，也不用眼巴巴地乞求猎人多给两根骨头而扮得楚楚可怜。这一切对这些野狗来说，比多吃两根骨头更加受用。于是野狗们拖家带口地加入了 Micro Bone 公司，一些在猎人门下的年轻猎狗也开始蠢蠢欲动，甚至很多自以为聪明实际愚蠢的猎人也想加入。好多同类型的公司像雨后春笋般地成立了，如 Bone Ease、Bone.com、China Bone……一时间，森林里热闹起来了。

**问题引出：**

从本案例中，你是否看到了激励？都看到了什么激励？

# 第一节　激励概述

激励是人力资源管理的核心，是领导工作内容的一个重要组成部分。领导的对象是人，是被领导者，领导的最高境界就在于激发员工的工作热情，促使员工发自内心、无怨无悔、精神饱满、全力以赴地为实现企业目标和个人目标做出最大努力。领导工作中的激励就是研究如何把员工工作积极性调动起来。

## 一、激励的含义

激励，顾名思义就是激发、鼓励的意思。"激励"一词来源于心理学，指的是持续激发人的动机的心理过程。在某种内部或外部刺激的影响下，激励可以使人始终维持在一个兴奋状态中，从而引起积极的行为反应。

在西方的"组织行为学"与"管理心理学"中，激励被称为工作动机，对应的英文就是"Motivation"，激励在此有以下三种含义：

（1）一个人做某件事背后的动机是什么，即驱使某人做某件事的原因是什么。

（2）一个人做这件事的动机有多强，即做某件事的渴望程度。

（3）一个人做事的样子、行为表现，即个人的努力程度如何。也就是说，激励即寻找驱动人们努力工作的力量来源、心理状态与行为结果。

组织行为学权威斯蒂芬·P·罗宾斯认为：激励是通过高水平的努力实现组织目标的意

愿，而这种努力以能够满足个体的某些需要为条件。管理过程学派的主要代表人物之一哈罗德·孔茨认为：激励包括激发和约束两个方面的含义，奖励和惩罚是两种最基本的激励措施。激励的两个方面的含义是对立统一的，激发导致一种行为的发生，约束则是对所激发的行为加以规范，使其符合一定的方向，并限制在一定的时空范围内。加雷斯·琼斯指出，激励是一个基本的心理过程，它决定组织中个人行为方向、个人努力程度和个人在困难面前的毅力。美国管理学家贝雷尔森和斯坦尼尔给激励下了这样的定义："一切内心要争取的条件、希望、愿望和动力等都构成了对人的激励，这是人类活动的一种内心状态。"

可见，激励是指在外在诱因的作用下，使个体完成有效的自我调节，从而达到激发、引导、维持和调节个体朝向某一既定目标而努力奋斗的心理过程。激励既包括诱导、驱动之意，也包括约束、惩戒之意。

### 二、激励的原理

将"激励"这一概念运用于管理中，就是通常所说的调动人的积极性的问题。有效的激励手段必然是符合人的心理和行为活动的客观规律的，否则就不会达到调动人的积极性的目的。

激励过程模式可以表示为：需要引发动机，动机引发行为，行为又指向目标。当人们有了某种需要，就会产生满足需要的内在驱动力，即行为动机，进而就会进行满足需要的活动，即行为。当这种需要满足后，人们又会产生新的需要和动机，展开新的活动。可见，激励实质上是以未满足的需要为基础，持续激发人的行为动机的心理过程，如图7-1所示。

**图7-1　激励过程模式图**

其中，需要是指人们对某种事物的渴求和欲望；动机是在需要基础上产生的引起和维持人的行为，并将其导向一定目标的心理机制。凡是人类有意识的活动，均称为行为。动机到行为的形成有两个条件：一个是人的内在需要和愿望；另一个是外部诱导和刺激。行为是由动机决定的，动机来自需要。

## 第二节　激励理论

按照研究激励侧面的不同与行为的关系不同，可以把管理激励理论归纳和划分为内容型激励理论、过程型激励理论、行为修正激励理论和综合激励模式四种。

### 一、内容型激励理论

内容型激励理论又称需要理论，是指针对激励的原因与起激励作用因素的具体内容进行研究的理论。它着重研究人的需要与行为动机的对应关系，目的是通过满足个体的需要来激发相应的行为动机，使其为组织目标服务。这种理论着眼于满足人们需要的内容，即人们需要什么就满足什么，从而激起人们的动机。其代表理论主要有马斯洛的"需要层次理论"、奥尔德弗的"ERG 理论"、麦克利兰的"成就需要理论"、赫茨伯格的"激励—保健"理论。

### （一）马斯洛的需要层次理论

需要层次理论是由美国著名心理学家和行为学家亚伯拉罕·哈罗德·马斯洛于 1943 年在《人的动机理论》一书中提出来的。马斯洛把人类纷繁复杂的需要分为生理需要、安全需要、社会需要、尊重需要和自我实现需要五个层次，如图 7-2 所示。

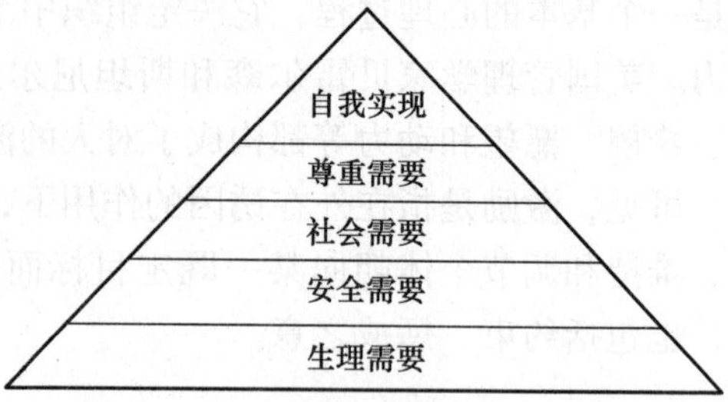

生理需要：人们对食物、水、住所、性及其他生理方面的需要。

图 7-2　马斯洛的需要层次理论

安全需要：人们保护自己免受生理和情感伤害的需要。

社会需要：人们在爱情、归属、被接纳以及友谊等方面的需要。

尊重需要：内在的尊重因素包括自尊、自主和成就感等的需要；外在的尊重因素包括对地位、认可或被关注等的需要。

自我实现：人们对自我发展、发挥个人潜能、自我价值实现和自我理想实现的需要，是追求个人能力极限的动力。

马斯洛认为，个体的需要是由低到高逐层上升的，只有低层次的需要得到部分满足以后，高层次的需要才有可能成为行为的重要决定因素。因此，如果要激励某个人，就要了解他目前处于哪个需要层次，然后重点满足这个层次或该层次之上的需要。

但这种需要层次逐渐上升并不是遵照"全"或"无"的规律，不是一种需要得到100%的满足后另一种需要才会出现，事实上，社会中的大多数人在正常的情况下，他们的每种基本需要都是部分地得到满足。

马斯洛把五种基本需要分为高、低两级，其中生理需要、安全需要、社交需要属于低级的需要，这些需要通过外部条件使人得到满足，如借助于工资收入满足生理需要，借助于法律制度满足安全需要等。尊重需要、自我实现是高级的需要，它们是从内部使人得到满足的，而且一个人对尊重和自我实现的需要，是永远不会感到完全满足的。高级的需要比低级需要更有价值，人的需要结构是动态的、发展变化的。因此，通过满足职工的高级的需要来调动其生产积极性，具有更稳定，更持久的力量。

这一理论表明，针对人的需要实施相应激励是可能的，但人的需要具有多样性，会根据不同环境和时期发生变化，激励的方式应当多元化。

马斯洛的需要层次理论在 20 世纪六七十年代得到普遍认可，尤其是在管理实践中，这要归功于该理论直观的逻辑性和易于理解的内容，但也有学者指出他的理论的有效性和科学性是存在争议的，缺乏有效的实证研究的支持等。

### （二）奥尔德弗的 ERG 理论

奥尔德弗根据对工人进行的大量调查研究的结果，认为一个人的需要不是分为五种，而是三种：生存（Existence）、关系（Relatedness）和成长（Growth），他的三种需要理论简称为 ERG 理论。

**1. 生存需要**

生存需要指的是全部的生理需要和物质需要，如吃、住、睡等。组织中的报酬，对工作环境和条件的基本要求等，也可以包括在生存需要中。这一种需要大体上与马斯洛的需要层次中生理和部分安全的需要相对应。

**2. 相互关系需要**

相互关系需要指人与人之间的相互关系、联系（或称为社会关系）的需要。这一种需要类似马斯洛需要层次中部分安全需要、全部社会需要，以及部分尊重需要。

**3. 成长需要**

成长需要指一种要求得到提高和发展的内在欲望，它指人不仅要求充分发挥个人潜能、有所作为和成就，而且有开发新能力的需要。这一种需要可与马斯洛需要层次中部分尊重需要及整个自我实现需要相对应。

该理论认为，各个层次的需要得到的满足越少，越为人们所渴望；较低层次的需要者越是能够得到较多的满足，则较高层次的需要就越渴望得到满足；如果较高层次的需要一再受挫者得不到满足，人们会重新追求较低层次需要的满足。这一理论不仅提出了需要层次上的满足的上升趋势，而且指出了挫折到倒退的趋势，这在管理工作中很有启发意义。它与马斯洛需求层次理论的不同之处在于提出了"挫折—倒退"趋势，即满足较高层次需要的努力受挫会导致人们重新追求较低层次的需要。

### （三）赫茨伯格的双因素理论

赫茨伯格的双因素理论，又称为激励—保健理论，是由美国心理学家弗雷德里克·赫茨伯格（Frederick Herzberg）于 1959 年在对匹兹堡地区 11 个行业的 200 名工程师和会计师进行深入访谈的基础上提出的。在访谈过程中，研究者们采取了关键事件法，让被调查者们回忆在工作中经历过的极大地被激励和最不能被激励的事情，叙述有关情况的重要细节和这些经历对他们以后工作的影响。

赫茨伯格认为，传统的满意—不满意的观点（认为满意的对立面就是不满意）是不正确的。他认为，满意的对立面应该是没有满意；不满意的对立面应该是没有不满意，如图 7-3 所示。

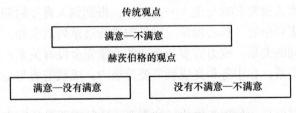

**图 7-3　传统观点与赫茨伯格观点的不同**

该理论的要点是：使职工不满的因素与使职工感到满意的因素是不一样的。赫茨伯格认为职工非常不满意的原因，大多属于工作环境或工作关系方面的，如公司的政策、行政管理、职工与上级之间的关系、工资、工作安全、工作环境等。他发现上述条件如果达不到职工可接受的最低水平时，就会引发职工的不满情绪。但是，具备了这些条件并不能使职工感到激励。赫茨伯格把这些没有激励作用的外界因素称为"保健因素"。而能够使职工感到非常满意的因素，大多属于工作内容和工作本身方面的，如工作的成就感、工作成绩得到上司的认可、工作本身具有挑战性等。这些因素的改善，能够激发职工的热情和积极性。赫茨伯格把这一因素称为"激励因素"。

双因素理论强调，不是所有的需要得到满足都能激励起人的积极性。只有那些被称为激励因素的需要得到满足时，人的积极性才能最大限度地发挥出来。如果缺乏激励因素，并不会引起很大的不满。而保健因素的缺乏，将引起很大的不满，然而具备了保健因素时并不一定会激发强烈的动机。赫茨伯格还明确指出：在缺乏保健因素的情况下，激励因素的作用也不大。

这一理论告诉人们，管理者首先应该注意满足职工的"保健因素"，防止职工消极怠工，使职工不致产生不满情绪，同时还要注意利用"激励因素"，尽量使职工得到满足的机会。

赫茨伯格的双因素理论自20世纪60年代以来，一直有着广泛的影响，越来越受到人们的关注，对该理论的批评主要是针对操作程序和方法论方面。虽然一些批评家指出他的理论过于简单化，但它对当前的工作设计依然有着重大影响，尤其是在工作丰富化方面。

### （四）麦克利兰的成就需要理论

成就需要理论也称激励需要理论。20世纪50年代初期，美国哈佛大学的心理学家戴维·麦克利兰（David C. McClelland）在马斯洛需要层次理论的基础上，集中研究了人在生理和安全需要得到满足后的需要状况，特别对人的成就需要进行了大量的研究，从而提出了一种新的内容型激励理论——成就需要激励理论，该理论强调了三种需要：成就需要、权力需要和归属需要。

该理论认为，成就需要是一种想做得比以前更好或更有效，并为之付出行动的需要。权力需要主要涉及的是影响他人，对他人有强有力影响的需要。归属需要是一种被人喜欢，建立或维持与他人友谊关系的需要。

该理论假定，大多数人都在一定程度上有以上这些需要，只是需要的强度有所不同。对有些人，权力需要会有很强的激励作用，这类人很乐意在工作中有权力去控制预算、控制他人以及做出决策。对另一些人，成就需要有很强烈的激励作用，这类人非常乐意在能不断创造新生事物的环境中工作，喜欢有挑战性的工作，追求卓越。还有一些人，归属需要对其有很强的激励作用，这类人通常喜欢与他人一起工作，得到别人喜爱的期望激励着这类人。

成就需要在三种需要中处于核心地位。国外曾进行过系列的实验，检验企业家的成就需要水平与企业业绩之间的关系：权力需要与企业的业绩完全没有关系；归属需要与企业的绩效甚至会出现负相关关系；在中等和高成就需要等级内，成就需要与企业业绩之间有显著的正相关。

由此可见，成就需要是一种更为内化了的需要，这种需要是让国家、企业取得高绩效的主要动力，对一个组织来说，具有这种需要的人越多，其成长和发展就越有保障。因此，领导者应努力培养员工的成就需要，善于把高层次员工对成就的追求引向组织工作目标上。

值得注意的是，成就需要激励理论更侧重于对高层次管理中被管理者的研究，如它所研究的对象主要是生存、物质需要都得到相对满足的各级经理、政府职能部门的官员以及科学家、工程师等高级人才。由于成就需要激励理论的这一显著特点，它对于企业管理以外的科研管理、干部管理等具有较大的实际意义。

## 二、过程型激励理论

过程型激励理论重点研究从动机的产生到采取行动的心理过程。其目的是通过对员工的目标行为选择过程施加纠偏影响，使员工在能够满足自身需要的行为中选择组织预期的行为。其主要包括弗鲁姆的"期望理论"、亚当斯的"公平理论"、洛克的"目标设置理论"。

### （一）期望理论

期望理论是美国心理学家维克多·弗鲁姆在 1964 年出版的《工作与激励》一书中提出来的。弗鲁姆认为，一个人做某件事的行为动力的强度，取决于他对自己行为结果的期望值及行为结果吸引力的判断。人们只有在预期自己的行为有助于达成自己期望的目标时，才会被激励去做这件事。

弗鲁姆指出激励是个人寄托在一个目标的期望价值与他对实现目标可能性的看法的乘积。用公式可以表示为：

$$行为动力（激励）= 效价 \times 期望值$$

式中，效价是指个人对他所从事的工作或所要达到的目标的估价，也可理解为被激励对象对目标的价值看得多大。在现实生活中，对同一个目标，由于各人的需求不同，所处的环境不同，他们对该目标的效价往往也不同。例如，有一个人希望通过自己的努力得到升迁，他的升迁欲望很高，说明"升迁"在他心目中的效价就高；如果一个人对升迁漠不关心，毫无要求，那么升迁对他来说，其效价就等于零；如果一个人没有升迁的要求，甚至害怕升迁，这时升迁对他来说，效价为负值。升迁的效价是如此，别的需要的效价也是如此。

期望值也称期望概率，是指个人对某项目标能够实现的概率的估计，也可理解为被激励对象对目标能够实现的可能性大小的估计。在日常生活中，一个人往往根据过去的经验来判断一定行为能够导致某种结果或满足某种需要的概率。例如，一个一直非常勤奋的爱唱歌的年轻人，对自己有一天能当歌星的期望值很高，只有当一次又一次地被酒吧拒唱，在无数的选秀节目中一次又一次在第一轮就被刷下来，在无数的专业人士告诉他其实没有唱歌的天分后，他才可能完全放弃当歌星这个目标。一个人对某个目标，如果他估计完全可能实现，这时概率为最大，概率等于 1，如果他估计完全不可能实现，那么这时概率最小，概率等于 0。

由此可见，一个人最佳动机的条件是他认为他的努力极可能导致很好的表现，很好的表现极可能导致一定的成果，而这个成果对他有积极的吸引力。也就是说，一个人已受他心目中的期望激励，他的内心已经建立了有关现在的行为与将来的成绩和报偿之间的某种联系。因此，管理者要获得所希望的行为，就必须在员工表现出这种行为时，及时地给予肯定、奖励和表扬，使之再度出现。同样，想消除某一行为，就必须在表现出这种行为时给予负强化，如批评惩处。这与斯金纳的条件反射理论、强化理论有一定关系。

### （二）公平理论

公平理论又称社会比较理论，是美国行为科学家亚当斯在《工人关于工资不公平的内心冲突同其生产率的关系》《工资不公平对工作质量的影响》《社会交换中的不公平》等著作中提出来的一种激励理论。该理论侧重于研究工资报酬分配的合理性、公平性及其对职工生产积极性的影响。

公平理论的基本观点是：员工对报酬的满足感是一个社会比较过程；一个人对自己的工作报酬是否满足，不仅受到报酬的绝对值的影响，而且受到报酬的相对值的影响（个人与别人的横向比较，以及与个人的历史收入作纵向比较）；需要保持分配上的公平感，只有产生公平感才会心情舒畅、努力工作；而在产生不公平感时会满腔怨气、大发牢骚，甚至放弃工作，破坏生产。

**1. 横向比较**

所谓横向比较，即一个人要将自己获得的"报偿"（包括金钱、工作安排以及获得的赏识等）与自己的"投入"（包括教育程度，所做努力，用于工作的时间、精力和其他无形损耗等）的比值与组织内其他人做社会比较，只有相等时他才认为公平。如下式所示：

$$\frac{O_p}{I_p} = \frac{O_o}{I_o}$$

式中，$O_p$ 为自己对所获报酬的感觉；$O_o$ 为自己对他人所获报酬的感觉；$I_p$ 为自己对个人所做投入的感觉；$I_o$ 为自己对他人所做投入的感觉。当上式为不等式时，人也会有不公平的感觉，这可能导致工作积极性下降。

**2. 纵向比较**

所谓纵向比较，即把自己目前投入的努力与目前所获得报偿的比值，同自己过去投入的努力与过去所获报偿的比值进行比较，只有相等时他才认为公平。如下式所示：

$$\frac{O_p}{I_p} = \frac{O_H}{I_H}$$

式中，$O_H$ 为自己对过去所获报酬的感觉；$I_H$ 为自己对个人过去投入的感觉。当上式为不等式时，人也会有不公平的感觉，这可能导致工作积极性下降。

而不公平感会引起个体及个体之间的紧张焦虑。由于紧张焦虑是不愉快的情绪体验，因而人们会力图将其减弱至可容忍的水平。当一个人感觉自己受到了不公平待遇时，个体一般会采取以下方式来消除不公平感：①要求增加自己的报酬；②谋求降低他人的报酬；③设法降低自己的贡献；④设法增加他人的贡献；⑤另换一个报酬与贡献比值低者做比较对象；⑥离开原来的组织。前四种实际上是在向有关方面施加压力，第五种方式是属于心理上的自我安慰性质，而最后一种方式是员工公平感无法得以实现的最后选择了。

**（三）目标设置理论**

美国马里兰大学管理学兼心理学教授洛克（E. A. Locke）和休斯在研究中发现，外来的刺激（如奖励、工作反馈、监督的压力）都是通过目标来影响动机的。目标能引导活动指向与目标有关的行为，使人们根据难度的大小来调整努力的程度，并影响行为的持久性，方向明确，使人更急于创新和找到新的方法。于是，在一系列科学研究的基础上，他于1967年最先提出"目标设置理论"（Goal Setting Theory），认为目标本身就具有激励作用，目标能把人的需要转变为动机，使人们的行为朝着一定的方向努力，并将自己的行为结果与既定的目标相对照，及时进行调整和修正，从而能实现目标。这种使需要转化为动机，再由动机支配行动以达成目标的过程就是目标激励。

洛克认为目标是激励因素影响个体工作动机的主要手段，具体的工作目标会提高工作绩效，困难的目标一旦被员工接受，将会比容易的目标产生更高的工作绩效。大量的研究已经给该理论提供了实质性的支持。目标设置理论奠定了目标管理的理论基础。

　　企业目标是企业凝聚力的核心，它体现了职工工作的意义，能够在理想和信念的层次上激励全体职工。目标设置是目标激励的重要组成部分，在工作中设置怎样的目标才能达到目标与绩效的优化组合，设置的目标与个体的切身利益密切相关。因此，管理者和员工在目标设置过程中应注意以下几方面的问题：第一，目标设置必须符合激励对象的需要；第二，注意目标设置的具体性；第三，注意目标的阶段性；第四，目标的难度拟定上要适当；第五，合理运用反馈机制；第六，鼓励员工参与个人目标和企业目标的设置；第七，目标设置应注重对员工努力程度的反映，进行个性化的工作衡量。

### 三、行为修正激励理论

　　强化理论是美国的心理学家和行为科学家斯金纳、赫西、布兰查德等人提出的一种理论，也称为行为修正激励理论或行为矫正激励理论。

　　斯金纳认为人们做出某种行为，或不做出某种行为，只取决于一个影响因素，那就是行为的后果。他提出了一种"操作条件反射"理论，认为人或动物为了达到某种目的，会采取一定的行为作用于环境。当这种行为的后果对他有利时，这种行为就会在以后重复出现；当这种行为的后果对他不利时，这种行为就减弱或消失。

　　个人行为的结果被称为强化。有四种基本的强化类型：正强化、负强化、消退和惩罚。正强化是给所希望发生的行为提供一个积极的结果。负强化也称为避免，是通过展示所希望发生的行为给人以机会，避免消极结果的发生。这两种类型的强化都能用于增加所希望发生的行为出现的频率。消退是给不希望发生的行为提供非积极的结果或取消先前提供的积极结果。也就是说，对于不再付酬的行为，人们很少会愿意重复去做。惩罚是为不希望发生的行为提供一个消极结果。这两种类型的强化都能够用来减少不希望发生的行为出现的频率，如图7-4所示。例如：正强化是完成作业就可以出去玩；负强化是完成作业就不用打扫卫生；消退是以后完成作业了也得不到出去玩；惩罚是完不成作业就被罚打扫卫生。

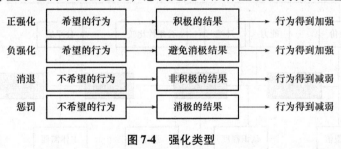

**图7-4　强化类型**

　　斯金纳开始只将强化理论用于训练动物，如训练军犬和马戏团的动物。以后，斯金纳又将强化理论进一步发展，并用于人的学习上，发明了程序教学法和教学机。他强调在学习中应遵循小步子和及时反馈的原则，将大问题分成许多小问题，循序渐进；他还将编好的教学程序放在机器里对人进行教学，收到了很好的效果。

### 四、综合型激励理论

　　激励是一个非常复杂的问题，涉及人类行为的诸多方面。内容型激励理论、过程型激励理论和行为修正激励理论从不同的角度、不同的侧面研究了激励问题。事实上，不存在任何一种理论能够解释各种各样复杂的实际激励问题。对这些理论进行综合应用可能是研究和解决纷繁复杂的激励问题的有效途径，激励大整合模式由此成为管理激励理论继续发展的方向。综合型激励理论就是将以上三类激励理论相结合，把内、外激励因素都考虑进去，系统地描述激励全过程，以期对人的行为有更为全面的解释，克服各种激励理论的片面性。本书主要介绍比较具有代表性的勒温的"场动力论"、波特和劳勒的"综合激励模型"。

### （一）勒温的场动力论

心理学家勒温提出的场动力论是最早期的综合型激励论，用以下的函数关系来表达：

$$B = f(P \cdot E)$$

式中，$B$ 为个人行为的方向和向量；$P$ 为个人内部动力；$E$ 为环境刺激。这个公式表明，个人行为的方向和向量取决于环境和个人内部动力的乘积。

这一理论说明，任何外部刺激能否成为激励因素，还要看内部动力的强度，两者的乘积才能决定人的行为方向。

勒温比喻外界环境只是一种导火线，是情境的力场之一，而人的需要是内部驱动力，人的行为方向取决于内部系统的需要的张力与外界之间的相互关系。如果内部需要不强烈，那么再强的导火线也没有多大意义。反之，如果内部需要很强烈，那么微弱的导火线也会引起强烈的反响。例如，某厂星期天要加班，如果加班仅仅是为了钱，那么要结婚等钱用的青工就会拼命加班。但是，对于生活上很富裕的青年加不加班就无所谓了。当然，如果赋予星期天加班除了金钱以外的政治意义（如奉献爱心、星期天义务劳动日）作为内部驱动力，那么即使没有钱，工人们也会积极参加的。

### （二）波特和劳勒的综合激励模型

波特和劳勒提出的综合激励模型是另一种有代表性的综合型激励理论。该模式中分别包含有员工的努力程度、工作绩效、奖酬、满足这四个主要变量，如图 7-5 所示。

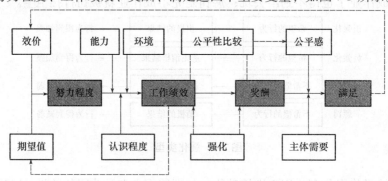

图 7-5　波特和劳勒的综合激励模型

它所体现的关系主线是：员工的努力程度影响其工作绩效，而工作绩效将使员工获得组织给予的内在和外在奖酬，各种奖酬将影响员工的满足感。

人的努力程度：人的努力程度是指个人所受到的激励强度和所发挥出来的能力，它的大小取决于个人对某项奖酬（如工资、奖金、提升、认可、友谊、某种荣誉等）价值的主观看法（效价）以及个人对努力将导致这一奖酬可能性（期望值）的主观估计。其中，奖酬对个人的价值因人而异，取决于它对个人的吸引力。而个人每次行为最终得到的满足，又会以反馈的形式影响个人对这种奖酬价值的估计。同时，个人对努力可能导致奖酬概率的主观估计又受上一次工作绩效的影响。

工作绩效：工作绩效是员工的工作表现和实际成果，工作绩效不仅取决于个人所做出的努力程度和一个人的能力与素质，而且也有赖于工作环境，以及对自己所承担角色的理解程度（包括对组织目标、所要求的活动、与任务有关的各种因素的认识程度等）。

奖酬：奖酬是绩效所导致的各种奖励和报酬，包括内在性奖酬和外在性奖酬两种。内在性奖酬、外在性奖酬以及主观上所感受到的奖酬的公平感，共同影响着个人最后的满足感。内在性奖酬更能给员工带来真正的满足。另外，个人对工作绩效和所得奖酬的评价会形成员工的公平感。

满足：满足是个人当实现某种预期目标时所体验到的满意感觉。它是一种态度、一种内在的认知状态，是各种内在因素（如潜在的责任感、胜任感、成就感等）的总和。

在波特和劳勒综合激励模型中都可以找到期望理论、公平理论、强化理论、双因素理论等理论的踪迹。它表明了激励工作是一件相当复杂的事，充满了科学性和艺术性。管理者根据激励理论处理激励实务时，应当针对员工的需要和特点，以及所处的环境，采取不同的方法。

# 第三节　常用的激励方法

在企业管理的激励实践中，管理者为了解决实际问题，运用激励理论创造出一系列激励技术和有效实施方案，这既丰富了激励理论，又给管理学中的激励问题研究带来了新的发展动力。

## 一、目标激励

目标是行动所要得到的预期结果，是满足人的需要的对象。目标与需要一起调节着人的行为，把行为引向一定的方向，目标本身是行为的一种诱因，具有诱发、导向和激励行为的功能。目标的形式多种多样，既可以是外在的实体对象（如工作量），也可以是内在的精神对象（如学术水平）。因此，适当地设置目标，能够激发人的动机，调动人的积极性。采用目标激励时，领导者应设置能将个人目标和整体目标联结在一起的目标锁链，激励并创造条件帮助员工完成自己的个人目标，进而实现组织目标。

发挥目标激励的作用，应注意以下几点：

（1）个人目标尽可能与集体目标一致。

（2）设置的目标方向应具有明显的社会性。

（3）目标的难度要适当。

（4）目标内容要具体明确，有定量要求。

（5）应既有近期的阶段性目标，又有远期的总体目标。

★小案例

奥布里·丹尼尔斯曾经服务于位于亚利桑那州的一家软件公司。该公司的计划已经拖延近两年。为了尽快兑现公司对消费者的承诺，领导者要求全体员工工作七天。结果，员工们疲惫不堪、满腹怨气、异常沮丧。于是，该公司换了一个角度解决这个困境——他们开始统计现在制定和实现的目标并兑现承诺。按照要求，每位工程师都要计划自己下一周的工作量。即使工程师的承诺低于自己的期望值，经理们也要接受。完成一周的计划之后，对完成计划的部门、班组给予鼓励，员工就不必在周六和周日加班，并在公司内部通报各部门、班组成绩。公司的副总裁对这个项目持保留看法。他认为，如果员工无法在七天内完成一周的计划，那么他们也无法在五天内完成。然而，结果却异常惊人。一年半之后，员工们不仅按时完成了拖延已久的计划，而且该公司的工作效率比东海岸的公司高出了300%。

目标渺小并不意味着员工就无须努力，也不意味着员工的成绩微不足道。当员工认定目标可以实现而且非常合人心意时，他们会努力实现该目标。只要人们努力朝着目标迈进，那么他们的行为就应当受到认可和鼓励。领导者必须确保工作场所充满正面积极的激励，激发并维持员工在工作中的激情和热情。当员工们能受到正面的引导和激励时，即便是日常琐碎的工作，也会变得更加有趣有意义。

## 二、报酬激励

报酬是组织对员工的贡献，包括员工的态度、行为和业绩等所做出的各种回报，是指雇员作为雇佣关系的一方所得的各种货币收入以及各种具体的服务和福利之和。因此，从这个角度上说，设计合适的薪酬奖励制度、施予有效的奖励和惩罚、参与管理、情感激励、危机激励等激励方法都是报酬激励，有的激励方法是通过给予员工各种回报以实行正激励，而当组织成员的行为不符合组织目标和组织需要时，组织将给予威胁或惩罚等负激励。

### （一）合适的薪酬奖励制度

#### 1. 绩效工资方案

绩效工资方案指的是根据对绩效的测量来支付员工工资的浮动薪酬方案。计件工资方案、奖励工资制度、利润分享和包干奖金都是这种方案的具体例子。这种工资方案与传统薪酬计划的差异在于，它并不是根据员工工作时间的长短来支付薪酬，而是在薪酬中反映绩效的考核结果。这种绩效考核可能包括个体生产率、工作团队或群体的生产率、部门生产率、组织总体的利润水平等诸如此类的事项。

越来越多的企业都采用绩效工资方案，实践证明，绩效工资方案也确实有效，研究表明，使用绩效工资方案的公司比不使用的拥有更好的财务业绩，对销售额、顾客满意度以及利润都有积极影响。如果组织提倡和使用工作团队的形式，那么管理者应当考虑绩效工资方案中，也要考虑设计团队绩效工资，这样的方案可以强化团队努力和承诺。但是，无论这些计划是基于个人还是团队，管理者都需要确保它们明确、具体地指出个体的报酬与绩效水平之间的关系。员工应当清楚地知道绩效（自己绩效和团队绩效）如何转化为自己的收入。

#### 2. 员工持股计划

所谓"有恒产者有恒心"，对企业的发展来说，员工的短期激励固然重要，但长期激励制度的设计，无论从理论还是实践的角度来看，都是十分重要的研究课题。在长期激励制度的设计中，员工持股计划是一项重要的内容。

员工持股计划是企业所有者与员工分享企业所有权和未来收益权的一种制度安排，是通过让员工持有本公司股票和期权，以最大化员工的主人翁感及组织承诺，而达到激励效果的一种长期奖励计划。这种持股激励是以股份为激励因素来调动员工积极性，鼓励员工在企业持股、风险共担、利润共享，增强持股员工的工作热情和工作责任感，从而达到企业员工参与企业管理、分享红利的目的。

### （二）工作激励

组织是由成千上万个不同的任务组成，这些任务又可以合并为各种工作岗位。管理者激励员工的方法很多，设计具有激励作用的工作也是其中之一。工作设计指的是将各种工作任务组合成完整的工作的方法。人们在组织中从事的工作不应当是随机演变的，管理者应当对工作进行精心设计，以充分反映不断变化的环境、组织的技术以及员工的技能、能力和偏好等因素的要求。管理者可以采用以下几种方法来设计具有激励作用的工作。

#### 1. 工作扩大化

工作扩大化是指同水平地扩展工作的范围，让员工从事同一层次上的多项工作，增加工作的多样化，避免职务内容专业化、单一化，最终通过工作再设计达到激励员工的目的。工作扩大化是让员工同时从事更多的工作。这样，如果一个装配工同时从事两项而不是一项工作，他的内容就扩大了。以邮件分类职务为例，它不是局限于按单位分发收到的邮件，而是可以扩大到包括邮件运到各个单位或者用邮资总付计数器在寄出邮件上打戳，这一方式于20世纪50年代在IBM的埃迪考特厂首先试行。实践证明，这种方式能提高员工情绪，降低生产成本，改善产品质量，并减少管理层次。

由此可见，工作扩大化意味着分配更多职责，当员工某项职务更加熟练时，在提高他们工作质量的同时，也相应地提高待遇，会让员工感到更加充实。同时，工作扩大化也意味着授予更多职权，增加职权满足了员工对权力和控制的需求，能对他们起到激励作用。

#### 2. 工作丰富化

工作丰富化是指在工作中赋予员工更多的责任、自主权和控制权。工作丰富化与工作扩大化、工作轮调都不同，它不是水平地增加员工工作的内容，而是垂直地增加员工工作的内容。这样员工会承担更多的任务、更大的责任，员工有更大的自主权和更高程度的自我管理，还有对工作绩效的反馈。换句话说，传统上认为应由管理者完成的某些工作任务现在授权给员工自己来完成。因此，工作丰富化使员工有更多的自由、独立性和责任来完成整项活动。通过工作丰富化，告别从前的劳动分工模式，改造流水作业线对人性的异化，促使人们对组织分工进行新的思考。

工作丰富化实际上是双因素理论的一种应用，工作丰富化的建立可以鼓励内在动机，因为它可以赋予员工执行工作中更多的控制权、责任和自由决定权，促进了员工的成长和自我实现。因为动机不断增强，组织绩效就会提高。

#### 3. 工作特征模型

尽管很多组织都实施过工作扩大化和工作丰富化并且获得众多褒贬不一的效果，但这两种方法都不能为管理者设计具有激励作用的工作提供一种有效框架，而工作特征模型却能做到这一点。工作特征模型确定了五个核心工作维度，即技能多样性、任务完整性、任务重要性、工作自主性和工作反馈，它们的相互关系以及它们对员工生产率、动机和满意度的影响如表7-1所示。

**表7-1　工作特征模型**

| 核心工作维度 | 关键心理状态 | 个人与工作结果 |
|---|---|---|
| 技能多样性<br>任务完整性<br>任务重要性 | 体验到工作的意义 | 高内部工作动机<br>高质量的工作绩效<br>对工作的高满意度<br>低缺勤率和流动率 |
| 工作自主性 | 体验到工作结果的责任 | |
| 工作反馈 | 对工作活动实际结果的了解 | |
| 员工成长需要强度 | | |

　　技能多样性、任务完整性和任务重要性三个维度组合起来形成有意义的工作，如果一项工作具有这三个特征，那么可以预测，员工会认为其工作是重要的、有价值的并且值得去做。如果工作具有自主性特征，就会使员工感到对工作负有责任；如果工作可以提供反馈信息，员工就会了解自己的工作效率。

　　工作特征模型表明，当员工得知自己很出色地完成了自己所重视的工作任务时，他们很可能受到激励。一项工作具有这些核心维度的内容越多，员工的积极性就越高，工作业绩越好，满意度越高，缺勤率和流动率也可能越低。另外，正如模型所示，这些工作维度和结果之间的关系受到个体成长需求强度的影响，当工作包含这些核心维度时，高成长需求者比低成长需求者更有可能体验到关键的心理状态并做出积极回应。这个差异也许可以解释工作丰富化研究中的不一致结果：在工作丰富化的基础上，低成长需求者可能并不会取得更高的工作绩效和更大的满意度。

### （三）参与管理

　　参与管理就是指在不同程度上让员工和下属参加组织的决策过程及各级管理工作，让下级和员工与企业的高层管理者处于平等的地位研究和讨论组织中的重大问题，他们可以感到上级主管的信任，从而体验出自己的利益与组织发展密切相关而产生强烈的责任感；同时，参与管理为员工提供了一个取得别人重视的机会，从而给人一种成就感。员工因为能够参与商讨与自己有关的问题而受到激励。参与管理既对个人产生激励，又为组织目标的实现提供了保证。

★ 小案例

**依靠民主管理"排忧解难"**

　　曹操诗云："何以解忧，唯有杜康。"河南××酒厂厂长肩负重任，却并不以酒解忧，而是依法办厂，向民主管理求教，让主人唱主角。这个厂每年年终都请职工代表对厂级和中层干部实行民主评议打分。凡70分以下者，经党委考核，确实不行的就免职。如20世纪90年代就曾一次免去8名低分中层干部的职务。企业建了3栋宿舍楼，行政科请示厂长如何分配，厂长说这事属于职代会的职权，应向工会主席汇报，由职代会审议决定。职代会经过民主程序制定了分房方案，公开并公平合理完成了分房任务，涉及70多户的住房大调整仅用了20天就顺利地完成了。

　　职工群众在企业中的主人翁地位，经过民主管理的实践活动得到了真正的确认，大家的心被烘热了，生产积极性像被掘开的涌泉，源源而来。厂里的 30 吨锅炉出故障，如果停炉修理需要三天整，估计损失 9 万元。锅炉间的工人心疼这些损失，二话没说，冒着刚熄火的炉膛高温，裹着湿毯子，轮番进入炉底抢修，不到一天就排除了故障，重新点火。

#### （四）感情激励

感情激励是指既不是以物质激励为刺激，也不是以精神理想为刺激，而是以个人与个人之间的感情联系为手段的激励方法。感情激励提倡的是一种以人为本的管理思想，其实质就是推行人性化的管理。以重视人的情绪、情感等因素为前提，以尊重员工、信任员工为基准，注重与员工的感情沟通交流，使其保持良好的工作情绪，积极主动、轻松愉快地投入工作中。

感情激励的最大作用就在于使员工感受到被关心、被支持、被尊重，而这种被关心、被支持、被尊重的感受在协调组织里的人际关系、调动工作积极性方面具有较大作用。

★小案例

### "关心人"的公司

成立于 1939 年的惠普公司的创始人帕卡德和休利特在开始做事业时，就想做长远的生意，想使公司建立在一群稳定的有贡献精神的员工的基础上，因此他们很重视与员工保持亲密的关系。例如，在惠普公司的早期，有一个雇员得了肺病，要求请假两年。这将给他造成严重的家庭经济困难。公司对此提供了一些经济援助。这件事使得惠普公司领导人意识到必须为员工提供保险计划。于是，惠普公司建立了灾难性医疗保险计划来保护员工及其家庭，极大地帮助了因意外或疾病而发生困难的家庭。这在当时的企业还是非常罕见的。

在 20 世纪 50 年代，惠普公司发展到 200 人左右，帕卡德的妻子露西尔开始了一种惯例：给每个结婚的员工买一件结婚礼物，给每个生孩子的家庭送一条婴儿毛毯。这种做法持续了 10 年，后来由于公司的扩大和分散经营而取消了。帕卡德认为，露西尔的行为促成惠普公司许多关心员工的传统的形成，加强了惠普公司的家庭氛围，培养了员工对公司的认同感。

在惠普公司的早期，领导人亲自参加野餐成为领导人亲密接触员工的一种重要方式。在公司早期，帕卡德和休利特每年在帕洛奥多地区为公司所有的人及家属举行一次全员参加的野餐。野餐由员工自己计划和进行。菜单丰富，公司购买食品和啤酒。员工负责食品加工，而帕卡德和休利特及其他高级管理人员亲自负责上菜。

#### （五）危机激励

危机激励是指树立起全员强烈的危机感和忧患意识。企业领导要不断地向员工灌输危机观念，让他们明白企业生存环境的艰难，以及由此可能对他们的工作、生活带来的不利影响，这样就能激励他们自动自发地努力工作。如乐凯高唱国歌，波音播放"倒闭"，轻骑推出"树梢工程"，以激发员工的内在动力，使之全力以赴，永不松懈，与企业同发展，共命运。危机激励是一种特殊的报酬激励，它强调的不是员工获得的回报，而是有可能失去的回报。

★小案例

### 任正非三次警告"冬天"

华为 CEO 任正非总是在喊冬天来了。这一喊，便是 8 年。在过去的 8 年里，华为的收入从 152 亿元人民币提高到 125.6 亿美元，增长迅猛；而在国际市场上，从第三世界到发达国家市场，华为与世界上最大的通信设备供应商们同台竞技，势头强劲。

怀揣着现金，眼望着可预见的大好形势，任正非却又一次警告，冬天要来了。

"冬天也是可爱的，并不是可恨的。我们如果不经过一个冬天，我们的队伍一直飘飘然是非常危险的，华为千万不能骄傲。所以，冬天并不可怕。我们是能够度得过去的。"任正非曾说。

居安思危，华为和任正非是中国企业和中国企业家的典范。

第一次警告：在 2000 财年销售额达 152 亿元，利润以 29 亿元人民币位居全国电子百强首位时，任正非大谈危机和失败。"10 年来我天天思考的都是失败，对成功视而不见，也没有什么荣誉感、自豪感，而是危机感。"任正非说，也许是这样华为才存活了 10 年。

第二次警告：2004 年三季度的内部讲话中，任正非再称，华为要注意"冬天"。在长达 13 000 字的讲话稿中，任正非检讨、审视了华为目前遇到的严峻困难，称这场生死存亡的斗争本质是质量、服务和成本的竞争。

第三次警告：在危机意识洗礼了华为 8 年后，任正非又一次提及"冬天"。他说，要"对经济全球化以及市场竞争的艰难性、残酷性做好充分的心理准备"。并提醒员工，"经济形势可能出现下滑，希望高级干部都要有充分心理准备。也许 2009 年、2010 年还会更加困难"。

### 三、强化激励

当行为的结果有利于个人时，行为就会反复出现，这就起到了强化、激励作用。如果行为的后果对个人不利，这一行为就会削弱或消失。对人的某种行为给予肯定和奖赏，使这个行为巩固、保持、加强，这称作正强化。对于某种行为给予否定和惩罚，使之减弱、消退，这称作负强化。正、负强化都是强化的方式和手段，应用得当，就可以使人的行为受到定向控制和改造，最后引导到预期的最佳状态。有效的奖励和惩罚是组织中强化激励的重要体现。

有效奖励有助于满足需要，调动人的积极性；可以调动人的积极情感，树立和增强信心；有助于增强人们克服困难的意志行为；有助于强化人的角色意识；有助于培养良好的道德品质；有助于培养和开发创造力。常见的奖励类别有实物奖赏、附加福利、地位象征、社会和人际奖赏、来自任务的奖赏、自我实施的奖赏等。

而惩罚作为一种负强化，有其积极作用，也是必要的，只是其所用方式、手段与奖励有所不同。惩罚相对奖励而言，方式、方法更难掌握，如果惩罚措施不当，会引起人们心理上的不满和情绪上的消极反应，以及行为上的对抗。惩罚的正效应表现为可以让不想要的行为不再发生，但是潜在的负面效应也很严重，如图 7-6 所示。

因此，在管理实践中，既要重视有效奖励这种强大的牵引力，也要重视惩罚等负强化产生的强大驱动力，正、负强化都具有激励作用，不仅对当事人，还对周围员工产生广泛影

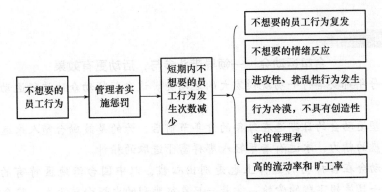

图7-6 惩罚潜在的负面效应

响。在管理实践中，应将奖励与惩罚相结合，以奖为主以罚为辅，采取形式多样、及时而正确的强化激励措施，奖人所需。

### 四、组织文化激励

组织文化激励法是利用组织文化的特有力量，激励组织成员向组织期望的目标行动。组织文化是一个组织在长期的运行过程中提炼和培养出来的一种适合组织特点的管理方式，是组织群体所共同认可的特有的价值观念、行为规范及奖惩规则等的总和。一个具有激励特性的、优良的组织文化能调动组织成员的积极性、主动性和创造性。当前组织文化激励的重要性已越来越受到人们的关注，榜样激励和组织活动激励都是常见的组织文化激励法。

#### （一）榜样激励

在管理企业的过程中不能忽视榜样的力量，要想在管理的过程中顺利将员工的潜力激励出来，就必须树立一个榜样。一个榜样可以起到的作用是很明显的，他们的存在可以产生感染、激励、号召、启迪、警醒等功能，榜样将成为一件管理者手中极具说服力的激励利器。与管理政策和空洞的说教存在着很明显区别的，那就是榜样的力量在于行动。

榜样激励能起到一种潜移默化的影响，这是因为行动比说教更能影响人。榜样就是一面引导员工进行更好工作的旗帜。管理者要学会利用榜样的力量，在企业里形成向心力、凝聚力，从而促进企业的发展。如果这种凝聚力形成了，将是不可摧毁的。

#### （二）组织活动激励

激励专家指出，企业通过举行活动可以极大地激发员工的工作热情。善于激励员工的企业领导都会在适当的时候组织员工开展各种文体活动并亲自参与其中，因为他们知道这不仅是带着员工向快乐出发的有效途径，更是带着员工向高绩效出发的重要途径。企业领导可以根据自己企业的现状，举办各种有意义的活动。例如，可以开展体育活动，企业组织一些有益的体育活动，可以满足员工的多种内在需要，如竞争意识、发展良好的人际关系、人与人的交流、荣誉感等，从而激发起他们的工作热情和干劲。也可以举办文艺活动，企业可以组织各种各样的歌舞联谊会、文化艺术领域的交流会等。还可以开展主题竞赛，组织内部的主题竞赛不仅可以促进员工绩效的提升，更重要的是，这种方法有助于保持一种积极向上的环境，对减少员工的人事变动效果非常明显。一般来说，可将假期、周年纪念日、运动会及文化作为一些竞赛的主题。

★小案例

### 台塑运动会——领导带头参与，活动更有效果

台塑集团每年都要举行一场规模宏大的运动会。这么劳师动众地举行运动会，有多大的意义和效应呢？

首先，台塑运动会的日期选在每年的青年节前后，为的是鼓励台塑人永远有着年轻人蓬勃的朝气和旺盛的精力，永远有着年轻人那样富于进取的精神。

其次，运动会在吉祥物的选择上也是别出心裁，以中国台湾地区特有的珍禽"帝雉"作为吉祥物：一只展翅飞翔的帝雉，拿着一只象征胜利的火炬向前飞去。隐含的意义是：年轻的台塑，将永远以追根究底和脚踏实地的精神向前迈进。运动项目的选择也意义深远，其中两项特别引人注目：一项是王永庆带领台塑集团的高级管理人员进行5 000米赛跑；另一项是闭幕式前，安排了每年内容不同的趣味竞赛，掀起运动会新的高潮。

运动场上，王永庆亲自点兵，被点到的管理人员要与他一起跑完5 000米。这漫长的5 000米，对于年轻人来说不算什么，但对于年过半百的老年人来说，无疑是一个巨大的挑战。王永庆之所以这样做，除了要考验管理者的体力和耐力之外，另有两层深刻的含义：一是代表着台塑在这样的领导群的带领下，勇往直前，奔向胜利；二是在商场上要跑到竞争对手前面。

运动会在高潮过后不免显得冷清，王永庆不愿以这样的气氛结束，所以在闭幕式前总要安排一项别出心裁的趣味竞赛项目，为的是重新掀起高潮，让运动会在笑声中结束，也给人以回味悠长的感觉。

## 本章小结

本章介绍了激励的含义、激励原理，着重介绍了主要的激励理论，并在此基础上介绍了几种在管理实践中常用的激励方法。

（1）激励是指在外在诱因的作用下，使个体完成有效的自我调节，从而达到激发、引导、维持和调节个体朝向某一既定目标而努力奋斗的心理过程。激励既包括诱导、驱动之意，也包括约束、惩戒之意。

（2）激励的基本要素是需要、动机、目标导向的行为、目标和满足。

（3）内容型激励理论又称需要理论，是指针对激励的原因与起激励作用的因素的具体内容进行研究的理论。内容型激励理论包括马斯洛的需要层次理论、奥尔德弗的ERG理论、麦克利兰的成就需要理论、赫茨伯格的双因素理论。过程型激励理论重点研究从动机的产生到采取行动的心理过程。过程型激励理论包括期望理论、公平理论、目标设置理论。"强化理论"也叫行为改造激励理论，主要强调的是人们现在的行为结果影响其未来的行为。综合型激励理论就是将以上3类激励理论相结合，把内、外激励因素都考虑进去，系统地描述激励全过程，以期对人的行为有更为全面的解释，克服各种激励理论的片面性。

（4）将激励理论应用于管理实践，总结出来很多有效激励方式和方法，其中比较具有代表性的有目标激励、报酬激励、强化激励和组织文化激励等。

## 知识结构图

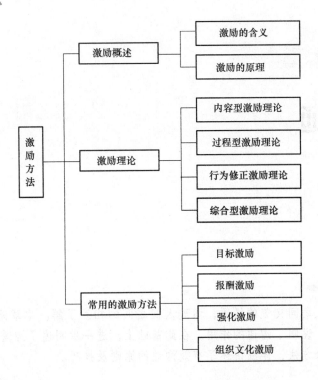

## 学习指导

通过对本章内容的学习，要能掌握激励概念、激励原理，掌握内容型激励理论、过程型激励理论、行为修正激励理论和综合激励理论等理论要点，增强激励理论应用训练，具备各种激励方法应用的能力，提高在生活、工作中巧妙运用激励技能的水平。能够理解激励的重要意义，若能补充阅读有关激励理论和激励方法的相关书籍和文献，并能将激励理论应用到平时的工作和生活中，则可进一步巩固和提高学习效果。

## 拓展阅读

当今世界的三种激励
模式之——物质激励

全方位激励理论

# 第八章

# 有效沟通

沟通搭起人与人之间交流的桥梁，增进人们之间的相互了解。本章阐释了沟通的含义，介绍了沟通的要素，说明了沟通的作用。在此基础上，进一步阐述了沟通的方式及类型，指出了沟通障碍及排除方法，详细讲述了有效沟通的原则及技巧。

**★重点难点**

重点：1. 沟通的要素。
      2. 沟通的方式及类型。
难点：沟通障碍及排除方法。

**★引导案例**

### 李明的烦恼

新的一天开始了，销售部秘书王玲刚刚在办公桌前坐下，业务员李明就匆匆赶到了。

"你说，咱们公司那些管行政、财务的人是怎么回事啊？我为这标书已经拼了一个星期了，好不容易说服了客户，摆平了招标单位，回头来找一份材料，却找不到人了！"

"怎么回事？"王玲问道。

"昨天我需要一份公司营业执照的复印件，先找行政部，他们说应到财务部拿。等我找到财务部张会计，她却说要老总同意，让我找财务总监，我打总监的电话，却是关机的，到现在我都还没有拿到呢，你说这不急死吗？"

"几点的事呀？"

"昨晚8点。"

"咳，都下班了，再说，人家也不知道你急着找他呀！"

"唉，这当'乙方'的真倒霉！既得'攘外'，又得'安内'，怎么回到公司就不能做一次'甲方'呢?"(供应商通常在合同中被定义为"乙方",客户为"甲方",因此业务人员常自称为"乙方"。)

"我和其他部门的人吃饭时,他们还常说:'你们销售多好啊,一切资源都是你们优先。我们这些部门累得半死也没人看见,谁都能冲我们喊……'"

**问题引出:**

(1)李明烦恼的根源在哪里?

(2)李明所在公司有良好的沟通氛围吗?

# 第一节 沟通概述

企业运营过程中,需要各方面的配合协作才能顺利完成工作。沟通搭起人与人之间交流的桥梁,增进人们之间的相互了解,消除人际隔阂,妥善解决冲突,有效实施指挥和激励,增强团队凝聚力,确保企业内部的有效协作。

## 一、沟通的含义

《现代汉语词典》对沟通的解释:"沟通是指使两方能通连。"在中国,沟通一词的本意是指开沟以使两水相通,后用以泛指使两方相通连,也指疏通彼此的意见。《左传·哀公九年》有曰:"秋,吴城邗,沟通江淮。"后人也是因为看到水渠交叉,各自相通,又联想到人与人的交流何尝不是如水渠一样交汇往来,互相贯通,达到彼此一致,所以就用这个词来形容把信息、思想和情感在个人或群体间传递,并且达成共同协议的过程。从文化渊源上讲,沟通指彼此连通,达到一致。这与现代意义上的沟通的目的和实质是一致的。

通俗地讲,所谓沟通就是信息交流,是指主体通过一定的渠道将信息传递给客体,以期取得客体做出相应反应的过程。沟通一般有三种表现形式:机器与机器之间的沟通、人与机器之间的沟通、人与人之间的沟通(人际沟通)。在管理工作中的沟通通常来说都是指人际沟通。

这一含义可以从如下四个方面进行理解:

(1)沟通是涉及两个以上的人的行为或活动,由于沟通的主客体都是人,人与人之间的沟通不仅是信息的交流,而且包括情感、思想、态度、价值观等,即人的主观能动性和创造性都反映在沟通活动中,这在某种程度上会影响沟通的作用。

(2)人与人之间的沟通不同于其他沟通过程的特殊性,就在于人与人之间是通过语言和其他的媒介形式进行信息传递和思想交流。广义的语言既包括口头语言和书面语言,也包括作为"副语言"的表情语言和肢体语言等。

(3)沟通必须有内容,而其内容必定是双方的接触、联系并产生相互影响。在信息的发出者和接收者之间,需彼此了解对方进行信息交流的动机和目的,因此沟通是双向的,是互为客体的,来而不往就不能产生积极的效果。

(4)沟通的目的是促进人们之间的了解与合作。但是,由于沟通会出现特殊障碍,这种障碍不仅来自信息渠道的失真或错误,还可以来自人特有的心理障碍。例如,使用语言沟通时,即便是同一语言,由于说话者的口气、语速、神态等不同,人们也会诠释出不同的含义。再如,由于人的知识、经历、职业、观点等不同,人们对同一信息可能有不同看法和不同理解。所以，良好的沟通不等于沟通双方达成一致的意见，更重要的是应准确地理解沟通中信息的含义，最大限度地摒弃主观偏见。

## 二、沟通的要素

人际沟通是由相互联系必不可少的诸多要素构成的完整过程，是信息发送主体将信息通过选定的渠道传递给信息接收客体的过程，这个过程包括主体与客体、编码与解码、信息、传送器与接收器、渠道、反馈、背景、系统噪声八个要素。正确认识沟通的各要素，是有效沟通的前提，如图 8-1 所示。

**图 8-1　人际沟通过程模型图**

### （一）主体与客体

个人之间的信息交流需要有两个或两个以上的人参加。由于个人之间的信息交流往往包含人们相互间一系列的互换与互动、沟通与交流，因此把一个人定义为发送者，而另一个人定义为接收者，这只是相对而言。这两种身份是否发生转换，取决于沟通者处于信息沟通模型中的位置。在信息交流过程中，沟通的主体就是信息的发送者，它的功能是产生、提供用于交流的信息，是沟通的初始者，具有主动地位。而接收者则被告知事实、观点和被迫改变自己的立场、行为等，所以处于被动位置。

### （二）编码与解码

编码是指发送者根据一定的语言语义规则，把自己的思想、观点、情感等翻译成可以传送的信号。解码就是把所接收的信号翻译、还原成原来的含义。

沟通的编码与解码过程是沟通成败的关键。完美的沟通，应该是发送者的信息经过编码与解码两个过程到达接收者后，接收者形成的信息与发送者发送的信息完全吻合。也就是说，编码与解码完全"对称"的前提条件是双方拥有类似的知识、经验、态度、情绪和感情等，如果双方对信息符号及信息内容缺乏共同经验，则容易缺乏共同的语言，那么就无法达到共鸣，从而使编码与解码过程不可避免地出现误差和障碍。

### （三）信息

在沟通中，信息发送主体和信息接收客体居于主导地位，信息是沟通活动的主要载体。接收者并不能直接领悟发送者的思想和观点，他只有通过接收发送者传递的信息才能理解对方真正的意图。

### （四）传送器与接收器

传送器与接收器是指信息传递及接收时所使用的工具和媒质。在个人之间信息交流时，信息传递的工具通常是人的感官，即视觉、触觉和味觉。传送是通过语言性的或非语言性的媒质进行的。传送器一旦工作，则传递过程就开始不再受发送者的控制。

信息经过渠道到达接收者的接收器。接收器主要有两类：首先是接收者的感官，即视觉、触觉和味觉；其次是借助于高新技术，如计算机、电话、通信卫星、互联网等人造工具来强化接收效果。

### （五）渠道

渠道是指发送者选择的、用来传递信息的媒介或方式。随着沟通工具的发展，信息传递的方式和渠道越来越多。最初，人们主要通过语言进行口头的信息传递；之后，随着文字的出现，书面沟通也出现了。到了现在，人们可以借助电话、传真、电子邮件、电子公告板、电话会议、视频会议等先进技术来发送和接收信息。网络已经成为人们日常生活和工作的重要沟通渠道。

目前，沟通渠道的多样化给信息传播带来了不可忽视的影响，信息发送时，发送者要考虑选择合适的方式传递信息，不同的情况下采取的沟通渠道应该有所不同。通常，口头沟通渠道主要用于即时互动性沟通，形式活泼，富有感情色彩。书面沟通则显得严谨规范，是组织沟通中的重要方式。

在一个组织中，正式沟通渠道主要用于组织内部的行政命令、指令或规章的发布以及与其他组织或个人的谈判、合同、契约的签订等，具体形式可能包括合同、标书、意向书、报告、演讲以及新闻发布会等；非正式沟通渠道主要用于获取新信息互动性较强的情形，如面谈、闲聊、电话沟通、小道消息等。

### （六）反馈

反馈是指信息接收者对所获信息做出的反应。当接收者收到信息，并对信息发送者做出反馈，表达自己对所获得的信息的理解时，沟通过程便形成了一个循环。接收者将自己的理解反馈给信息的发送者，从而变成下一个沟通环节的信息发送者，如此反复，形成一种角色的不断转换。反馈可以反映出沟通的效果，它可以使发送者了解信息是否被接收和理解，同时使沟通成为真正的双向互动的过程。离开了反馈，不仅沟通的效果难以保证，而且人们从沟通中获得的满足感和社会归属感也会降低。

从形式上讲，反馈包括口头的或书面的、语言的或非语言的、直接的或间接的、有意的或无意的、即刻的或延缓的等多种形式。但是，就性质而言，反馈可划分为两种：正反馈和负反馈。这两种反馈会对信息发送者的行为和态度产生影响。例如，听众对一位演讲者的反应能在很大程度上影响演讲者的下一步行为。如果是喝彩或点头示意，演讲者就会继续使用正在进行的沟通方式并且会更有演讲的热情；反之，如果是嘘声、皱眉、打呵欠或不专心，而演讲者对这些行为又较为敏感，就会及时修正其沟通方式，同时演讲者也会产生一定程度上的失望情绪。

### （七）背景

沟通总是在一定背景中发生的，任何形式的沟通，都要受到各种环境因素的影响。一般认为，对沟通过程发生影响的背景因素包括以下四个方面：

#### 1. 心理背景

心理背景是指沟通双方的情绪和态度。它包含两个方面的内涵：其一是沟通者的心情、情绪。兴奋、激动的情绪与悲伤、焦虑的情绪，会使得沟通者的沟通意愿、沟通行为表现得截然不同，后者往往导致沟通意愿不强烈，思维也处于抑制或混乱状态，编码与解码过程受到干扰。其二是沟通者对对方的态度。如果沟通双方彼此敌视或关系淡漠，沟通过程则常由于偏见而出现误差，双方都较难准确理解双方思想。

### 2. 社会背景

社会背景包含两方面的含义：一方面是指沟通双方的社会角色关系。不同的社会角色关系，有着不同的沟通模式。例如，上级可以拍拍下级的肩头，告诉下级要以厂为家，但下级绝不能拍拍他的肩头，告诉他要公而忘私。因为对应于每一种社会角色关系，无论是上下级关系，还是朋友关系，人们都有一种特定的沟通方式预期，只有沟通方式符合这种预期，才能得到人们的接纳。但是，这种社会角色关系也往往成为沟通的障碍，如下级往往对上级投其所好，报喜不报忧等。这就要求上级能主动改变，消除这种角色预期带来的负面影响。另一方面是指对沟通发生影响但不直接参加沟通的其他人。例如，自己配偶在场与否，人们与异性沟通的方式是不一样的。丈夫在妻子在场时，与异性保持的距离更大，表情也更冷淡，整个过程变得短暂而匆忙。

### 3. 文化背景

文化背景是指沟通者长期的文化积淀，也是沟通者较稳定的价值取向、思维模式、心理结构的总和。其已经转变为沟通者精神的核心部分，是沟通者思考、行动的内在依据。通常情况下，人们体会不到文化对沟通的影响。实际上，文化影响着每一个人的沟通过程，影响着沟通的每一个环节。当不同文化发生碰撞、交融时，人们往往能发现这种影响。合资企业和跨国公司的管理人员，可能对此深有体会。例如，由于文化背景的不同，东方与西方在沟通方式上存在着较大的差异：东方重礼仪、多委婉，西方重独立、多坦率；东方多自我交流、重心领神会，西方少自我交流、重言谈沟通；东方和谐重于说服，西方说服重于和谐。这种文化差异使得不同文化背景下的管理人员在沟通时遇到不少困难。

### 4. 物理背景

物理背景是指沟通发生的场所。特定的物理背景往往造成特定的沟通气氛。在一千人礼堂演讲与在自己办公室慷慨陈词，其气氛和沟通过程是完全不同的。

### （八）系统噪声

系统噪声是指通道中除了所要传递的信息之外的所有干扰。它存在于沟通过程的各个环节，并有可能造成信息的失真。例如，模棱两可的语言、难以辨认的字迹、不同的文化背景等都是噪声。系统噪声会干扰信息的正常交流。

沟通过程中的主要噪声来源有以下几个方面：一是情绪状态与环境情景对正确发送或接收信息形成的障碍；二是双方个性特点如气质、性格、能力等会影响沟通顺利进行；三是价值标准与认知水平的不同导致无法理解对方的真正意思；四是地位级别所造成的心理落差和沟通距离；五是编码和解码时采用的信息符号系统的差异；六是信息通道本身的物理性问题，如在马达轰鸣的环境下交谈是一件十分吃力的事情。总之，噪声作为一种干扰源，无论产生于交流过程中的哪一个层次、哪一个环节，无论是有意或无意为之，其本身也是种信息，只不过这种信息通常会增加信息编码和解码中的不确定性，导致信号传送和接收时的模糊与失真，并进一步干扰沟通双方之间的信息交流。

## 三、沟通的作用

通俗地说，沟通的作用就是在适当的时间，将适当的信息，用适当的方法，传递给适当的组织或个人，以形成一个迅速有效的信息传递系统，从而有助于组织目标的实现。具体而言，沟通具有以下三个方面的作用：

### （一）为科学决策奠定基础

组织内外存在着大量模糊、不确定的信息，沟通可以澄清事实、交流思想、倾诉情感，从而降低信息的模糊性，为科学决策奠定基础。在企业经营管理的过程中，对问题的认识、对各种解决方案进行比较，都要求决策者掌握大量信息。沟通能够帮助决策者掌握更多信息，从而为科学决策提供有力的支撑。

### （二）为组织创造和谐的氛围

一个组织是否吸引人，组织成员是否甘愿为之奋斗，不仅在于组织是否有一个宏伟诱人的愿景，还在于这个组织内是否具有一种和谐的人际氛围。所谓和谐的人际氛围就是指组织成员间友好相处，彼此互相敬重，彼此相知，即便产生了一些矛盾，各方也一定会妥善地当面处理，而不是剑拔弩张，或背后搞小动作。人际关系的和谐与组织成员的素质和修养有很大关系，但良好的沟通渠道和氛围也是创建和谐氛围所不可缺少的要素。沟通促使组织成员互相了解，组织内部的人与人之间也就变得更加友好相处，从而提升组织的工作效率。

### （三）促进组织成员行为协调

组织的成员在各自的岗位上按照分工要求开展工作，但组织的环境在变化，组织成员的思想、心理也在变化。因此，组织成员的行为就有可能发生一定程度上的变异。这种变异有的是好的，符合岗位工作的高效率要求；有的则会给其他相关成员的工作造成障碍，更何况符合岗位工作最好的要求未必符合组织的整体配合性要求，故在组织目标的实现过程中时刻保持组织成员的行动协调是非常必要的，就好像一部机器要运转良好，就必须使所有零部件没有问题且配合完好才行。

行为协调的前提是组织成员知道自己做了什么，正在做什么，别人做了什么，正在做什么，大家应该如何合作，而这必须通过有效的沟通才能实现。沟通可以使组织成员明白自己之所做和他人之所做，明白与目标的差异，从而调整各自的行为，进行团体的合作。

## 第二节　沟通的方式及类型

### 一、沟通的方式

人们会根据不同的沟通目的、听众及沟通内容等，选择不同的方式与他人沟通。沟通方式的选择往往取决于两个方面的因素，即信息发送者对内容控制程度和听众参与程度。两者的关系如图 8-2 所示，图中纵轴代表信息传递者对内容控制程度，横轴代表听众参与程度。

### （一）告知

告知是指听众参与程度低、内容控制程度高的方式，如传达有关法律、政策方面的信息，作报告，举办讲座等。

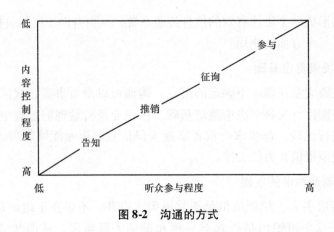

图 8-2 沟通的方式

### （二）推销

推销是指有一定的听众参与程度，对内容的控制带有一定的开放性的方式，如推销产品、提供服务、推销自己、提出建议和观点等。

### （三）征询

征询是指听众参与程度较高，对内容的控制带有更多的开放性的方式，如咨询会、征求意见会、问卷调查、民意测验等。

### （四）参与

参与是四种沟通方式中听众参与程度最高、内容控制程度最低的一种方式，如团队的头脑风暴、董事会议等。

很难评定上述各种沟通方式孰优孰劣。沟通方式的选择完全取决于沟通目的、听众和信息内容。有时可以选择单一的方式，有时也可结合运用多种方式进行。如果信息发送者希望听众接收所传递的信息，则可以采用告知或推销的沟通方式，此时，信息发送者掌握并控制着足够的信息，在沟通过程中主要听取信息发送者叙述或解释而不需要听其他人的意见。当信息发送者希望从听众那里了解和获取信息时，则应该运用征询或参与的沟通方式。征询的方式具有一定的合作性，表现出一定的互动性。参与的方式则具有更明显的合作互动性，如团队头脑风暴式讨论会，此时，信息发送者并不掌握足够的信息，其希望在沟通过程中听取听众的意见，期待听众参与并提供有关信息。

## 二、沟通的类型

由于沟通的复杂性以及在现实生活中沟通主体、客体、媒介、形式、环境等具体因素的多样性和可变性，沟通可以根据不同的划分标准，分为不同的类型。

### （一）正式沟通与非正式沟通

按照组织管理系统和沟通体制的规范程度，沟通可以分为正式沟通和非正式沟通。

1. 正式沟通

正式沟通是指在组织系统内部，以组织原则和组织管理制度为依据，通过组织管理渠道进行传递和交流的沟通方式。例如，组织间的公函来往、组织内部的文件传达、召开会议等。正式沟通的优点：约束力强、比较严肃、权威性高、保密性强等，同时还可以使公共关系保持权威性。重要信息和文件的传达，组织的决策一般都采用正式沟通的渠道。其缺点：由于信息需要经过层层传递，并要遵照既定的程序，沟通的成本相对较高，缺乏灵活性，效率比较低。同时，由于正式沟通缺乏反馈机制，沟通效果难以保证。

2. 非正式沟通

非正式沟通是指在正式渠道之外，通过非正式的沟通渠道和网络进行信息传递或交流的沟通方式。非正式沟通形式繁多且无定型，这类沟通代表个人行为。例如，员工之间私下交换意见，你一言我一语地议论某人某事以及传播小道消息等，这些一般的、随意的、口头的或即兴的沟通都是非正式沟通行为。由于非正式沟通在管理活动中十分普遍，而且人们真实的思想和动机往往在非正式沟通中更多地表露出来，因此非正式沟通在管理沟通领域常常是广大学者和实践者研究的重要领域。非正式沟通具有传播速度快、范围广、效率高、可跨组织边界传播等特点，可以提供正式沟通难以获得的"内幕新闻"。但是非正式沟通涉及的沟通主体较多，通常会造成沟通难以控制，传递信息不确切，容易失真，而且有可能导致小团体、小圈子的滋生，影响组织的凝聚力和向心力。

★小案例

**小道消息传播带来的问题**

斯塔福德航空公司是美国西北部一个发展迅速的航空公司。然而，最近在其总部发生了一系列的传闻。公司总经理波利想卖出自己的股票，但又想保住自己总经理的职务，这是公开的秘密了。他为公司制定了两个战略方案：一个是把航空公司的附属单位卖掉；另一个是利用现有的基础重新振兴发展。他曾经对这两个方案的利弊进行了认真的分析，并委托副总经理本查明提出一个参考的意见。

本查明曾为此起草了一个备忘录，随后让秘书比利打印。比利打印完后就到职工咖啡厅了。在喝咖啡时比利碰到了另一位副总经理肯尼特，并把这一秘密告诉了他。比利对肯尼特悄悄地说："我得到一个最新消息。他们正在准备成立另外一个航空公司。他们虽说不会裁减职工，但是，我们应该联合起来，有所准备啊！"这些话又被办公室的通信员听到了。他又高兴地立即把这消息告诉他的上司巴巴拉。巴巴拉又为此事写了一个备忘录给负责人事的副总经理马丁。马丁也加入了他们的联合阵线，并认为公司应保证兑现不裁减职工的诺言。

第二天，比利正在打印两份备忘录。备忘录又被路过办公室探听消息的摩罗看见了，摩罗随即跑到办公室说："我真不敢相信公司会做出这样的事情，我们要被卖给联合航空公司了，而且要大量削减职工呢！"

这消息传来传去，3天后又传回总经理波利的耳朵里。波利也接到了许多极不友好甚至是敌意的电话和信件，人们纷纷指责他企图违背诺言而大批解雇工人，有的人也表示为与别的公司联合而感到高兴，而波利则被弄得迷惑不解。

思考一下总经理波利怎样才能使问题得到澄清？这个案例中发生的事情是否具有一定的现实性？你认为应该采取什么态度对待非正式沟通问题？

**（二）下行沟通、上行沟通、平行沟通和斜向沟通**

根据沟通中信息的传播方向可以将沟通分为下行沟通、上行沟通、平行沟通以及斜向沟通。

1. 下行沟通

下行沟通是指在组织或群体中，从高层向低层进行的信息传递或交流。这种沟通多用于管理者给下属员工分配任务，介绍工作，指导员工解决生活中出现的问题，指出需要解决的问题，提供工作绩效反馈等。下行沟通要得到顺畅实施，管理者就要降低自己的姿态，不要一副高高在上的样子，使下属畏惧而不愿意沟通。

2. 上行沟通

上行沟通是指组织或群体中，从低层次向高层次进行的信息传递或交流。上行沟通多属于下属人员向管理者的汇报或其他工作活动，例如，下属提交的工作绩效报告、合理化建议、员工意见调查表、投诉程序、上下级讨论和非正式会议。在非正式的会议上，员工有机会提出问题，与他们的上司甚至高层管理代表一起讨论，管理者则可以借助下属的上行沟通来获得改进工作的意见。但是，在实际工作中，与传统的下达任务式的下行沟通相比，上行沟通则很容易被忽视，会导致下属和领导之间相互不理解、下属抱怨、上级埋怨等沟通问题的出现。

3. 平行沟通

平行沟通是指组织内部同一阶层或职级的人员之间的沟通，多用于各部门的协调合作工作。由于组织各部门之间联系越来越紧密，信息的横向传递和交流显得异常重要。相较于上行沟通和下行沟通，由于平行沟通的主体在层级、权力等方面更平等和相似，因此可以避免由于认知水平等差距造成的信息严重失真或偏差。同时，平行沟通更加随意和准确，是对上行沟通和下行沟通的重要补充。

4. 斜向沟通

斜向沟通是指发生在不同工作部门和组织层次的员工之间的沟通。例如，在国际物流中，仓储部门员工就进出口问题和进出口部门经理进行沟通。随着现代信息技术的发展，企业内部网络、电子邮件等先进沟通技术使得跨部门的斜向沟通更加方便。

总体来说，组织中下行沟通较多，且较为正式。平行沟通是最普遍的也是最受大家欢迎并习以为常的。这是因为，在组织中，每个人都需要有归属感并且得到认同，在这种心理需要的作用下，同事之间的沟通不仅是一种工作上的需要，更是各自情感的需要。对组织来说，平行沟通的畅通无阻也是凝聚力形成和保持的重要因素。但是，在绝大多数组织当中，由于上级对下级的重视不够、员工的工作传统以及规章制度的不完善、良好沟通氛围的缺乏等原因，上行沟通较为薄弱，影响了沟通的整体效果。

## （三）语言沟通与非语言沟通

根据信息是否以语言为载体进行传播，可以将沟通分为语言沟通与非语言沟通。

1. 语言沟通

语言沟通是指以语言符号为载体实现的沟通，主要包括口头沟通、书面沟通和电子沟通。

口头沟通是指通过口头语言进行信息交流，如报告、传达、面谈、讨论、会议、演说等形式。口头沟通比较灵活，速度快，可以双向交流，及时反馈，容易传递带有情感色彩或态度的信息，同时，还可以利用体态、手势、表情等语言辅助手段，这些都是口头沟通的优点。但是，由于没有书面记录，口头沟通容易造成信息失真。

书面沟通是指在组织中，通过通知、文件、告示、刊物、书面报告等形式进行的沟通。

书面沟通的优点：不易被歪曲和误解；可以长时间甚至永久性保留；由于其书面记录的规范性，可以对沟通双方具有一定的约束力。其缺点是：不易传递情绪信息，不够灵活。

电子沟通是指通过互联网、电子邮件、即时通信软件等信息手段进行沟通。电子沟通的速度快，效率高，可以多方位沟通，空间跨度大，但是难以得到及时反馈，受硬件条件的限制较大。

通常来说，在管理工作中，口头沟通和书面沟通都必不可少，而电子沟通是近几年日益流行、迅速发展并受人关注的沟通类型。

2. 非语言沟通

人们往往重视语言沟通，而忽视了非语言沟通的重要意义。非语言沟通内涵十分丰富，为人熟知的领域是身体语言沟通、副语言沟通、物体的利用与环境布置等。

（1）身体语言沟通。身体语言沟通是通过动态无声的目光、表情、手势语言等身体运动或者是静态无声的姿势、衣着打扮等形式来实现的。早在 2 000 多年前，伟大的古希腊哲学家苏格拉底即观察到了身体语言沟通现象，他指出："高贵和尊严，自卑和好强，精明和机敏，傲慢和粗俗，都能从静止或者运动的面部表情和身体姿态上反映出来。"

人们首先借由面部表情、手部动作等身体姿态来传达如攻击、恐惧、腼腆、傲慢、愉快、愤怒等情绪或意图。例如，管理者与下属交谈时，常常可以通过其眼神和面部表情来判断所讲的话是否为对方所理解，是赞同还是反对。在一项关于交流的研究中，美国心理学家艾伯特·梅拉比安测算出，一般观众把他们注意力的 50% 集中于讲话者的说话方式，42%的注意力投向讲话者的形象，仅有 8% 的注意力关注到讲话的内容。芝加哥公牛队的黄金搭档"飞人"乔丹与皮蓬曾这样说："我们两个人在场上的沟通相当重要，我们相互从对方眼神、手势、表情中获取对方的意图，于是我们传、切、突破、得分；但是，如果我们失去彼此间的沟通，那么公牛队的末日就来临了。"

人与人之间的空间位置关系，也会直接影响个人之间的沟通过程。国外有关研究证实，学生对课堂讨论的参与直接受到学生座位的影响。在倾向上，以教师讲台为中心，座位居中心位置的学生，对于课堂讨论的参与比例也较大。另外，沟通中空间位置的不同，还直接导致沟通者具有不同的沟通影响力，有些位置对沟通的影响力较大，有些位置对沟通的影响力较小。例如，同一种发言，站在讲台上讲，与在台下自由发言所引起的作用是不同的，高高的讲台本身就具有某种权威性。

沟通者的服饰往往也扮演着信息发送源的角色。据学者们研究后发现，在企业环境里，组织成员所穿的服装传递出他们的能力、严谨和进取性等清楚的信号。换句话说，接收者无意识地给各种服装归结了某些定型含义，然后按照这些认识对待穿戴者。在社会交往中，人们往往首先从他人穿戴的服装上看到某种信息。

（2）副语言沟通。副语言沟通是通过非语言的声音，如重音、声调的变化、哭笑、停顿等来实现的。心理学家称非语词的声音信号为副语言。最新的心理学研究成果揭示，副语言在沟通过程中，起着十分重要的作用。一句话的含义往往不仅决定于其字面的意义，还决定于它的弦外之音、言外之意。语音表达方式的变化，尤其是语调的变化，可以使字面相同的一句话具有完全不同的含义。例如，一句简单的口头语："真棒！"当声调较低、语气肯定时，表示由衷的赞赏；而当声调升高、语气抑扬，则完全变成了刻薄的讥讽和幸灾乐祸。

（3）物体的利用与环境布置。除了运用身体语言外，物体的利用是人们通过物体的运用和环境布置等手段进行的非语言沟通。例如，管理过程中的正式谈判活动，人们特别重视交谈环境的布置。选择什么形状的谈判桌，怎样安排会谈人员的座位等都要精心考虑。比较大型、重要的会谈，桌子可选择长方形的，代表各居一面。如果会谈规模较小，或交谈人员比较熟悉，可以选择圆形桌子。此外，声和光的信号在人们的沟通中也起着重要作用。例如，十字路口的红灯告诉人们不可以通过街道；商业街区中的各种霓虹灯广告向顾客传递着各种商品信息。

### （四）单向沟通和双向沟通

根据沟通时是否出现信息反馈，可以把沟通分为两种：单向沟通和双向沟通。

1. 单向沟通

单向沟通是指信息朝着一个方向全过程传递。信息发送者与信息接收者之间的地位不发生变化。单向沟通没有反馈，如做报告、发指示、做演讲、下命令等。这种沟通的特点是速度快、程序好、无反馈、无逆向沟通，但接收率低，接收者容易产生挫折、埋怨和抗拒心理。

严格来讲，单向沟通不属于真正意义上的沟通，而是一方把沟通的内容传达给另一方，没有反馈，效果显然不理想。双向沟通才是真正意义上的沟通，但是不能因此而否定单向沟通。一般来说，例行公事、有章可循、无较大争论的情况，可采用单向沟通；情况复杂、难以决策，可采用双向沟通；重视速度、维护领导者威信，可采用单向沟通；重视人际关系，可采用双向沟通。单向沟通由于只强调单一的信息传递，不要求反馈，组织中运用这一沟通模式也是由于其具有传递速度快、传播范围广、传递模式简单的特点。在规模较小的组织或特定组织中，单向沟通十分重要，甚至占有主导地位。如军队系统的沟通，单向沟通模式被普遍采用，主要是因其快速反应和快速行动的特点。

2. 双向沟通

双向沟通是指信息发送者与信息接收者之间的地位不断发生变化，信息在两者之间反复变换传递方向的沟通模式，例如，交谈、协商、会谈等。这种沟通的特点是速度慢、气氛活跃、有反馈、接收率高，接收者能表达意见，人际关系较好。但信息发送者有一定的心理压力，因为要随时准备接收信息接收者的反馈意见，许多时候是一种批评或建议。

双向沟通在组织沟通中十分重要，这主要是基于沟通有反馈、交流，能更好地实现沟通的目的。在组织中，面对面交流、电话交谈、小组会议、电子邮件、电话会议、可视会议等都是典型的双向沟通模式，能很好地实现信息资源共享。

### （五）自我沟通、人际沟通与群体沟通

根据沟通者目标对象的不同，可以把沟通分为自我沟通、人际沟通与群体沟通。

1. 自我沟通

自我沟通是指信息发送者和信息接收者为同一行为主体，自行发送信息、自行传递、自我接收和理解。在所有的沟通中，自我沟通是基础。人们进行自我沟通的目的是认知"自我"。

自我沟通更多的是一种心理上的需要。人们对沟通的重视往往局限在人际沟通或组织沟通的范畴，而对自我沟通，也就是人作为个体与自己内心的交流缺乏足够的重视。从根本上讲，一些精神病患者、抑郁症患者甚至想不开寻短见的人都是由于缺乏自我沟通或者自我沟

通的过程被扭曲，沟通结果失常导致心理失衡造成的。

自我沟通，主要包括自我反省、情绪管理、压力沟通等。通过自我沟通，人们能够探索自我、肯定自我并且可以保持良好的心境。尽管很多时候人们要通过与人交流得知自己有什么专长与特质，但是所谓"人贵有自知之明"，只有对自己有清楚的认知，了解自我特质，郁闷时懂得自我排遣才能在日常生活以及工作中保持良好的情绪，求得更大发展。

2. 人际沟通

人际沟通是指两个人之间的信息交流过程，它与人们的生活息息相关。人际沟通最大的特点是互动性，并且这种互动是有意义的。即人际沟通必须是两个人之间的，由信息的发送者到接收者，同时有传播信息的媒介，并且双方能达成了解上的一致。无论是与亲人饭后闲聊，还是与好友千里一线的电话聊天，包括使用网络在即时通信软件上与网友们交谈都是一种人际沟通。这些沟通能够使双方得到相应的互动和反馈。

人是一种社会的动物，人与人相处就像人体需要食物、水、住所等一样重要。如果人与其他人失去了相处的机会与接触方式，大多会产生一些症状，如产生幻觉、丧失运动机能、心理失调等。虽然山居隐士们选择独立似乎是一种例外，但是殊不知很多山居隐士也不是真正的"出世"，而是在某种意义上保持着与外界的沟通，如与好友把酒当歌。而对于大多数平常人来说，可能只是与其他人聊聊琐事，即使是一些不重要的话，沟通的双方也能因彼此互动而感到满足和愉悦。

3. 群体沟通

群体沟通是指在两个以上的个体之间进行的沟通。例如，会议、演讲、谈判等都属于群体沟通。这种沟通是管理沟通的主要方式，其沟通的结果和效果将直接影响到组织行为的有效实施、组织氛围的融洽与否等。同时，群体沟通中的非正式沟通也是人们日常生活的需要，如亲朋好友的聚会，人们在群体沟通中得到交流的满足感，同时获得社会归属感。

群体沟通是群体决策的基础，可以为群体决策提供更多的有效信息，而群体决策相对于个人决策则具有合理性更高、受重视程度更高等特点。但是，群体沟通存在着效率较低、时间较长、存在群体压力或"从众"现象等缺点。

# 第三节　沟通障碍的产生及排除方法

## 一、沟通障碍的产生

从信息发送者到信息接收者的沟通过程并非都是畅通无阻，其结果也并非总是如人所愿。现实的沟通活动表明，沟通过程中往往存在这样或那样的障碍，直接导致沟通失败或无法实现沟通目的。

信息沟通中的障碍是指在沟通过程中，导致信息传递出现扭曲或失真的干扰因素。在信息沟通中，障碍的产生有三种来源：一是信息发送者的原因；二是信息接收者的原因；三是环境的原因。沟通过程中一旦出现障碍就会使信息沟通成为空话，甚至造成沟通双方的误会。

### （一）来自信息发送者的障碍

在信息沟通的过程中，居于主动地位的信息发送者与接收者进行沟通，沟通的效果如何，很大程度上取决于信息发送者，即信息发送者的自身素质和在信息沟通中的表现。以下是由于信息发送者的原因而导致的沟通方面的主要障碍。

1. 信息发送者的编码能力欠佳

人们的沟通能力往往有着相当大的差别，这种差别通常会影响有效的情感沟通和信息沟通。如果信息发送者表达能力较差，词不达意，或者逻辑混乱、晦涩难懂，就会使接收者无法准确对其进行解码。

无论是口头演讲还是书面报告，都要表达清楚，使人一目了然，心领神会。若信息发送者口齿不清、语无伦次、闪烁其词，或词不达意、文理不通、字迹模糊，都会产生噪声干扰并造成信息传递失真，使接收者无法了解对方所要传递的真实信息。

2. 信息沟通的对象与时机选择不合适

人际沟通是在至少两个人之间发生的事，只有一个人是无法进行沟通的，因此人际沟通中就存在一个对象选择的问题。信息沟通的对象与时机选择要考虑沟通进行的时间和空间的要求。如果对传送信息的时机把握不准确，缺乏审时度势的能力，会大大降低信息交流的价值；信息沟通通道选择失误，则会使信息传递受阻，或延误传递的时机；若沟通对象选择错误，无疑会造成不是"对牛弹琴"就是自讨没趣的局面，直接影响信息交流的效果。

3. 信息发送者的形象不好

信息沟通传递中，接收者对信息不重视，常常是因为信息发送者的能力、态度、人品、经验等不被接收者信任，甚至被接收者厌恶。对不可信的信息，接收者不会接收，对于信息的不信任，实际上是对信息发送者的不信任。即使信息发送者所传递的信息是真实的，接收者也有可能用怀疑的眼光去理解它。在西周末年，周幽王烽火戏诸侯即是典型例子。因而个人形象不好，将会严重地影响沟通的效果。

4. 信息沟通传递形式不当

信息沟通过程中，尽管信息发送者头脑中的某个想法很清晰，但信息传递的形式不当，沟通要求不明，通道不畅都会导致信息失真。例如，当人们使用文字或口语和形体语言（手势、表情、身体姿态）等表达同样的信息时，一定要相互协调，否则会让人感觉无所适从。当人们传递一些十万火急的信息时，若不采用电话、传真或互联网等现代化的快速通道，而通过邮递寄信的方式，那么接收者收到的信息往往由于时过境迁而成为一纸空文。

**（二）来自信息接收者的障碍**

信息沟通不能产生良好的效果，除了信息发送者的原因外，还有作为接收者在接收时因为自己本身的问题造成沟通的障碍。以下是由于信息接收者的原因导致沟通的主要障碍。

1. 心理因素

在信息沟通过程中，由于接收者地位不平等，或者由于接收者对发送者的主观理解所造成的接收者在沟通中的担忧、畏惧、紧张等心理反应，他们不能正确地理解发送者的意图。一般人在接收信息时不仅判断信息本身，而且判断信息的发送者。通常情况下，地位高的人对地位低的人沟通是无所顾忌的，而下级对上级沟通时是有所顾忌的，如沟通对象会不会生气、自己会不会挨批评、沟通对象会不会对自己有看法等。如果接收者在信息沟通过程中曾经受到过伤害和有不良的情感体验，造成"一朝被蛇咬，十年怕井绳"的心理定式，对发送者心存疑惑、怀有敌意，或由于内心恐惧，忐忑不安，就会拒绝接收所传递的信息甚至抵制参与信息交流。

2. 信息理解上的障碍

在信息沟通过程中，由于沟通双方在知识水平、社会经历等方面存在差异，信息发送者传递的信息到了接收者那里，发生了理解上的偏差，使信息沟通出现障碍。例如，某公司经理老林对小李说："小机灵，你去一下财务处。"老林原意是以"小机灵"作为对小李的赞许和爱称，而小李则理解为是对他的批评。因为每个人只能在自己的社会经历及知识范围内解码，当信息超出这一范围时，他是无法理解的，甚至还会产生误会，以至于阻碍沟通。

理解上的障碍在沟通中有时是不可避免的，尤其是相互间交往不深，缺乏相互的了解和认识时，理解障碍很可能无意中阻碍沟通，使沟通双方发生不必要的误会。

3. 个人知觉上形成偏差的障碍

在信息沟通过程中，接收者的个人特征，如个性特点、认知水平、价值标准、权力地位、社会阶层、文化修养、智商情商等，将直接影响到对被知觉对象即发送者的正确认识。这是因为人们在信息交流或人际沟通中，总习惯于以自己为准则，对不利于自己的信息视而不见，甚至颠倒黑白，以达到心理防御的目的。

4. 缺乏尊重或不信任

接收者在信息交流过程中，有时会按照自己的主观意愿，对信息进行"过滤"和"添加"。现实生活中许多沟通失败的主要原因是接收者对信息做了过多的加工。如在不少组织中，经常可以看到由部下向上司所进行的上行沟通中，某些部下"投其所好""报喜不报忧"，所传递的信息在经过层层"过滤"后，或变得支离破碎，或变得完美无缺；还有的在接收信息时"添枝加叶"，使得所传递的信息或断章取义，或面目全非，从而导致信息的模糊或失真。

**（三）来自环境方面的障碍**

1. 社会环境

社会环境障碍主要是指社会中的生活方式、价值观、态度体系等方面的要素对沟通的影响。例如，在美国的社会文化背景下，组织中的上下级沟通显得较为民主，下级可以直接向上级提出自己的意见。而日本的公司中则是等级森严，沟通一般都是逐层进行的。因此，在日本公司中，人们之间的正式交往显得非常慎重。在我国的企业中，员工的非正式沟通行为更多地受社会关系的影响，如热衷传播小道消息，喜欢打听别人隐私等。

2. 组织结构的影响

组织内正式沟通渠道在很大程度上取决于组织结构形式。所以，结构形式对有效的组织沟通往往有决定性的作用。传统的组织结构具有严格的等级概念，因此组织中的命令和信息都是沿着正式的组织渠道层层传递的。在这种信息传递过程中，每一层次的信息传递都随着过滤现象，层次过多必然会导致信息过滤的增多、信息传递的失真，减缓信息传递的速度。

在现代组织结构中，以网络为代表的沟通渠道，极大地改变了沟通的速度和方式，较好地解决了传统组织结构给沟通带来的信息过滤和信息延误的问题。其主要表现为：一是组织结构类型。组织现有机构设置的模式和管理层级会直接影响信息在组织中传递的速度和方式。二是组织中提倡的沟通模式。一些组织强调正式沟通形式，一切都严格按照组织程序进行。三是组织规模大小。组织规模大小对沟通模式选择、沟通的有效性等都有直接影响。

### 3. 组织文化的影响

组织文化是一些组织所创造和形成的、以一定的价值观为核心的一系列独特的制度体系和行为方式的总和。组织中员工的价值观和态度体系、行为方式在很大程度上要受组织文化的约束和影响，因而对组织中的信息沟通有着不可忽视的作用。例如，在一个崇尚等级制度、强调独裁式管理的官僚组织里，信息通常被高层管理者垄断，而且人与人之间的沟通过程缺乏互动性和开放性，自下而上的沟通行为常常不受重视。另外，一些组织缺乏一定的物质文化，没有员工进行沟通所必要的物质场所等，也不利于组织的有效沟通。

★小测试

如果你是一名管理者，你在日常的沟通中做得如何呢？下面是一份沟通检查表，供你在检查自己的沟通行为时参考。如果你对多数问题的回答感到困难或答案是否定的，则你有必要改进你的沟通。

#### 沟通检查表

（1）你经常和其他部门负责人交换意见吗？

（2）对于自己的问题或员工提出的问题，你知道应找谁去问？

（3）你是否明确了解自己和别人职责的划分界限？

（4）你部门和其他部门的工作衔接得好吗？

（5）你和同事们在工作中能保持良好的关系吗？

（6）你是否能叫出所有下属的名字？

（7）你的下属是否明确知道他们的上司是谁？

（8）你知道你的上司是谁？

（9）你的员工是否知晓为什么要做自己正在做的工作？是否仅仅出于领导要他们去做的原因？

（10）你在自己部门使用新方法时，是否使大家感到非常不安？

（11）你能否倾听员工的建议并根据建议采取行动？对于无法采纳的建议，你是否做出解释？

（12）你是否能深入一线进行调查研究？

（13）你是否将手下的管理人员当作知心朋友对待？

（14）你在对员工进行上岗前培训时是否注意使他们尽快地成为工作团队的一员？

（15）你的所有下属是否都知道他们的工作职责是什么？

（16）在你的部门中有没有危害小组的小道消息在流传？

（17）信息在上下流动中是否很少绕过你的下级管理人员？是否很少绕过你？

（18）当你的下属向你提出你回答不了的问题时，你是否会责备他们？

（19）你的下属能不能保持对其工作的兴趣？

（20）你是否经常巡视你的部门？（每天最少1次）

（21）下属遇到问题时是否能及时找到你？

（22）你的下属是否需要经常地找你询问你已传达的通知？

### 二、沟通障碍的排除方法

#### (一) 营造沟通氛围

领导者要在企业里努力创造一种沟通文化，形成实事求是、开诚布公、平等交流的沟通氛围，养成时时沟通、处处沟通的习惯。多方开通信息沟通渠道及组织有益于员工身心健康、能振奋员工精神的集体活动。员工在企业里能感受到愉快、重要、有归属感，则会更进一步促进沟通的良性循环，建立起亲密融洽、协调一致的人际环境。

#### (二) 提供管理保障

企业建立有利于人际沟通的管理机制和制度，是有效沟通的保障。例如，进行组织创新与变革，建立精简、高效、扁平、网络式组织机构，便于信息快速、准确地在企业内流通；建立定期、不定期的不同层次类型人员工作交流制度；设立领导者接见日；设置合理化意见箱、意见问题反馈箱等，长期坚持不走形式，形成沟通的制度化。

#### (三) 选择适当的沟通渠道

选择适当的沟通渠道是领导者有效沟通的前提条件。如同做事必须讲究一定的方式、方法一样，沟通也应选择适宜的沟通形式与路径。不同的沟通渠道与时机适于传递不同的信息。不同沟通渠道在表达信息的能力上也有所差异，如做员工的思想工作，应在发现员工思想波动后，及时当面沟通，采用会议、电话或书面沟通就不合适。沟通渠道的选择还取决于信息是常规的还是非常规的。常规信息一般比较简单，直接明确。而非常规信息一般比较复杂，有可能被误解。领导者可以通过会议、文件、通知、备忘录等渠道传递常规信息，而选择面对面谈话、讨论、书信往来等渠道传递非常规信息。高绩效的领导者都比较重视选择适当的沟通渠道来提高沟通效果。

#### (四) 注重思想和情感沟通

领导者主要是做人的工作，而人是高级情感动物，有效领导者们都充分认识到了这一点。他们不仅重视与部属进行企业形势、整体情况、工作要求、工作内容等事实信息的交流，更注重与部属进行思想和情感信息的交流，准确把握部属的思想动机和内在需求，拉近与部属的心理距离，达成相互理解，心理相通。这才是真正意义上的有效沟通。正如一位心理学家所讲：把人凝聚起来的最大力量，是心理的力量。

#### (五) 加强沟通技能培训

企业加强对领导者和员工沟通意识和沟通技能方面的培养开发、训练，以提高沟通效果，是实现有效沟通的重要措施。企业中很多沟通障碍的产生，与人们的沟通技能有关。对人们进行信息传递、信息接收、信息反馈技能，选择沟通形式的技巧，沟通中注意问题的把握等方面的培训，可以帮助人们以积极主动的态度、良好的心理素质和表达能力，准确、及时地进行信息交流，从而做到有效沟通。

#### (六) 重视信息反馈

信息反馈是指接收者给沟通者返回信息，表明对发送者信息的理解程度及自己的观点、态度。通过信息反馈，沟通双方才能知道沟通是否顺畅，对方对自己发出的信息理解是否正确，意思是否达成一致，据此做出相应调整，选择能够让对方理解接受的沟通形式、方法或做出继续沟通与否的判断。忽视信息反馈，会造成信息的遗漏和对信息的错误理解，后果不堪设想。所以沟通中，双方应努力及时获得反馈。反馈的方法主要有重复原来的信息、回答自己理解的信息、用表情或身体语言来反馈等。

**★训练与练习**

当一则开会的通知登在一份分发给每个人的消息简报中后，仍然有不少人未按时来开会，事后获悉，很多人说不知道要开会。请分析这里面出现了什么问题？原因是什么？

# 第四节　有效沟通的原则及技巧

## 一、有效沟通的含义

根据美国著名组织行为学家斯蒂芬·罗宾斯的观点，沟通是意义的传递和理解。在理解沟通的实质基础上，可以给有效沟通下一个比较完整的定义：在一定的时间和场合，为了一定目的，借助某种方式传递信息，表达思想和感情，并能被人正确理解和执行、达到某种效果的过程。

要实现有效沟通需具备两大必要条件：首先，信息发送者清晰地表达信息的内涵，以便信息接收者能够确切理解；其次，信息发送者重视信息接收者的反应，并根据其反应及时修正信息的传递，免除不必要的误解。随着社会经济的迅速发展和管理信息系统的日趋完善，人与机器之间的信息交流，机器与机器之间的信息交流越来越方便，此类沟通出现的障碍会越来越小。而人与人之间的信息交流，即组织内人与人的沟通，尤其是管理者与管理者之间的有效沟通往往存在着巨大的障碍。

## 二、有效沟通的原则

美国著名管理学家彼得·德鲁克教授是位敏锐的观察家，他在考察企业沟通的难度时，提出了有效沟通的四个基本原则：

（1）受众能感觉到沟通的信息内涵。在沟通时，无论采用何种媒体，都必须使沟通的信息在接收者的理解范围之内，只有被接收到并理解了的信息才能被沟通。

（2）沟通是一种受众期望的满足。人们习惯于听取他们想听的。而对不熟悉的、威胁性的内容具有排斥情绪。因此要有一个循序渐进的过程。

（3）沟通能激发听众的需要。信息发送者，尤其是管理者要分析自己的信息是否值得花费时间来获取。

（4）所提供的信息必须是有价值的。沟通和信息是两个不同的概念，由于信息量非常大，受众没有必要获取所有的信息，因此沟通所提供的信息应该是有用的、重要的信息。

沟通具有社会性，因此与其他社会活动一样，有着必须依据的原则。只有当沟通双方都承认并尊重这些原则时，沟通才有可能协调和顺利地进行。有效沟通必须遵循的主要原则有以下三种。

### （一）尊重原则

根据著名心理学家马斯洛的需要层次理论，受尊重是人的高层次需要。心理学研究表明，除病态人格外，所有的人都有自尊心，都有受尊重的需要，都期望得到别人的认可、注意和欣赏。这种需要的满足，会增强人的自信心和上进心；反之则会使人失去自信，产生自卑，甚至影响其人际交往。因此，在沟通中，首先要遵循相互尊重的原则。

尊重原则要求沟通双方讲究言行举止的礼貌，尊重对方的人格和自尊心，尊重对方的思想感情和言行方式。这里既包括要善于运用相应的礼貌用语，如称呼语、迎候语、致歉语、告别语、介绍语等；也包括遣词造句的谦恭得体、恰如其分；还包括平易近人、亲切自然的态度。当然，对对方的尊重不仅表现在沟通形式上，更表现在沟通中所交流的信息和思想观念上，要把对方放在平等的地位上，以诚相待，摒弃偏见，要讲真话。

**（二）相容原则**

在沟通中难免会发生意见分歧，引起争论，有的还会牵涉到个人、团体或组织的利益。如果事无大小，动辄激昂动怒，以针尖对麦芒，则双方心理距离就会越拉越大。正常的沟通就会转化为失去理智的口角，这种后果显然是与沟通的目的背道而驰的。因此，沟通中要心胸开阔、宽宏大量，把原则性和灵活性结合起来至关重要。只要不是原则性的重大问题，应力求以谦恭容忍、豁达超然的大家风范来对待各种分歧、误会和矛盾，以谦辞敬语、诙谐幽默、委婉劝导等与人为善的方式，来缓解紧张气氛，消除隔阂。事实证明，沟通中得理且让人，态度宽容、谦让得体、诱导得法，会使沟通更加顺畅并赢得对方的配合与尊重。

**（三）理解原则**

由于人们在社会上所处的地位不同，其思想观念、性格爱好、心理需要、行为方式、利益关系等也各有差异，因此在沟通中对同一事物常会表现不同的看法、情感和态度，尤其在涉及自身利益的问题上，更会反映出从特定地位和立场出发的价值观和利益追求，因而必定会给沟通带来许多复杂的矛盾和冲突。如果双方缺乏必要的相互理解，各执一端，互不相让，不仅会导致沟通失败，还会影响双方的感情，一切合作与互助就无从谈起了。

按照社会心理学的原理，理解原则首先是指沟通双方要善于进行心理换位，尝试站在对方的角度，设身处地地考虑、体会对方的心理状态、需求与感受，以产生与对方趋向一致的共同语言。即使是最有效的信息发送者，需要传播最有效的信息内容，如果不考虑信息接收者的态度及条件，也不能指望获得最大效果。其次，要耐心、仔细地倾听对方的意见，准确领会对方的观点、依据、意图和要求，这既可以表现出对对方的尊重和重视，也可更加深入地理解对方，使信息在双方之间准确传递。

## 三、有效沟通的技巧

沟通不仅是一门科学，更是一门艺术。因此，学习和掌握有效沟通的方法和技巧就显得格外重要。

**（一）使用恰当的沟通节奏**

面对不同的沟通对象，或面临不同的情境，应该采取不同的沟通节奏，这样才能事半功倍，否则可能造成严重的后果。如在一个刚组建的项目团队中，团队成员彼此会小心翼翼，相互独立，若此时采取快速沟通和参与决策的方式，可能会导致失败。一旦一个团队或组织营造了学习的文化氛围，即构建了学习型组织，就可以导入深度会谈、头脑风暴等开放性沟通方式。

### （二）考虑接收者的观点和立场

有效的沟通者必须具有"同理心"，能够感同身受、换位思考，站在信息接收者的立场，以接收者的观点和视野来考虑问题。若信息接收者拒绝其观点与意见，那么信息发送者必须耐心、持续地做工作来改变信息接收者的想法，信息发送者甚至可以反思：我的观点是否正确？

### （三）以行动强化语言

中国人历来倡导"言行一致"。用语言说明意图仅仅是沟通的开始。只有将语言转化为行动，才能真正提高沟通的效果，达到沟通的目的。如果说的是一套，做的又是一套，言行不一致，这种所谓的沟通结果是可怕的。在企业中，传达政策命令、规范之前，管理者最好先确定自己能否身体力行。唯有如此，沟通才能真正踏上交流的坦途，在公司内部营造一种良好的相互信任的文化氛围，并使公司的愿景、价值观、使命、战略目标付诸实施。

### （四）避免一味说教

有效沟通是彼此之间的人际交往与心灵交流。信息发送者一味地为传递信息而传递信息，全然不顾信息接收者的感受和反响，试图用说教的方式与人交往，就违背了这个原则。信息发送者越投入，越专注于自己要表达的意思，越会忽略信息接收者暗示的动作或情绪、情感方面的反应，其结果必然是引发信息接收者对其产生反感，进而产生抵触情绪。

**★训练与练习**

假设在你一天最忙碌的时间里，有位职员来造访，要讨论一个问题。你和他把问题解决之后，这位职员却不走，并把话题转向社会时事。在你的内心里，很希望立即终止这个讨论而继续去工作。这时，你可以采用怎样的沟通方式让他知道"该是离开的时候了"。请说明并演示出来。

## 本章小结

沟通就是信息交流，是指主体通过一定的渠道将信息传递给客体，以期取得客体做出相应反应的过程。人际沟通是由相互联系必不可少的诸多要素构成的完整过程，是信息发送主体将信息通过选定的渠道传递给信息接收客体的过程，这个过程包括主体与客体、编码与解码、信息、传送器与接收器、渠道、反馈、背景、系统噪声8个要素。沟通方式的选择往往取决于两个方面的因素，即信息发送者对内容控制的程度和听众参与的程度。由于沟通的复杂性以及在现实生活中沟通主体、客体、媒介、形式、环境等具体因素的多样性和可变性，沟通可以根据不同的划分标准，分为不同的类型。信息沟通中的障碍是指在沟通过程中，导致信息传递出现扭曲或失真的干扰因素。这些障碍需要合理的手段加以排除。在信息沟通中，障碍的产生有三种来源：一是信息发送者的原因；二是信息接收者的原因；三是环境的原因。沟通具有社会性，因此与其他社会活动一样，有着必须依据的原则。只有当沟通双方都承认并尊重这些原则时，沟通才有可能协调和顺利地进行。沟通不仅是一门科学，更是一门艺术。因此，学习和掌握有效沟通的方法和技巧就显得格外重要。

### 知识结构图

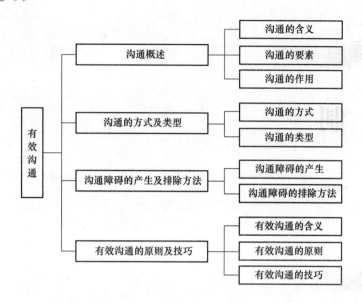

### 学习指导

　　本章的学习，要在理解沟通含义和沟通要素的基础上，掌握沟通的方式，了解沟通的类型。再进一步理解沟通的障碍，把握沟通障碍的排除方法，进而提升沟通的技巧。

### 拓展阅读

沟通能力测试

## 第九章

# 控　制

　　控制职能贯穿组织管理工作的全过程，控制的具体内容涉及组织的方方面面。从不同角度考察，可以将控制方式分为不同的类型，各种控制方式之间并不是相互排斥的。虽然控制的对象、方式各有不同，但控制必须遵循的基本原理和基本过程是一致的。企业的控制不是为了控制而控制，而是为了帮助企业防范不同阶段的风险才进行控制。而每个阶段的风险是不一样的，那么控制的目标、技术与方法也就不一样。

**★重点难点**

　　重点：1. 控制的含义、类型。

　　　　　2. 控制的原理。

　　　　　3. 控制的方法。

　　　　　4. 风险管理、风险控制。

　　难点：1. 控制原理。

　　　　　2. 控制技术与方法。

　　　　　3. 风险控制。

**★引导案例**

### 希思罗机场"黑色"的一天

　　由英国航空公司投资 43 亿英镑（86 亿美元），耗时 6 年修建的第 5 航站楼是希思罗最新的机场设施。它是英国最大的独栋建筑，设有超过 10 英里（16 093.44 米）长的传送带来运送行李。2008 年 3 月该航站楼揭幕时，英国女王伊丽莎白二世把它称为"21 世纪进入英国的门户"。然而该航站楼在揭幕这天并没有按照预定计划有效运行。冗长的传送线路以及行李处理延误使得大量航班被取消，滞留了大量愤怒的乘客，机场运营方说问题主要是由该航站楼的高新技术行李处理系统的故障所导致的。

配备有大规模的自动化控制设备，第 5 航站楼被设计用来缓解希思罗机场日益增加的拥堵问题以及改善该航站楼预计每年 3 000 万名乘客的乘车体验。由于配备有 96 个自助值机柜台、超过 90 个快速值机柜台、54 个标准值机柜台以及几英里长的行李传送带，估计每小时能处理 12 000 件行李，该航站楼的设计似乎能够帮助实现这些目标。

然而，在该航站楼开始运行的最初几小时内，问题就出现了。想必是人手不足，行李工人无法迅速地整理传送过来的行李。到达的乘客需要花 1 个小时以上的时间等待他们的行李。想要登机的乘客想方设法办理登机手续以赶上航班，但徒劳无功。飞机起飞离开，留下大量未登机成功的乘客。第一天的某个时候，该航站楼只让没有行李的乘客办理登机手续。然而，这也于事无补，因为乘客传送带系统也出现了故障。一些次要的问题也凸显出来：有些自动扶梯不能运行，有些干手器无法使用，新地下站台的一扇门也不能使用，有些经验不足的售票员不知道希思罗机场到皮卡迪利地铁线的各个地铁站之间的票价。在航站楼首日运营结束时，英国运输部发表了一份声明，号召希思罗机场运营方英国机场管理局"努力解决这些问题并尽量减少对乘客的影响"。

你可能会想，如果英国航空公司在该航站楼投入运营之前就对运营体系进行全面检测，是不是就会避免发生这些问题？但是对所有系统的全面运营检测，从"厕所到登机手续再到飞机座位"在该航站楼正式运营之前花了 6 个月的时间，包括使用 16 000 名志愿者进行 4 轮真实场景检测。

尽管希思罗机场第 5 航站楼的首次亮相远远不够完美，但毫无疑问，一切都在好转。最近的一次乘客满意度调查表明，80% 的乘客办理登机手续的等待时间少于 5 分钟。这些乘客对该航站楼的休息室、餐厅、购物体验、设备和氛围都极为满意。相对于混乱的开始而言，这个结果是非常令人满意的。

2012 年，希思罗机场第 5 航站楼在维也纳国际旅客候机楼设备展览会上荣获年度全球最佳航站楼殊荣。该奖项由独立的调查公司 Skytrax 举办，评选为期 10 个多月、涵盖了 388 个机场并访问了 1 200 万名乘客。

伦敦希思罗机场商务主管 John Holland – Kaye 称，"我们很高兴见证希思罗机场第 3 次在知名国际机场大奖上斩获殊荣。第 5 航站楼是希思罗机场伟大愿景的展示及我们致力为乘客们在机场提供一流服务的体现。我们所提供的与众不同的购物体验充分满足了乘客的需要"。

**问题引出：**
希思罗机场第 5 航站楼的运营采用了哪些控制方式？

企业的经济活动是在国民经济各部门和市场的错综复杂的联系中进行的，又是由企业各环节、各部门的不同内容和性质的活动组成的。由于内部和外部因素的复杂多变，尽管有了计划、组织、领导等职能，但仍不免会出现一些意想不到的情况。即使预料到了也还会出现一些随机的变化。因此，经济活动的实际状况与计划设想会产生不同程度的偏差。为了及时发现、分析这些偏差，并采取必要的措施，把活动约束在实现企业目标的轨道上，就需要"控制"这个职能来加以管理。

# 第一节 控制概述

斯蒂芬·罗宾斯曾这样描述控制的作用："尽管计划可以制定出来，组织结构可以调整得非常有效，员工的积极性也可以调动起来，但是这仍然不能保证所有的行动都按计划执行，不能保证管理者追求的目标一定能达到。"其根本原因在于管理职能中的最后一个环节，即控制。无论计划制定得如何周密，由于各种各样的原因，人们在执行计划的活动中总是会或多或少地出现与计划不一致的现象。控制是管理工作的最重要职能之一。控制系统越完善，组织目标就越容易实现。

## 一、控制的基本含义和作用

### （一）控制职能的含义

控制职能是指组织在动态的环境中为保证组织目标的实现而采取的各种检查和纠偏等一系列活动或过程。控制既可理解为一系列控制活动——检查、调整活动；也可理解为控制过程——检查和纠偏。控制是一种经常性的管理活动，正确认识和理解控制职能，应注意把握控制系统的基本要素。

### （二）控制系统的基本要素

1. 控制的主体

控制工作是要靠人来实施的，组织中承担控制工作的管理者及其相应的职能部门就构成了控制的主体。一般中低层管理者从事的主要是程序性的控制，高层管理者从事的主要是非程序性的控制。

2. 控制的对象

控制的对象应是整个组织的活动。确定控制对象应有整体的观念，要把组织的各种资源，组织结构的各层次、各部门，组织工作的各阶段、各环节都纳入控制的对象。

3. 控制的目标体系

任何控制活动都是有目的的活动，控制的目的就是要保证组织目标的实现。因此，控制目标应以组织目标为依据，要与组织目标体系相协调，建立控制的目标体系。

4. 控制的技术系统

控制的技术系统包括控制机构、控制方法和手段。组织的控制机构从纵向看可分为各个不同管理层次的控制，从横向看可分为各种不同性质的专业控制。控制工作应注重采用先进的控制方法和手段，以不断提高控制工作的效率和效果。

5. 控制的信息反馈系统

控制过程是通过信息的传输和反馈得以实现的，就是说控制部分有控制信息输入受控部分，受控部分也有反馈信息返送到控制部分，形成闭合回路。控制正是根据反馈信息才能比较、纠正和调整它发出的控制信息，从而实现有效控制。

6. 控制的依据

控制的依据有企业方针、政策，企业制定的计划，企业的各种规章制度等。

### （三）控制职能的必要性

控制职能是管理过程不可分割的一部分，是企业各级管理人员的一项重要工作。管理控制的必要性主要由以下原因决定的：

### 1. 管理权力的分散

只要企业经营达到一定规模，企业主管就不可能直接地、面对面地组织和指挥全体员工的活动。时间与精力的限制要求他委托一些助手代理部分管理事务并授予他们相应的权限以完成工作事务。因此，任何企业的管理权限都制度化或非制度化地分散在各个管理部门和层次。控制系统可以提供被授予了权力的助手工作绩效的信息和反馈，以保证授予他们的权力得到正确的利用，促使业务活动符合组织目标与计划的要求。

### 2. 工作能力的差异

完善计划的实现要求每个部门的工作严格按计划的要求来协调进行。然而，由于组织成员是在不同的时空进行工作的，他们的认知能力是不同的，对计划要求的理解可能发生差异；即使每个员工都能完全正确地理解计划的要求，但由于工作能力的差异，他们的实际工作结果也可能在质和量上与计划要求不符。某个环节可能产生的这种偏离计划的现象，会对整个企业活动造成冲击。因此，加强对这些成员的工作控制是非常必要的。

### 3. 环境的变化

如果企业面对的是一个完全静态的环境，影响企业活动的因素，如市场供求、产业结构、技术水平等永不发生变化，那么企业管理人员便可以日复一日、年复一年地以相同的方式组织企业的经营，工人可以以相同的技术和方法进行生产作业，因而，不仅控制工作，甚至管理的计划职能都将成为完全多余的东西。事实上，这样的静态环境是不存在的，企业外部的一切每时每刻都在发生着变化。环境的变化必然要求企业对原先制定的计划，对生产经营方式内容做相应的调整。

★小知识

控制不仅是管理者应承担的职责，而且与人们日常的工作、学习和生活息息相关。在大海中航行的轮船，需要舵手的"控制"将偏离航线的轮船拉回正确的航线上来；十字路口需要交警的"控制"保持交通通畅；课堂上需要教师的"控制"维持教学秩序，以保证教学效果……离开了控制，计划和目标都可能会落空；离开了控制，人们的工作和生活将无法正常进行。

### （四）控制职能的作用

企业组织的各项活动都离不开控制，控制职能是企业组织顺利开展活动，实现企业组织目标的基本保证。控制职能的作用主要体现如下：

### 1. 使复杂的组织活动协调一致地运作

现代组织的规模有着日益扩大的趋势，组织的各种活动日趋复杂化，要使组织内众多的部门和人员在分工的基础上能够协调一致地工作，完善的计划是必备的基础，但计划的实施还要以控制为保证手段。

### 2. 避免和减少管理失误造成的损失

组织所处环境的不确定性，以及组织活动的复杂性，会导致不可避免的管理失误。控制工作通过对管理全过程的检查和监督，可以及时发现组织中的问题，并采取纠偏措施，以避免或减少工作中的损失，为执行和完成计划起着必要的保障作用。

3. 有效减小环境的不确定性对组织活动的影响

现代组织所面对的环境具有复杂多变的特点，再完善的计划也难以将未来出现的变化考虑得十分周全。因此，为了保证组织目标和计划的顺利实现，就必须有控制工作，以有效的控制来降低环境的各种变化对组织活动的影响。

## 二、控制的前提条件和类型

### （一）前提条件

**1. 要有一套切实可行的控制标准**

控制标准是控制过程中对实际工作进行检查的衡量尺度，是实施控制的必要条件。因此，实施控制工作一定要把确定控制标准作为控制过程的首要环节，同时要以明确的、切实可行的组织目标和计划作为开展控制工作的基础。控制工作的任务是保证组织目标和计划的实现，控制标准的确定也是以计划指标为依据的，控制工作的开展也是针对计划实施的全过程。因此，实现有效控制的基本前提是要有一套切实可行的组织计划。

**2. 要有专职的控制职能部门和人员**

控制的对象涉及整个组织的活动，涉及管理的各个方面，为保证控制工作对组织活动的有效监督，组织应设有专职的控制机构和人员，赋予其相应的责任和权限，建立和健全规章制度，以保证控制工作在组织活动中的权威性。

**3. 要有健全的信息反馈渠道**

控制是对计划实施过程的检查与调整，要随时掌握工作实际并与标准进行比较，以便从差异中寻找问题，纠正偏差。这一过程的顺利进行是以信息的及时获取和反馈为前提的，只有具备畅通的信息渠道，才能有利于问题的及时发现和解决。

**4. 要能够及时准确发现和解决问题**

控制工作的有效性在于能够及时发现并解决组织中的各种问题。控制工作的对象是整个组织的活动，但这并不意味着组织内事无巨细的各种活动都是控制的直接对象。控制工作应善于抓住组织活动中的关键点，以重点控制达到全局控制的目的。

**5. 要考虑控制工作的经济合理性**

控制工作的开展需要大量的人力、物力和财力的投入，有效的控制也要以是否具有经济合理性作为开展工作的标准。要将控制过程中的投入与可能得到的效果相比较，从中选择经济合理的控制点。控制过程中也应注意采用各种组织技术措施，以降低控制成本。

### （二）控制的基本类型

在组织活动的实际控制过程中，由于工作性质、工作场合、工作要求的不同，所采用的控制也是不同的。应根据不同的适用条件选用不同的控制方法。

**1. 按照控制的时间点分类**

按照控制的时间点不同，控制可分为前馈控制、现场控制和反馈控制。这是组织中最常用的控制类型。

（1）前馈控制，是通过对情况的观察、规律的掌握、信息的分析、趋势的预测，预计未来可能发生的问题，在其未发生前即采取措施加以防止的管理活动。前馈控制属于一种预防性控制，它的工作重点并不是控制工作的结果，而是提前采取各种预防性措施，包括对投人资源的控制，以防止工作过程中可能出现的偏差。如企业为了开发一种能够有效满足消费者需求的产品，预先对消费者的实际需求进行的市场调查；再如，对新加入组织的成员进行的岗前培训等，这些都属于前馈控制的范畴。

前馈控制的优点：可防患于未然；适用于一切领域的所有工作；是针对条件而不是针对人的控制，易于被接受并实施。其缺点：需要大量准确信息对未来可能发生的问题进行预测，而事实上未来很多因素是不确定和无法估计的。

（2）现场控制，也称实时控制或即时控制，是指在某项活动或工作过程中，管理者在现场对正在进行的活动或行为给予必要的指导与监督，以保证活动和行为按照既定的计划进行的管理活动。现场控制是组织控制工作的基础，是组织的基层管理人员主要采用的控制方法。如企业中生产制造过程的进度控制、对生产工人正在加工的产品进行的抽检等，都属于现场控制的范畴。现场控制的主要工作内容包括：对下级人员进行必要的工作指导；监督下级人员的工作，以保证计划目标的实现；对工作中出现的偏差及时采取纠正措施。

现场控制的优点：由于指导及时，因而可减少损失，具有指导职能与及时效果；可提高工作能力及自我控制能力。其缺点：受管理者时间、经历、业务水平的制约；现场控制的应用范围较小；易形成心理上的对立。

（3）反馈控制，也称成果控制或事后控制，是根据过去的情况来指导现在和将来，是在行为执行之后的评价结果的基础上采取措施的管理活动。它从组织活动进行过程中的信息反馈中发现偏差，通过分析原因，采取相应的措施纠正偏差。它是最主要也是最传统的一种控制方式，其特点是把注意力集中在行动的结果上，并以此作为改进下次行动的依据，达到"吃一堑长一智"的效果。

反馈控制的优点：便于总结规律，为下一步工作的实施创造条件；不断地进行信息反馈，有利于实现良性循环，提高效率。其缺点：实施措施前，偏差已产生，时间已滞后。这也正是反馈控制最大的弊端，即它只能在事后发挥作用，所以虽然日常管理活动中采用最多的是反馈控制类型，但由于存在上述的缺点，在一般情况下管理者应该同时甚至优先采用前两种控制类型。反馈控制在管理实践中的运用很多，如每年年末对员工的年终考核、对各种财务报表的分析、对产成品的质量检查等，都属于反馈控制的范畴。

★小案例

### 微软公司的"事后自我批评"机制

"事后自我批评"的机制在微软公司早已被系统化和制度化。微软公司每推出一个产品，都会留出一段特别的时间，让整个产品团队做一次全面、细致的"Post-mortem"，也就是系统化的"事后自我批评"。

这一过程包括许多次电子邮件和公文的交换，以及多次总结和评估会议。产品团队的每一位员工会充分利用这些沟通渠道，讨论该产品在开发工作中，哪些事情做得好，哪些事情做得不够。产品团队的所有成员都要回答这样的问题："你自己在什么地方可以做得更好？整个团队在什么地方可以做得更好？"这一过程中的所有讨论结果和员工建议都会被记录在案，以便管理者分析、研究。分析的结果将在全公司范围内公布，以帮助其他产品团队避免类似的错误。

微软公司的管理者相信，只有彻底发掘和暴露在研发过程中的所有错误或教训，才能避免今后重蹈覆辙。如果一个局外人有机会参观微软公司的一次"Post-mortem"会议，他一定会以为微软公司是个非常失败的公司，因为在开会时，与会者极少褒奖自己，他们总是把更多的时间花在检讨错误、吸取教训上。

2. 按照控制的方式分类

按照控制的方式不同，控制可分为集中控制、分散控制和分层控制。

（1）集中控制是指在组织中建立一个相对稳定的控制中心，由控制中心对组织内外的各种信息进行统一的加工处理，发现问题并提出问题的解决方案。集中控制能够保证组织的整体一致性，有利于实现整体的最优控制。但由于各种信息和行动方案都由控制中心统一管理，因此，如果组织的规模较大，这种控制方式的缺点就显露出来了：组织反应迟钝、下层管理人员缺乏积极性等会导致决策时机延误甚至会使整个组织陷入瘫痪。企业组织中的生产指挥部、中央调度室属于典型的集中控制。

（2）分散控制是指组织管理系统分为若干相对独立的子系统，每一个子系统独立地实施内部直接控制。分散控制的优点主要表现在：对信息存储和处理的要求相对较低，易于实现；由于反馈环节少，因此反应快、时滞短、控制效率高、应变能力强。同时采用分散控制方式，即使个别控制环节出现问题，也不会导致整个系统的混乱。分散控制最大的缺点是各分散系统的相互协调困难，从而难以保证各分散系统的目标与组织总目标的一致性，严重的甚至会导致失控。

（3）分层控制是指将管理组织分为不同的层级，各个层级在服从整个目标的基础上，相对独立地开展控制活动。它是一种把集中控制和分散控制结合起来的控制方式。分层控制的特点是：各个层级都具有相对独立的控制能力和控制条件，能对层级内部子系统实施独立的直接控制；整个管理系统分为若干层次，层次内部实施直接的控制，而上一层次的控制机构对下一层次的控制机构只能实施间接的指导性控制。

3. 按照控制的手段分类

按照控制手段的不同，控制可以分为直接控制和间接控制两种类型。

（1）直接控制。直接控制是指被控对象直接从管理者那里接收信息，或者管理者直接向被控对象发出控制信息，约束被控对象行为的控制方式。如上级管理人员采用行政命令对下级进行控制的控制方式等。采用行政命令是一种最直观的，也是最简单的方法。然而在实际经济管理活动中，这种直接控制的办法往往不能使整个系统的效果更优。这是由于直接控制忽略了企业中人的因素，不利于下属积极性、创造性的发挥，人的潜力和能动性无法发挥出来。因此，直接控制的应用存在着某些界限，超出这个界限，势必会起到副作用。

（2）间接控制。间接控制是指被控对象不是直接从管理者那里接收控制指令，而是从管理者制定的制度、政策、责任等"控制器"那里接收控制信息，进行自我调节、自我控制的一种控制形式。间接控制是指通过一些间接的手段来调节被控制对象的过程，如上级管理者通过奖金、罚款等经济办法来规范下属行为等。在企业内部将奖金与绩效挂钩的分配政策，以及运用思想工作手段，形成良好的风气、高品位的价值观，都可以有效地控制人们的行为，这都属于间接控制。这种间接控制的办法由于减少了需要处理的信息量，调动了企业中人的积极性。

### 三、有效控制的原则

#### （一）客观控制的原则

有效控制必须是客观的、符合企业实际情况的。客观控制源于对企业经营活动状况及其变化的客观了解和评价。为此，控制过程中采用的检查、测量的技术和手段必须能正确地反映企业经营时空上的变化程度和分布状况，准确地判断和评价企业各部门、各环节的工作与计划要求的相符或相背离程度。没有客观的标准、态度和准确的检测手段，人们对企业实际工作就不易有一个正确的认识，从而难以制定出正确的措施，进行客观的控制。

#### （二）弹性控制的原则

企业在生产经营过程中经常可能遇到某种突发的、无力抗拒的变化，这些变化使企业计划与现实条件严重背离。有效的控制系统应在这样的情况下仍能发挥作用，维持企业的运营，也就是说，应该具有灵活性或弹性。一般地说，弹性控制要求企业制定弹性的计划和弹性的衡量标准。例如，预算控制通常规定了企业各经营单位的主管人员在既定规模下能够用来购买原材料或生产设备的经营额度。这个额度如果规定得绝对化，那么一旦实际产量或销售量与预测数量发生差异，预算控制就可能失去意义。经营规模扩大，会使经营单位感到经费不足；而销售量低于预测水平，则可能使经费过于宽绰，甚至造成浪费。有效的预算控制应能反映经营规模的变化，应该考虑到未来的企业经营可能呈现出不同的水平，从而为标志经营规模的不同参数值规定不同的经营额度，使预算在一定范围内是可以变化的。

#### （三）适时、适度控制的原则

对企业经营活动中产生的偏差只有及时采取措施加以纠正，才能避免偏差的扩大，或防止偏差对企业不利影响的扩散。及时纠偏，要求管理人员及时掌握能够反映偏差产生及其严重程度的信息。如果等到偏差已经非常明显，且对企业造成了不可挽回的影响后，反映偏差的信息才姗姗来迟，那么即使这种信息是非常系统、绝对客观、完全正确的，也不可能对纠正偏差带来任何指导作用。

适度控制是指控制的范围、程度和频度要恰到好处。任何组织都不可能对每一个部门、每一个环节的每一个人在每一时刻的工作情况进行全面的控制。选择关键控制点是一条比较重要的控制原则，有了这类标准，主管人员便可以管理一大批下属，从而扩大管理幅度，达到节约成本和改善信息沟通的效果，同时也使主管人员以有限的时间和精力做出更加有成效的业绩。

## 第二节 控制原理与过程

从不同角度可以将控制分为不同的类型，虽然控制的对象、方式各有不同，但控制工作必须遵循的基本原理和基本过程是一致的。

### 一、控制原理

要使控制工作发挥有效的作用，建立的控制系统就必须遵循以下几个原理：

### （一）反映计划要求原理

反映计划要求原理是指计划越是明确、全面、完善，所设计的控制系统越能反映这样的计划，控制工作也就越能有效地为主管人员的需要服务。控制是实现计划的保证，控制的目的是实现计划，因此，计划越是明确、全面、完整，所设计的控制系统越是能反映这样的计划，则控制工作也就越有效。

### （二）组织适宜性原理

组织适宜性原理一方面指一个组织结构的设计越是明确、完整和完善，所设计的控制系统越是符合组织机构中的职责和职务的要求，就越有助于纠正脱离计划的偏差。另一方面指管理控制系统必须符合组织领导者本人的特点。

### （三）控制关键点原理

控制关键点原理是指管理者越是尽可能选择计划的关键点作为控制标准，控制工作就越有效。控制关键点原理是控制工作的一条重要原理。为了进行有效的控制，需要特别注意在根据各种计划来衡量工作成效时有关键意义的那些因素。对一个主管人员来说，随时注意计划执行情况的每一个细节，通常是浪费时间、精力和没有必要的。他们应当也只能够将注意力集中于计划执行中的一些主要影响因素上。事实上，控制住了关键点，也就控制住了全局。

### （四）例外情况原理

例外情况原理指行政领导者越把主要精力集中于一些重要的例外偏差，则控制工作的效能越高，二者呈正比例关系。管理者在进行控制时，必须把例外原理同控制关键点原理结合起来，不仅要善于寻找关键点，而且在找出关键点之后，要善于把主要精力集中在对关键点例外情况的控制上。

### （五）直接控制原理

直接控制原理是指主管人员及其下属的工作质量越高，就越不需要进行间接控制。这是因为主管人员对他所负担的职务越能胜任，也就越能在事先察觉出偏离计划的误差，并及时采取措施来预防它们的发生。这意味着任何一种控制的最直接方式，就是采取措施来尽可能地保证主管人员的质量。

## 二、控制过程

控制是根据计划的要求，设立衡量绩效的标准，然后把实际工作结果与预定标准相比较，以确定组织活动中出现的偏差及其严重程度，在此基础上，有针对性地采取必要的纠正措施，以确保组织资源的有效利用和组织目标的圆满实现。控制过程包括三个基本环节：确立控制标准、衡量实际工作成效、采取纠正偏差措施。

★小案例

你想把室内温度"控制"在25 ℃，于是，你把温度指示表的指针设定在25 ℃，并打开开关，这就是"确定控制标准"。

接下来的工作是电热器为你完成的。一开始，室内温度低于25 ℃，电热器马上进入工作状态，不断对室内加热。电热器内部具有室温感应器，电热器把感应器获得的温度信息与事先设定的标准进行比较。这就是"对照标准衡量工作成效"。

当感应到室内已被加热到一定温度，即超过 25 ℃，如 26 ℃时，电热器就会自动停止加热——"跳闸"；当温度感应器"观察"到室温下降到一定温度，即低于 25 ℃，如 24 ℃时，电热器又会自动重新"开闸"加热。电热器通过"跳闸"或"开闸"来"纠正偏差"。

正是通过如此反复的控制过程，电热器才使得室温控制在 25 ℃左右。

### （一）确立控制标准

控制标准是控制过程中对实际工作进行检查的衡量尺度，是实施控制的必要条件。因此，确定控制标准是控制过程的首要环节。

**1. 控制标准的种类**

一般将控制标准分为定性标准和定量标准两大类。定性标准指难以用计量单位直接计量的标准。这类标准主要用于有关服务质量、组织形象、行为准则等方面，一般难以量化。定量标准指能够以一定形式的计量单位直接计量的标准。常见的定量标准主要有实物标准、财务标准、时间标准等。在实际工作中，为了保持控制的准确性，一般情况下，标准应尽量数字化和定量化，所以定量标准是大多数组织控制标准的主要形式。

在工商企业中，经常使用以下几种类型的标准：时间标准指完成一定工作所需花费的时间限度，如工时定额等；生产率标准指在规定时间里所完成的工作量，如单位时间产量等；消耗标准指完成一定的工作所需的有关消耗，如单位产品成本等；质量标准指工作应达到的要求，或是产品或劳务应达到的品质要求，如产品合格率等；行为标准是对员工规定的行为准则要求，如财务人员行为规范等。

**2. 制定控制标准的方法**

控制的对象不同，为它们建立标志正常水平标准的方法也不一样。一般来说，企业可以使用的制定控制标准的方法主要有下列三种：

（1）统计方法，相应的标准称为统计标准。它是以分析反映企业经营在历史上各个时期状况的数据为基础来为未来活动建立的标准。这些数据可能来自本企业的历史统计，也可能来自其他企业的经验；据此建立的标准，可能是历史数据的平均数，也可能是高于或低于中位数的某个数。

（2）工程方法，相应的标准称为工程标准。它是以准确的技术参数和实测的数据为基础制定标准的方法。这种方法的应用可以追溯到科学管理时期泰勒的工时研究。今天，这种方法主要用于生产定额标准的制定上。

（3）经验估算法，相应的标准称为经验标准。它是有经验的管理人员凭借个人丰富的实践经验所确定的标准，一般是作为以上两种方法的补充。该方法基本的程序是：先根据统计法或工程法确定初步的标准，再根据管理人员的经验进行适当的调整，使制定的标准更加符合实际的需要。

**3. 确立控制标准应注意的问题**

（1）确定控制对象。进行控制首先遇到的问题是"控制什么"，一般而言，影响组织目标成果实现的主要因素有环境特点及其发展趋势、资源投入和活动过程。

（2）选择关键控制点。对于关键点的选择，主要考虑三个方面的因素：会影响整个工作运行过程的重要操作与事项；能在重大损失出现之前显示出差异的事项；若干能反映组织主要绩效水平的时间与空间分布均衡的控制点。不同的组织，其性质、业务有其特殊性，可能有完全不同的关键控制点。如某企业在落实产品生产成本计划时，关键控制点是重点制造部门的生产成本和材料部门的采购成本。另一家企业制定了计算机管理信息系统的发展规划，关键控制点是信息部门负责的系统设计和数据库建设工作。选择关键控制点的能力是一种管理艺术，有效的管理控制取决于这种能力。

**（二）衡量实际工作成效**

在制定完衡量标准之后，接下来就是要采集实际工作的数据，了解和掌握工作的实际情况。在衡量实际工作中，衡量什么以及如何衡量，这是两个基本问题。

1. 确定衡量对象

衡量什么就是确定衡量对象的问题。事实上，这个问题在衡量工作之前就已经得到了解决，因为在管理人员确定控制标准时，随着标准的制定，计量对象、计算方法以及统计口径等也就相应地被确定下来了。所以，要衡量的就是实际工作中与已制定的标准所对应的要素。在确定衡量对象时，为了防止被控制者歪曲或隐瞒实际情况，管理人员可建立专门的部门，如统计部门、审计部门、政策研究部门等来专门从事这项工作。

2. 选择衡量方法

至于如何衡量，实际上就是衡量方法的选择问题。在实际工作中，不同的组织、不同的部门各有自己不同的衡量方法，常用的有如下几种方法：

（1）个人观察。个人观察提供了关于实际工作的最直接的第一手资料，这些信息未经过第二手而直接反映给管理者，避免了可能出现的遗漏、忽略和信息的失真。在对基层工作人员工作绩效进行控制时，个人观察是一种非常有效，同时也是无法替代的衡量方法。但个人观察的方法也有许多局限性：费时费力；简单观察的结果更多是表面而非深层次的内容；因为时间有限，往往不能全面了解各个方面的工作情况；人在被关注时与未被关注时的表现是不一致的，因此通过观察所获得的可能是一种假象。

（2）统计报告。统计报告是指将在实际工作中采集到的数据以一定的统计方法进行加工处理后得到的报告。它不仅可以提供文字、图形、图表以及管理者所需要的各种数据，还可以清楚有效地显示出各种数据之间的关系。但尽管如此，统计报告还是有以下两个方面的不足：一是真实性，即统计报告所采集的原始数据是否正确，使用的统计方法是否恰当，管理者往往难以判断；二是全面性，即统计报告中是否全部包括了涉及工作衡量的重要方面，是否遗漏或掩盖了其中的一些关键点，管理者也是难以肯定的。

（3）口头报告和书面报告。这两种方法共同的优点是快捷方便，而且能够得到立即的反馈；共同的缺点是报告内容容易受报告者的主观影响。两者相比，书面报告要比口头报告更加正式和精确全面，而且也更加易于分类存档和查找，报告的质量也更容易得到控制。

（4）抽样检查。在工作量比较大而工作质量又比较平均的情况下，管理者可以通过抽样检查来衡量工作，即随机抽取一部分工作进行深入细致的检查，以此来推测全部工作的质量。这种方法最典型的应用是产品质量检验。在产品数量极大或产品检验具有破坏性时，这是唯一可以选择的衡量方法。

3. 衡量实际工作成效应注意的问题

为了能够及时、正确地提供能够反映偏差的信息，同时又符合控制工作在其他方面的要求，管理者在衡量工作成绩的过程中应注意以下几个问题：

（1）通过衡量成效，确定适宜的衡量频度。对影响某种结果的要素或活动过于频繁地衡量，不仅会增加控制的费用，而且可能引起有关人员的不满，从而影响他们的工作态度；而检查和衡量的次数过少，则可能使许多重大的偏差不能及时发现，从而不能及时采取措施。以怎样的频度，在何时对某种活动的绩效进行衡量，取决于被控制活动的性质。例如，对产品的质量控制常常需要以小时或以日为单位进行，而对新产品开发的控制则可能只需以月为单位进行就可以了。

（2）通过衡量成效，检验标准的客观性和有效性。检验标准的客观性和有效性，是要分析通过对标准执行情况的测量能否取得符合控制需要的信息。在为控制对象确定标准时，人们可能只考虑了一些次要的因素，或只重视了一些表面的因素，因此，利用既定的标准来检查人们的工作，有时并不能达到有效控制的目的。例如，衡量职工出勤率是否达到了正常水平，不足以评价劳动者的工作热情、劳动效率或劳动贡献；计算销售人员给顾客打电话的次数和花费在推销上的时间，不足以判定销售人员的工作绩效。在衡量过程中对标准本身进行检验，就是指出能够反映被控制对象的本质特征的最适宜的标准。

（3）通过衡量成效，建立信息管理系统。通常，并不是所有的衡量绩效的工作都是由主管直接进行的，有时需要借助专职的检测人员。然而，管理人员所接收的信息通常是零乱的、彼此孤立的，并且难免混杂着一些不真实、不准确的信息。因此，应该建立有效的信息管理网络，通过分类、比较、判断、加工，提高信息的真实性和清晰度，同时将杂乱的信息变成有序的、系统的、彼此紧密联系的信息，并使反映实际工作情况的信息适时地传递给适当的管理主体人员，使之能与预定标准相比较，及时发现问题。

## （三）采取纠正偏差措施

利用科学的方法，依据客观的标准，通过对工作绩效的衡量，可以发现计划执行中出现的偏差。纠正偏差就是在此基础上，分析偏差产生的原因，制定并实施必要的纠正措施。这项工作使得控制过程得以完整，并将控制与管理的其他职能相互联结；通过纠偏，使组织计划得以遵循，使组织机构和人事安排得到调整，使领导活动更加完善。

为保证纠偏措施的针对性和有效性，在制定和实施纠偏措施的过程中必须注意下列问题：

### 1. 进行偏差分析

通过实际业绩与控制标准之间的比较，就可以确定这两者之间有无差异。如果无差异，工作按原计划继续进行；如果有差异，则首先要了解偏差是否在标准允许的范围之内。如果在偏差允许的范围之内，工作可以继续进行，但要对产生偏差的原因进行分析，以便改进工作，尽可能缩小偏差；如果偏差在允许的范围之外，则应当深入分析产生偏差的原因（如图9-1所示）。偏差可能是在执行任务过程中由于工作失误而造成的，也可能是由于原有计划不周所导致的，管理者必须对这两类不同性质的偏差做出准确的判断，以便采取相应的纠偏措施。

### 2. 确定纠偏措施的实施对象

如果偏差是由于绩效的不足而产生的，管理人员就应该采取纠偏行动。他们可以调整企业的管理战略，也可改变组织结构，或制定更完善的选拔和培训计划，或更改领导方式。但是，在有些情况下，需要纠正的可能不是企业的实际活动，而是组织这些活动的计划或衡量

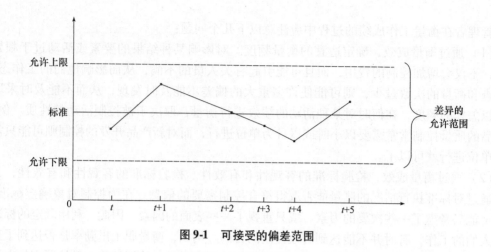

**图 9-1　可接受的偏差范围**

这些活动的标准。大部分员工没有完成劳动定额，可能不是由于全体员工的抵制，而是定额水平太高；企业产品销售量下降，可能并不是由于质量劣化或价格不合理，而是由于市场需求的饱和或周期性的经济萧条。在这些情况下，首先要改变的不是或不仅是实际工作，而是衡量这些工作的标准或指导工作的计划。

3. 选择恰当的纠偏措施

针对产生偏差的主要原因，就需要制定改进工作或调整计划与标准的纠正方案。纠偏措施的选择和实施过程中要注意以下几个方面：

（1）使纠偏方案双重优化。是否采取措施，要视采取措施纠偏带来的效果是否大于不纠偏的损失而定，有时最好的方案也许是不采取任何行动，因为此时行动的费用超过偏差带来的损失。这是纠偏方案选择过程中的第一重优化。第二重优化是在此基础上，通过对各种经济可行方案的比较，找出其中追加投入最少，解决偏差效果最好的方案来组织实施。

（2）充分考虑原先计划实施的影响。对客观环境的认识能力提高，或者客观环境本身发生了重大变化而引起的纠偏需要，可能会导致对原先计划与决策的局部甚至全局的否定，从而要求在企业活动的方向和内容方面进行重大的调整。这种调整有时被称为"追踪决策"，即"当原有决策的实施表明将危及决策目标的实现时，对目标或决策方案所进行的一种根本性修正"。在制定和选择追踪决策的方案时，要充分考虑到伴随初始决策的实施已经消耗的资源，以及这些消耗对客观环境造成的种种影响，如图 9-2 所示。

（3）消除人们对纠偏措施的疑虑。原先决策的制定者和支持者因害怕改变决策标志着自己的失败，从而会公开或暗地里反对纠偏措施的实施；执行原决策、从事具体活动的基层工作人员则会对自己参与的已经形成的或开始形成的活动结果怀有感情，或者担心调整会使自己失去某种工作机会，影响自己的既得利益，而极力抵制任何重要的纠偏措施的制定和执行。因此，控制人员要充分考虑到组织成员对纠偏措施的不同态度，特别是要注意消除执行者的疑虑，争取更多人理解、赞同和支持纠偏措施，以避免在纠偏方案的实施过程中可能出现的认识障碍。

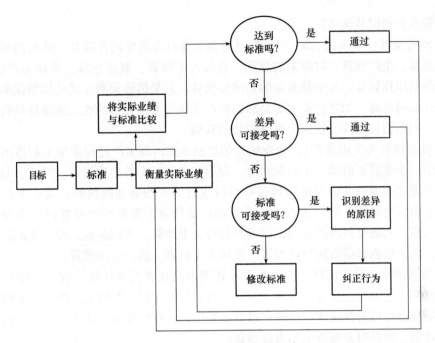

图 9-2 控制过程示意图

# 第三节 控制技术与方法

企业管理实践中运用着多种控制方法，管理人员除了利用现场巡视、监督或分析下属依循组织路线传送工作报告等手段进行控制外，还经常借助零基预算、项目预算等预算控制方法和资料分析法、行政控制法、审计法等非预算控制方法。

## 一、预算控制

预算控制就是根据预算规定的收入与支出标准来检查和监督各个部门的生产经营活动，以保证各种活动或各个部门在完成既定目标、实现利润的过程中对经营资源的利用，从而使费用支出受到严格有效的约束。预算控制是管理控制中运用最广泛的控制方法。

### （一）预算的概念及其种类

1. 预算的概念

预算是一种以货币和数量表示的计划，是一项关于完成组织目标和计划所需资金的来源和用途的书面说明。预算将计划规定的活动用货币量表现出来，通过预算就可以使计划具体化，从而更便于控制。

一般来说，预算的内容包括三个方面：一是"多少"，即为实现计划目标的各种管理工作的收入（或产出）与支出（或投入）各是多少；二是"为什么"，即为什么必须收入（或产出）这么多数量，以及为什么需要支出（或投入）这么多数量；三是"何时"，即什么时候实现收入（或产出）以及什么时候支出（或投入），必须使得收入与支出取得平衡。

2. 预算的种类

对于不同的组织和活动，预算的内容也各有特点。按照不同的内容，预算可以分为经营预算、投资预算和财务预算三大类。

（1）经营预算（收入预算）。经营预算是指企业日常发生的各项基本活动的预算，主要包括销售预算、生产预算、材料采购预算、直接人工预算、制造预算、单位生产成本预算、推销及管理费用预算等。其中最基本的是销售预算，它是销售预测正式的详细说明。由于销售预算是计划的基础，加之企业主要是靠销售产品和劳务所提供的收入来维持经营费用的支持和获利，因而销售预算也就成为预算控制的基础。

（2）投资预算（支出预算）。企业销售的产品是在内部生产过程中加工制造出来的，在这个过程中，企业需要借助一定的劳动力，利用和消耗一定的物质资源。因此，与销售预算相对应，企业必须编制能够保证销售过程得以进行的生产活动的预算。关于生产活动的预算，不仅要确定为取得一定销售收入所需要的产品数量，更重要的是要预计为得到这些产品、实现销售收入需要付出的费用，即编制各种支出预算。不同企业，经营支出的具体项目可能不同，但一般都包括直接材料预算、直接人工预算、附加费用预算。

（3）财务预算。财务预算是指企业在计划期内反映有关预计现金收支、经营成果和财务状况的预算。它主要包括现金预算、预计收益表和预计资产负债表。由于营业预算和投资预算中的资料都可以折算成金额反映在财务预算中，这样财务预算就成为各项经营业务和投资的整体计划，所以财务预算也称为总预算。

**（二）预算的积极作用和局限性**

1. 预算的作用

（1）帮助管理者掌握全局，控制组织运行的整体情况。对于任何组织来说，资金财务状况都是举足轻重的。预算可以使管理者了解资金的状况，从而可通过对资金的运筹，控制组织整体活动。由于预算是用单一的计量工具——货币来表示的，这就为衡量和比较各项活动的完成情况提供了一个清晰的标准，使管理者能够通过预算的执行情况把握组织运行的整体状况。

（2）有助于管理者合理配置资源和控制组织中各项活动的开展。组织各项活动的开展，几乎都离不开资金的收支问题。作为一种重要的杠杆，资金调节着组织中各项活动的轻重缓急及其规模的大小。预算范围内的各项活动，由于得到预算提供的人力、物力和财力等资源的支持，可以顺利开展。预算外的活动，则由于无资源配置计划而难以正常进行。因此，管理者可以通过预算，有效地配置资源，保证重点工作正常进行，并控制各项活动的开展。

（3）有助于对管理者和各部门的工作进行评价。由于预算为各项活动确定了投入与产出的标准，因此在正常情况下，管理者就可以根据预算执行的情况，来评价各部门的工作成果。同时，由于预算规定了各项资金的运用范围和负责人，管理者就可以通过预算控制各级管理人员的职权范围，明确他们各自应当承担的责任。

（4）有助于培养组织成员勤俭节约、精打细算的工作作风。由于预算一般不允许超支，而且预算常作为考核工作能力和业绩的依据，因此预算客观上对管理者形成了一种要求节约的压力，促使他们尽可能精打细算，杜绝铺张浪费的现象。可以说，严格和严肃的预算，对于降低成本、提高效益有着十分重要的意义。

2. 预算的局限性

由于这些积极作用，预算手段在组织管理中得到了广泛运用。但在预算的编制和执行中，也暴露了一些缺点，主要表现在以下几个方面：

（1）企业活动的外部环境是在不断变化的，这些变化会改变企业获得资源的支出或销售产品实现的收入，从而使预算变得不合时宜。因此，缺乏弹性、非常具体、特别是涉及较长时期的预算可能会过度束缚决策者的行动，使企业经营缺乏灵活性和适应性。

（2）它只能帮助企业控制那些可以计量的，特别是可以用货币单位计量的业务活动，而不能促使企业对那些不能计量的企业文化、企业形象、企业活力的改善予以足够的重视。

（3）预算，特别是项目预算或部门预算，不仅对有关负责人提出了希望他们实现的结果，而且也为他们得到这些成果而能够开支的费用规定了限度，这种规定可能使得主管们在活动中精打细算，小心翼翼地遵守不得超过支出预算的准则，而忽视了部门活动的本来目的。

（4）编制预算时通常参照上期的预算项目和标准，从而会忽视本期活动的实际需要，因此会导致这样的错误：上期有的而本期不需要的项目仍然沿用，而本期必需上期没有的项目会因缺乏先例而不能增设。同时，预算在获得最后批准的过程中，预算申请多半是要被削减的。因此，通常情况下他们的费用预算申报数要多于其实际需要数，特别是对于那些难以观察，难以量化的费用项目，更是如此。所以，费用预算总是具有按先例递增的习惯，如果在预算编制的过程中，没有仔细地复查相应的标准和程序，预算可能成为低效的管理部门的保护伞。

### （三）预算编制的步骤

预算编制涉及组织中的各个层次和部门，应有一个自上而下和自下而上的循环过程，其一般编制步骤应有以下几个环节：

（1）由组织的高层管理人员向主管预算编制的部门提出组织在一定时期内的发展战略、计划与目标。

（2）主管预算编制的部门在对组织发展战略、计划与目标进行研究的基础上，向组织各部门的主管人员提出有关编制预算的建议和要求，并提供必要的资料。

（3）各部门的主管人员依据组织计划与目标的要求，结合本部门的实际情况，编制本部门的预算，并与其他部门相互协调。在此基础上，将本部门预算上报主管部门。

（4）主管编制预算的部门将各部门上报的预算进行汇总，在认真协调的基础上，编制出组织的各类预算和总预算。最后，上报组织的高层管理层进行审核批准。

为了有效地从预期收入和费用两个方面对企业经营全面控制，不仅需要对各个部门、各项活动制定分预算，而且需要对企业整体编制全面预算。分预算是按照部门和项目编制的，它详细说明了相应部门的收入目标或费用支出的水平，规定了他们在生产活动、销售活动、采购活动、研究开发活动或财务活动中筹措和利用劳力、资金等生产要素的标准。全面预算则是在对所有部门或项目分预算进行综合平衡的基础上编制而成的，它概括了企业相互联系的各个方面在未来时期的总体目标。只有编制了总体预算才能进一步明确组织各部门的任务、目标、制约条件以及各部门在活动中的相互关系，从而为正确评价和控制各部门的工作提供客观的依据。

### （四）现代预算方法

#### 1. 零基预算

传统的预算均是以前期费用水平为基础，通过适度增减的方式制定的。而零基预算的最大特点是以零为基础，即一切预算项目都按重新开始的项目进行审查，不以现有的费用状况为基础。它的最大优点是不受过去预算框框的影响，完全按新的目标的要求来制定预算，从而更有效地保证目标实现。

零基预算的基本程序如下：

（1）建立组织的目标体系，明确组织的总目标。

（2）对所有申报预算项目进行重新审查，重点是该项开支要达到的目标或效益。

（3）依据组织的目标体系，排出与开支相关的各子目标的重要与优先顺序。

（4）资金按排出的优先顺序分配，从而使预算最有效地保证组织目标的实现。

2. 项目预算

项目预算是针对许多组织分别制定规划和预算的传统方式的弊端，将两者有机结合的一种方法。项目预算就是在对各项目的多种可能方案进行费用效果分析的基础上，选取实现目标最佳途径的现代预算方法。它要求规划部门与预算部门相互配合，对各种规划项目的可能方案，运用数字模型对效果、费用进行量化比较与分析，以此为依据优选项目与安排预算。其选择的标准是：以最少的费用实现一个既定的目标，或以现有的资源追求最大的效果。

## 二、非预算控制

### （一）资料分析法

1. 统计分析法

统计分析法，指运用各种数量分析方法，对有关的历史数据进行统计分析，从而了解有关因素的发展情况，并据此进行趋势预测的方法。在对组织运作和管理的各个方面进行数量化统计分析并进行趋势预测的基础上，对管理者进行控制是十分重要的。根据分析的结果，管理者就可以采取相应的措施，纠正已经发生的错误，预防可能发生的偏差。

2. 比率分析法

比率分析法就是将企业资产负债表和收益表上的相关项目进行对比，形成一个比率，从中分析和评价企业的经营成果和财务状况，主要包括财务比率分析和经营比率分析。

（1）财务比率。财务比率及其分析可以帮助人们了解企业的偿债能力和盈利能力等财务状况。财务比率指标主要有流动比率、速动比率、负债比率、盈利比率。流动比率是企业的流动资产与流动负债之比，它反映了企业偿还需要付现的流动债务的能力。速动比率是流动资产和存货之差与流动负债之比。该比率和流动比率一样是衡量企业资产流动性的一个指标。负债比率是企业总负债与总资产之比，它反映了企业所有者提供的资金与外部债权人提供的资金的比率关系。盈利比率是企业利润与销售额或全部资金等相关因素的比例关系。常用的比率有销售利润率和资金利润率。它们反映了企业在一定时期从事某种经营活动的盈利程度及其变化情况。

（2）经营比率。经营比率也称活力比率，是与资源利用有关的比例关系。它反映了企业经营效率的高低和各种资源是否得到了充分利用。常用的经营比率指标有库存周转率、固定资产周转率、销售收入与销售费用的比率三种。库存周转率是销售总额与库存平均价值的比例关系，它反映了与销售收入相比库存数量是否合理，表明了投入库存的流动资金的使用情况。固定资产周转率是销售总额与固定资产之比，它反映了单位固定资产能够提供的销售收入，表明了企业资产的利用程度。销售收入与销售费用的比率表明单位销售费用能够实现的销售收入，在一定程度上反映了企业营销活动的效率。

### （二）行政控制法

#### 1. 报告

报告指由下级搜集计划执行情况的信息，并综合成报告，上报给管理者的一种方法。控制报告应该突出重点，提出例外情况，应简明扼要，并应适时。这可以节省管理者的时间，但不便于管理者掌握第一手资料。

#### 2. 视察与指导

视察与指导指管理者到工作现场进行巡视、观察，直接搜集信息，并进行指导与纠正偏差等过程。这是一种最古老、最直接的控制方法，但仍是管理者最经常使用的控制方法。

#### 3. 考核与评估

考核与评估指对管理对象所进行的各种考核与评估的方法或技术。它既包括对实现组织职能的各种活动的进度、状况、效果的考核与评估，也包括对各级、各类人员的素质及工作绩效的考核与评价。

### （三）审计法

审计是常用的一种控制方法，它包括财务审计与管理审计两大类。

#### 1. 财务审计

财务审计是以财务活动为中心内容，以检查并核实账目、凭证、财务、债务以及结算关系等客观事物为手段，以判断财务报表中所列出的综合的会计事项是否正确无误，报表本身是否可以信赖为目的的控制方法。这种审计还可以判明财务活动是否合法，即是否符合财经政策和法令。

#### 2. 管理审计

管理审计指以管理学基本原理为评价准则，系统地考查、分析和评价一个组织的管理水平和管理成效，进而采取措施使之克服存在的缺点或问题的工作过程。管理审计的对象是管理系统的管理质量，所关注的不是一个组织最终所取得的工作成效如何，而是一个组织是如何进行工作的，即关注的是其内在的素质和能力。通过管理审计，管理者找出提高组织及其成员的素质与能力的关键所在，从而确保组织及其主管人员能够有效地从事管理工作。

## 第四节 风险管理与控制

进入 21 世纪以来，经济全球化、资本市场化、信息智能化、商业网络化逐步形成。全世界充斥着恐怖袭击、黑客、计算机病毒、自然灾害、环境污染等风险。风险自古有之，但从来没有像今天这样错综复杂、千变万化。

### 一、风险管理

#### （一）风险与风险管理

什么是风险？长期以来人们总认为"风险"就是"危险"、不吉利等，是纯负面影响，这是错误观念。新的风险观认为：风险"是不确定性对目标的影响"。其影响具有两重性，既有促进目标实现的机会，也有影响目标实现的威胁。

有人类就有影响人类生存的风险。从一般意义上讲，人类为了生存和发展，一直就自觉与不自觉地与风险进行搏斗。随着人类社会的发展和科学技术的提高，人们的风险意识和风险管理技术也逐步增强。在现代生活中，人们一方面无法回避风险，时常为风险所困扰，为风险所引起的财产及人员的毁损与伤亡而恐惧；另一方面又乐意冒一定程度的风险，去从事某项事业，获得风险收益。大量实践证明有些风险通过人们努力是可以控制的。风险需要管理，研究风险管理就是为了控制风险，变不利风险为有利风险，使风险向有利于人类的生存方面转化。

风险管理是管理主体（可以是个人或公司、事业单位、政府部门等组织）通过对风险的识别、衡量和科学的决策，采用合理的经济和技术手段，对风险加以处置，从而避免风险的发生或者使损失减少到最低限度。

风险管理的内涵包括：风险管理的对象是风险；风险管理的主体可以是任何组织和个人，包括个人、家庭、组织（包括营利性组织和非营利性组织）；风险管理的过程包括风险识别、风险估测、风险评价、选择风险管理技术和评估风险管理效果等；风险管理的基本目标是以最小的成本收获最大的安全保障。

★小案例

### 乐视欠供应商货款事件引发全行业风险意识

从 2016 年到 2017 年上半年，乐视欠供应商货款事件持续发酵，波及众多 EMS 代工厂、元器件分销代理商，仁宝、大联大、文晔、韦尔半导体相关损失几千万至数亿元不等。另据相关媒体了解，有众多未公开的 IC 分销商遭遇乐视欠款。

"一旦遭遇这类客户，轻则受伤重则一蹶不振。如果按照我们内部的风控体系显示的对乐视的高风险评估，我们完全可以不做这样的客户。但种种原因之下，我们成了他们的供应商。"一位乐视的供应商对记者说道。在乐视产生对其的欠款后，该供应商随即停止了供货，力图将风险和损失减至最小。乐视欠供应商货款事件引发了全行业的风险意识。

### （二）风险管理的目标

风险管理是一项有目的的管理活动，只有目标明确，才能起到有效的作用。否则，风险管理就会流于形式，没有实际意义，也无法评价其效果。

无论企业的目标是什么，只有当企业持续存在时才有可能实现这些目标。如果企业不再存在，则任何目标都是无法实现的。由此可见，风险管理的首要目标是保证企业作为经济社会中的一个经营实体持续存在。对于大多数组织来说，这个目标可以理解为"避免破产"。

除了生存，风险管理还有一些其他目标。按照损失发生前后，风险管理的目标分为两个部分：损前目标和损后目标。前者是避免和减少风险事故形成的机会，包括节约经营成本、减少忧虑心理；后者是努力使损失的标的恢复到损失前的状态，包括维持企业的继续生存、生产服务的持续、收入的稳定、生产的持续增长和社会责任。

### （三）风险管理的意义

有效的风险管理，对于企业有十分重要的意义。

1. 有利于维持企业生产经营的稳定

有效的风险管理，可使企业充分了解自己所面临的风险及其性质和严重程度，及时采取措施避免或减少风险损失，或者当风险损失发生时能够得到及时补偿，从而保证企业生存并迅速恢复到正常的生产经营活动。

2. 有利于提高企业的经济效益

一方面，风险管理可以降低企业的费用，从而直接增加企业的经济效益；另一方面，有效的风险管理会使企业上下获得安全感，并增强扩展业务的信心，增加领导层经营管理决策的正确性，降低企业现金流量的波动性。

3. 有利于企业树立良好的社会形象

有效的风险管理有助于创造一个安全稳定的生产经营环境，激发劳动者的创造性和积极性，为企业更好地履行社会责任创造条件，帮助企业树立良好的社会形象。

### （四）风险管理的程序

风险管理的程序主要由风险识别、风险评估、风险处理和风险评价四个环节组成。其中风险识别是基础，风险处理是核心。

1. 风险识别

风险识别是风险管理的第一步，它是指对有关单位面临的及潜在的风险加以判断、归类和鉴定风险性质的过程。存在于有关单位周围的风险多种多样、错综复杂，无论是潜在的还是实际存在的，无论是静态的还是动态的，无论是单位内部的还是与单位相关联的外部的，所有这些风险在一定时期和某一特定条件下是否客观存在，存在的条件是什么，以及损害发生的可能性等，都是在风险识别阶段应予以回答的问题。

风险识别的主要工作如下：

（1）全面分析经济单位的人员构成、财产分布及业务活动。

（2）分析人、物和业务活动中存在的风险因素，判断发生损失的可能性。

（3）分析经济单位所面临的风险可能造成的损失及其形态，如人身伤亡、财产损失、财务危机、营业中断和民事责任等。此外，需要鉴定风险的性质，以便采取合理有效的风险处理措施。

2. 风险评估

风险评估指在风险识别的基础上，通过对所收集的大量详细损失资料加以分析，运用概率论和数理统计方法，估计和预测风险发生的概率和损失幅度。风险评估不仅使风险管理建立在科学的基础上，而且使分析定量化。损失分布的建立、损失概率和损失期望的预测值，为风险管理者进行风险决策、选择最佳管理技术提供了可靠的科学依据。

风险管理者主要依靠自己的经验和智慧对风险进行测量，有时也可以列出风险矩阵进行分析。在数据、信息比较充分的情况下，还可以运用概率论、数理统计及其他科学方法进行数量分析，寻找风险的损失规律。

3. 风险处理

风险处理是指对经过风险识别和风险评估之后的风险采取行动或不采取行动。风险处理是风险管理过程中的一个关键性环节。风险处理方法选择是一种综合性的科学决策。决策时既要针对实际的风险状况，又要考虑经济单位的资源配置状况，还要注意各种风险处理方法的可行性与效用。一般来说，风险处理方法的选择不是一种风险选用一种方法，而是需要将几种方法组合起来加以运用。只有合理组合，才有可能使风险处理做到成本低、效益高，即以最小的成本获得最大的安全保障。

风险处理方法分为控制型和财务型两大类。前者的目的是降低损失频率和减少损失幅度，重点在于改变引起意外事故或扩大损失的各种条件。后者的目的是以提供资金的方式，消化发生损失的成本，即对无法控制的风险所做的财务安排。

4. 风险评价

风险评价是指对风险管理技术的适用性及其收益性情况的分析、检查、修正和评估。同时，随着时间的推移，风险是不断变化的，新的风险会产生，原有的风险会消失，在选定并执行了最佳风险处理手段之后，风险管理者还应对执行效果检查和评价，并不断地修正和调整计划。

风险管理收益的大小取决于能否以最小风险成本取得最大安全保障。实务中，还要考虑风险管理与整体目标是否一致，以及风险管理具体实施的可行性、可操作性和有效性。在一定时期内，风险处理的方案是否为最佳，其效果如何，需要采用科学的方法加以评估。常用的评估公式：

$$效益比值 = \frac{因采取该项风险处理方案而减少的风险损失}{因采取该项风险处理方案而支付的各种费用 + 机会成本}$$

若效益比值小于 1，则该项风险处理方案不可取；若效益比值大于 1，则该项风险处理方案可取。使得效益比值达到最大的风险处理方案为最佳方案。

## 二、风险控制

风险管理的最终目的是降低遭受风险的可能性，而风险管理的理论和实践都表明风险可以控制，事故可以预防。因此，为了最大限度地降低风险事件发生的概率和减少损失程度，有必要专门探讨一下风险控制的理论。

### （一）风险控制的含义

风险管理的一项重要步骤是风险应对。在对事件进行风险识别、分析和评估之后，就可以得出事件风险发生的概率、损失严重程度以及主要的风险因素，将这些风险指标与公认的安全指标相比较，就可确定事件的危险等级，从而发出相应预警警报，确认要抓住的机会和要采取的措施。对于一些风险，通过自身努力，采取规避措施，能够消除风险。而对于另外一些风险，虽不能回避，但可以采取各种必要的措施，最大限度地降低风险事故发生的概率和减少风险带来的损失幅度，这就是风险控制的内容。

风险控制是指风险管理者在风险识别和评估的基础上，针对存在的风险因素积极采取控制措施，从而在事故发生前降低事故的发生概率，或在损失发生后缩小损失程度来达到控制目的的各种控制技术或方法。

### （二）风险控制理论

自 1900 年以来，出现了多种不同的风险控制理论。每种理论都从不同的角度解释危险事故发生的原因，进而提出控制风险的各种措施，这是从事风险控制的理论基础。

1. 多米诺骨牌效应

1936 年，美国工业安全工程师海因里希对当时美国工业安全实际经验做了总结、概括，并上升为理论，出版了《工业事故预防》一书。书中提出多米诺骨牌理论，其基本思想是：一种可预防的伤亡事故的发生是一系列事件顺序发生的结果。导致损失的事故分为五个因素，即人体本身的欠缺和社会环境、人的过失、危险的动作或机械上的缺陷、意外事故本身、损失，如图9-3所示。

**图9-3 多米诺骨牌效应**

从多米诺骨牌效应可以看出，一种损失的产生是这五个因素按一个固定的逻辑顺序相继发生的结果。事故仅是其中的一个环节，若前面任一环节被消除，事故顺序就被中断，从而也就可以避免损失的发生。就其顺序来看，意外事故的发生，与人的因素有关系，人的问题至关重要，其次是物，而且这两者又是相互作用的。因此，控制风险或预防伤害事故的发生，重点应放在消除人的不安全行为以及环境或事物的不安全状态。

2. 一般控制理论

在海因里希的多米诺骨牌理论发表后的数十年间，工业卫生专家和安全工程师就发展了一般控制理论。该理论强调意外发生的原因、危险的物质条件或因素比危险的人为操作更为重要。该理论主张采用对人体健康损伤较少的材料替代损伤较大的材料、确立工作操作程序的范围、制定良好的维护计划、对特殊的危险因素应有特殊的控制方法等11种控制措施。

3. 系统安全理论

系统安全来源于下列观念：万物均可视为系统，而每个系统均由较小和相关的系统组合而成。根据此观念，当系统中人为或物质因素失去其应有功能时，意外事故就会发生。系统安全理论的目的，是要预测意外事故如何发生，并寻求预防和抑制的方法。

根据该理论，风险控制的措施有下列四项：辨认潜在的危险因素；对安全方面相关的方案、规范、条款和标准，应适当地规划和设计；为配合安全规范和办法，应设立早期评估系统；建立安全监视系统。

三种风险控制理论的差异，在于对意外事故产生的原因的观点不同，因此采用的风险控制措施也不同。然而，所有的理论，无非是想达到降低意外损失发生的概率，缩小损失幅度的目的，进而降低风险对人们生命财产安全的威胁。

**（三）风险控制的方法**

风险控制的五种基本方法是：风险回避、风险转移、风险预防、风险抑制以及风险自留。

1. 风险回避

风险回避是指当某个方案潜在的风险发生的可能性大，不利后果也很严重，又无其他策略来减轻，主动放弃或改变该方案的目标与行动方案，从而避免可能产生风险损失的一种控制风险的方式。

风险回避是一种最彻底、最有力的控制风险技术，当然也是最简单、最消极的一种技术。它在风险事故发生之前，将风险因素完全消除，也即排除了某一特定风险造成的各种可能损失。而其他控制技术，只能减少损失发生的概率和损失的严重程度。

企业通过中断风险源，将避免可能产生的潜在损失或不确定性，但也同时失去了从风险源中获得收益的可能性，更何况有些风险根本就无法避免，如地震、水灾、人的疾病、死亡、世界性的经济危机等。某些风险即使可以避免，但就经济效益而言也许就不合适了，如企业可以停止经营以回避经营风险，但如果这样，企业将因没有营业收入而无法维持生存。

2. 风险转移

与风险回避技术不同，风险转移不是通过回避放弃的方法来中止存在的风险，而是将存在的风险转移到其他地方。因此，风险转移只是间接达到了降低损失频率和减小损失幅度的目的。

风险转移是指为了避免承担风险损失，有意识地将可能产生损失的项目或与损失有关的财务后果转嫁给另一些单位或个人来承担的一种风险处理办法，又称合伙分担风险。其目的不是降低风险发生的概率和不利后果的大小，而是借用合同或协议，在风险事故一旦发生时将损失的一部分转移到项目以外的第三方身上。这类风险控制措施多数是用来对付那些概率小，但是损失大，或者项目组织很难控制风险的情况。转移风险的实现大多是借助于协议或者合同，将损失的法律责任或财务后果转由他人承担。

一般来说，风险转移的方式可以分为非保险转移和保险转移。非保险转移是指通过订立经济合同，将风险以及与风险有关的财务结果转移给别人。在经济生活中，常见的非保险风险转移有租赁、互助保证、基金制度等。保险转移是指通过订立保险合同，将风险转移给保险公司（保险人）。个体在面临风险时，可以向保险人交纳一定的保险费，将风险转移。一旦预期风险发生并且造成了损失，则保险人必须在合同规定的责任范围之内进行经济赔偿。由于保险存在着许多优点，所以通过保险来转移风险是最常见的风险管理方式。需要指出的是，并不是所有的风险都能够通过保险来转移，因此，可保风险必须符合一定的条件。

★小案例

**损失惨重的天津港"8·12"事件**

天津港"8·12"爆炸事件，将这个多年没有负面大新闻的城市突兀地推到了世界面前，一时间，天津市处于舆论的风口浪尖。多年的积累让天津市经济的成就靓丽抢眼，然而，大爆炸让"天津品牌"正遭遇前所未有的危机。爆炸发生后，德国财经网按照当时1欧元等于7.323 2元人民币的汇率进行计算，爆炸的经济损失折合最高为730亿元人民币。

这其中，显而易见最大的是汽车行业的损失。由于中国进口汽车目前大约40%经由天津港，此次爆炸中，这些集中于天津港的汽车企业损失严重。根据2014年资料显示，当年进口的汽车经由天津港就达50多万辆。数千辆新车炸毁，全球的相关汽车制造企业都得进行损失评估。保险方面，由于事故涉及车险、企财险、家庭险、意外健康险、责任险和货运险6大类险种，保险行业赔付巨大，有业内人士表示："此次赔付额超过此前保险史上的海力士火灾案，估计赔付额在100亿元左右。"

3. 风险预防

风险预防是指在风险发生之前，采取消除或减少风险因素的措施，达到降低风险发生的概率、减轻损失程度的目的。风险预防措施与引发损失的因素联系在一起。一般来说，预防措施是一种行动或安全设备装置，在损失发生前将引发事故的因素或环境进行隔离。如果把引发损失的各种风险因素排成一条事故链，损失预防就是要在风险造成的损失发生之前切断这条链条。实现这个目标有赖于深入研究事故链与风险损失之间的关系。海因里希的多米诺骨牌理论可以形象地说明这一点,他认为,在风险控制中,最重要的是骨牌中的第三张牌,即安全工作的焦点就在于消除不安全行为,改善不安全环境。

根据帕累托二八定律,预防好 20% 的主要风险就能有 80% 的安全把握,因为在所有风险中只有一小部分是威胁最大的。因此,在进行风险管理时要集中相当的力量专攻威胁最大的风险。一个风险减轻了,其他一系列风险也会随之减轻。在风险预防时,最好将每个具体风险因素都一一识别出来,采取不同手段、措施对这些因素进行隔离,从而把风险减轻到可接受的水平。具体的风险减轻了,整体失败的概率就会减小,成功的概率就会增加。

4. 风险抑制

风险抑制是指对不愿放弃也不愿转移的风险,通过降低其损失发生的可能性,缩小其后果不利影响的损失程度来达到控制目的的各种控制技术或方法。相对于风险回避而言,风险抑制措施是一种积极的风险处理手段。这类措施是对付无预警信息风险的主要应对措施之一,如当出现雨天而无法进行室外施工时,尽可能地安排各种人员与设备从事室内作业就是一种风险抑制措施。

风险预防是风险发生之前应用的技术,目的在于减少损失发生的概率。风险抑制是在风险发生时和损失发生后的控制技术,目的在于减少风险发生后不利后果的损失程度。分清风险预防和风险抑制之间的区别是非常重要的,它有助于提高风险管理效果。如果风险管理的目的在于减少损失发生的可能性,则应采取风险预防措施;如果风险管理的目的在于减少损失程度,则应采取风险抑制措施。在更多的情况下,风险预防和风险抑制措施在风险管理过程中往往同时使用,一个好的风险管理计划往往既是风险预防计划,也是风险抑制计划。

风险抑制措施大体上分为两类:一类是事前措施,即在损失发生前为减少损失程度采取的一系列措施;另一类是事后措施,即在损失发生后为减少损失程度采取的一系列措施。在损失发生前采取的损失抑制措施,有时同时也会减少损失发生可能性,如在基建工程的高空作业中,采取严格的措施保证工人按规程操作,既达到风险抑制的效果,又起到了损失预防的效果。损失发生后的抑制措施主要集中在紧急情况的处理方面,即急救措施、恢复计划或合法地保护,以此来阻止损失范围的扩大。例如,森林起火设置防火隔离带阻止火势的蔓延,就是一种限制火灾损失范围的事后发生作用的措施。

5. 风险自留

风险自留又称为风险承担,是指企业管理者自己承担由风险事故造成的损失。风险自留是处理风险的最普通、最省事的风险规避方法。当采取其他风险规避方法的费用超过风险事件造成的损失数额时,可采取自留风险的方法。它可以是被动的,也可以是主动的;可以是无意识的,也可以是有意识的;可以是无计划的,也可以是有计划的。

主动的风险自留是指企业管理者在识别和衡量风险的基础上,对各种可能的风险处理方式进行比较,权衡利弊,从而决定将风险留置内部,即由企业管理者自己承担风险损失的全部或部分。由于在风险管理规划阶段已对一些风险有所准备,所以当风险事件发生时可以马上执行应急计划,这是主动接受。主动的风险自留是一种有周密计划、有充分准备的风险处理方式,如因损失金额相对较低而被自留。主动风险自留的具体措施有以下三种:将损失摊入经营成本、建立意外损失基金、借款用以补偿风险损失。

被动的风险自留是指企业管理者因为主观或客观原因,对于风险的存在性和严重性认识不足，没有对风险进行处理，而最终由企业管理者自己承担风险损失。一般情况下，风险事件造成的损失数额不大，不影响企业经营大局时，企业管理者将损失列为经营费用。现实生活中，被动的风险自留现象是大量存在的，绝对不可能避免。此外，有时企业管理者虽然已经完全认识到了现存的风险，但由于低估了潜在损失的大小，也便产生了一种无计划的风险自留。例如，管理者意识到与关键技术人员流失有关的经济风险，却不采取任何旨在阻止这一风险的行动，而最终影响了企业生产经营活动。

## 本章小结

　　控制职能是指组织在动态的环境中为保证组织目标的实现而采取的各种检查和纠偏等一系列活动或过程。控制贯穿组织管理工作的全过程，它与其他管理职能（计划、组织、领导）之间存在着密切的关系。根据不同的标准，控制可分为不同的类型。在实际管理工作中，各种类型的控制方式实际上是交叉使用的。控制的基本原理包括反映计划要求的原理、组织适应性原理、控制关键点原理、例外情况原理、直接控制原理。控制的过程包括三个基本环节的工作：确立控制标准、衡量实际工作成效、采取纠正偏差措施。控制方法主要分为预算控制和非预算控制。在这些控制原理指导下，管理者应该树立现代风险管理意识，积极主动地运用风险抑制、风险转移、风险预防等风险控制方式，确保企业目标的实现。

## 知识结构图

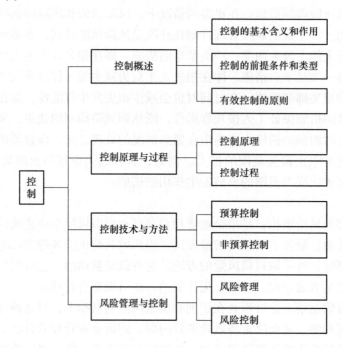

## 学习指导

　　本章的学习，需要用辩证法分析和理解经济活动的实际状况与计划设想会产生程度不同的偏差。为了及时发现、分析这些偏差，需要运用"控制"这个职能。它是保证计划与实际作业动态相适应的管理职能。若能适当阅读相关书籍和企业资料，为企业解决相关问题，即可进一步巩固和扩大学习成果。

## 拓展阅读 \\\\

校园贷风险预防"仍在路上"

马云下一步：风险控制——左右阿里的又一个十年

管理层的控制活动

# 第十章

# 管理创新

企业管理创新的主体主要由企业家、内企业家和知识员工所组成，企业家是管理创新的领袖和主导，内企业家是管理创新的关键和中坚，知识员工则是管理创新的源泉和基础。

管理创新主体需具备的能力结构包括三个层次：综合素质、创新能力和资源整合能力。综合素质是产生管理创意的前提和基础，创新能力是进行管理创新的必要条件，资源整合能力是开展管理创新的有力保证。

管理创新主体的创新动机来源于生存压力、经济动力、责任心、成就感等方面，并受到需求变化、竞争威胁、创新利润、技术进步等因素的影响。只有不断激发管理创新主体的创新动机，才能推动其不断开展管理创新。

影响管理创新主体创新能力的个性因素主要有自满、害怕失败、屈从传统、过分自责、忌妒贤能、抱怨等，管理创新主体的自我修炼和管理创新环境的不断优化，有助于充分挖掘管理创新主体的创造潜能，提升其管理创新能力。

## ★重点难点

重点：1. 管理创新的含义。

2. 管理创新的类型。

难点：1. 管理创新的实施。

2. 管理创新能力的开发。

## ★引导案例

### 管理寓言——飞不出瓶口的蜜蜂

如果你把 6 只蜜蜂和 6 只苍蝇装进一个玻璃瓶中，然后将瓶子平放，让瓶底朝着窗户，会发生什么情况？

你会看到，蜜蜂不停地想在瓶底上找到出口，一直到它们力竭倒毙或饿死；而苍蝇则会在不到两分钟之内，穿过另一端的瓶颈逃逸一空。事实上，正是由于它们对光亮的喜爱，由于它们的思维方式，蜜蜂才灭亡了。

蜜蜂以为，囚室的出口必然在光线最明亮的地方；它们不停地重复着这种合乎逻辑的行动。对蜜蜂来说，玻璃是一种超自然的神秘之物，它们在自然界中从没遇到过这种突然不可穿透的大气层；而它们的智力越高，这种奇怪的障碍就越显得无法接受和不可理解。

那些愚蠢的苍蝇则对事物的逻辑毫不留意，全然不顾亮光的吸引，四下乱飞，结果误打误撞地碰上了好运气，这些头脑简单者总是在智者消亡的地方顺利得救。因此，苍蝇得以最终发现那个正中下怀的出口，并因此获得自由和新生。

问题引出：
（1）这个案例中玻璃瓶、蜜蜂、苍蝇分别有什么寓意？
（2）这个案例给企业管理者什么启示？

# 第一节　管理创新概述

管理创新是企业创新的重要组成部分，是企业创新体系的基石。没有管理创新，技术等其他创新很难取得应有的成效。因此，面对复杂多变的市场环境，企业不仅要重视技术创新、制度创新，更要重视管理创新。

## 一、管理创新的含义

管理创新的内涵，既与管理有关，也与创新有关，单纯从管理的角度或者单纯从创新的角度来界定管理创新的含义，都是不全面的。因此，界定管理创新的含义必须从管理与创新两个方面加以分析。熊彼特在1912年的《经济发展理论》中首先明确了创新的含义：创新是生产手段的新组合。这种创新是在技术和观念创新的基础上进行的对资源配置方式的调整和创新。复旦大学的芮明杰认为，管理创新是指创造一种新的更有效的资源整合范式。综合以上观点，管理创新不只是生产手段的新组合，也不只是对企业内部资源的调整和创新；它也不一定是一种范式，只要能结合企业的实际，对本企业有效就可以。管理创新是创造一种新的更有效的方法来整合企业内外资源，以实现既定管理目标的活动。这个概念不仅强调了管理创新的创造性，要求管理创新要在观念和技术创新的基础上创造出一套资源整合方式，而且又强调了管理系统的新颖性和有效性，只新而无效不是管理创新的目的，创新只是一种手段，其目的是更有效地实现管理目标。

## 二、管理创新的特点

管理创新既具有创新的一般特征，又具有自身的明显特点。概括起来，管理创新的具体特点主要表现在以下几个方面：

### （一）创造性

管理创新不管是整体创新还是局部创新，都是以原有的管理思想、方法和理论为基础，充分结合实际工作环境与特点，积极地汲取外界的各种思想、知识和观念，在汲取合理内涵的同时，创造出新的管理思想、方法和理论，推陈出新。因此，管理创新的重点在于突破原有的思维定式和框架，创造具有新属性的、增值的东西。也可以说，创新是一种创造性构思付诸实践的结果。

### （二）动态性

企业是一个不断与外界环境进行物质、能量和信息交换的动态开放系统，而企业活动的内外环境又具有很多的不确定性因素，再加上信息本身的不完全性，因此企业管理创新活动的逻辑和轨迹不是一种简单的重复，而是根植于内外环境变化的一种能动性的动态创造过程。正如彼得·德鲁克所指出的：企业管理不是一种官僚性的行政工作，它必须是创新性的，而不是适应性的工作。因此，创新活动具有长期性、动态性和持续性。

### （三）系统性

企业是一个复杂的系统，企业生产经营活动是由许多环节构成的，创新活动涵盖企业生产经营活动的整个过程，它是一条完整的链条，而不是其中的某一项活动或某一个环节，其中的任何一个环节出现失误，都会对创新的整体结果产生负面影响。因此，这就决定了管理创新是许多参与者之间的一系列复杂的、综合的、相互联系和相互作用的结果，是一个复杂的系统工程。

### （四）效益性

创新是为了更好地实现企业目标，取得更好的效益和效率，以促进企业发展。因此，尽管创新的成功率较低，但成功后却可获得丰厚利润，创新活动的高收益和高风险并存。技术创新可以提高产品技术含量，使其具有技术竞争优势，获取更高利润。通过管理创新，企业可以建立新的管理制度，形成新的组织模式，实现新的资源整合，从而建立起企业效益增长的长效机制。

### （五）风险性

创新作为一种创造性的过程，包含许多可变因素、不可知因素和不可控因素，这种不确定性使得创新必然存在着许多风险，管理创新并不总能获得成功，这也是创新的代价所在。因此，要理性看待风险，充分认识不确定因素，尽可能地规避风险，提高管理创新成功率。

## 三、管理创新的"力场"分析

"力场"分析就是运用物理学的有关概念来分析企业的管理创新行为。任何管理创新活动都是在各种力的作用下进行的，都要受到正反两方面力的作用和影响，企业的管理现状就是这种"作用力"和"反作用力"相互作用而达到的一种短暂均衡，如图10-1所示。

但影响管理创新的各种力不是固定不变的，而会随着环境的变化而变化。如果环境变化引发的推动力小于阻碍力，管理将维持原状；只有当环境变化引发的推动力大于阻碍力时，管理创新行为才有可能发生。企业的管理创新就是在这种推动力和阻碍力的交互作用下而呈现出来的一种不规则性活动。

### （一）管理创新的动力

管理创新的动力是指发动、赞成和支持创新并努力去实施创新的驱动力，是产生管理创

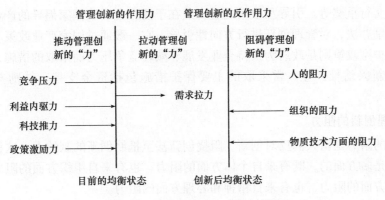

图 10-1　管理创新的"力场"结构

新行为的决定力量。管理创新的动力主要来源于利益内驱力、需求拉力、竞争压力、科技推力及政策激励力五个方面。

1. 管理创新的内在驱动力

管理创新的内在驱动力来源于企业对创新利润的追求。一般来说，管理创新程度越高，垄断性就越强，创新利润的获得就越持久。在管理创新过程中，垄断与竞争各自扮演着不同的角色：垄断利润刺激企业进行管理创新；竞争鞭策企业不断进行管理创新。正是这种垄断和竞争的交互作用，推动着管理创新的不断进行。

2. 管理创新的拉力

管理创新的拉力是因市场需求的不断变化而产生的，它源于人们生活水平提高和买方市场出现的双重背景，是拉动管理创新的首要外部力量。因为，企业存在的价值在于满足市场需求，当市场需求发生变化时，就会迫使企业为了自身的生存而围绕市场需求进行管理创新。

3. 管理创新的压力

管理创新的压力主要来源于市场竞争的威胁，企业只有不断进行管理创新，采取比竞争对手效率更高、效益更好的资源整合方式与方法，才能在市场竞争中占据优势而不被淘汰。如果竞争就是创新，就是创造和改进产品、服务和加工过程，那么不创新就是死亡。

4. 管理创新的推动力

管理创新的推动力来源于科学技术的迅猛发展和科技与经济联系的日益紧密。科学技术作为根本的、发展着的知识基础，对管理创新起着重要的推动作用。一方面，技术进步为管理创新提供了必要的物质技术条件。另一方面，科学技术的发展又引发了市场需求的变化，改变着产业间的技术关联和企业间的竞争格局，这些都对管理创新提出了新的要求和挑战。可见，管理创新是市场需求和科学技术共同作用的结果，市场需求决定了管理创新的方向和创新收益，科技决定了管理创新成功的可能性和成本。

5. 管理创新的激励力

管理创新的激励力主要来源于政府采取的创新激励政策。一般来说，政府常采用的激励创新的政策主要有动力型政策、引导型政策和保护型政策。动力型政策的着力点在于激发企业管理创新愿望，并为管理创新创造必要条件，它是管理创新的推动力。动力型政策的主要手段包括从投入上予以资金支持、在产出上增大企业净收益和个人收益，如对企业实行税负减免、对个人实行重奖等。引导型政策的着力点在于使企业明确国家倡导的产业发展、技术发展领域和鼓励办法，对管理创新进行方向性引导，它一般通过国家产业政策和经济发展规划来实现。保护型政策则是政府为扶持企业发展、减轻竞争压力而采取的措施，它一般应用于支柱产业、新兴幼稚产业，常采取的主要保护措施包括资金支持、鼓励垄断、关税保护等。

### （二）管理创新的阻力

管理创新的阻力是指人们反对创新、阻挠创新甚至抵制创新的制约力。这种制约管理创新的力量来源是多方面的，既有来自个体方面的阻力，也有来自组织方面的阻力；既有来自物质技术条件方面的阻力，也有来自精神和心理方面的阻力。

#### 1. 个体方面的阻力

个体并不缺乏创新与冒险精神，但由于个体情况千差万别，个体对组织创新也会呈现出多样化的特点：有人支持创新，有人则抵制创新。个体支持或反对创新都是有条件的，随着条件的改变，个体支持或反对的态度也会随之改变，原来支持创新的人可能变成创新的反对者，而原来反对创新的人则可能变成创新的拥护者。一般来说，个体对创新的阻碍主要与个体的知觉、个性和需要有关，其抵制创新主要有习惯、安全、经济因素、对未知的恐惧、急于求成等几个方面，如图10-2所示。

#### 2. 组织方面的阻力

组织既是管理创新的主体又是管理创新的对象。作为管理创新对象的组织，就其本质来说是保守的，它们会本能地抵制创新。组织抵制创新主要表现在结构惯性、群体惯性、对专业知识的威胁、部门本位主义、官僚主义等几个方面，如图10-3所示。

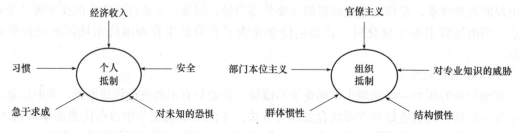

图10-2　个体抵制创新的原因　　　　图10-3　组织抵制创新的原因

#### 3. 物质技术条件方面的阻力

对管理创新投入不足是多数企业共同存在的问题，其原因在于管理层对管理创新重视不够。不少企业常常将发展寄托于市场创新或技术创新，而不是管理创新，存在着重业务轻管理、重硬件轻软件的现象，对管理创新很少投入。这样，管理创新的开展自然会遇到很大困难或根本无法开展。

### （三）克服管理创新阻力的途径

管理创新的阻力是制约管理创新及管理创新能力提高的瓶颈，只有不断克服和消除这些阻力，才能确保管理创新的顺利进行。一般来说，克服管理创新的阻力可以通过以下五种主要途径来解决：

#### 1. 建立管理创新制度

制定鼓励管理创新的规章制度是进行管理创新的基础工作。制度建设可以使管理创新规范化、持续化，可以有效地保证从事管理创新活动所需要的各种资源。现在不少企业已经建立了技术创新、产品创新等方面的制度，但在管理创新制度建设方面却一直比较滞后，因此，为了推动管理创新的深入开展，有必要将管理创新制度的建设尽快纳入企业制度体系的建设中。

2. 强化管理创新激励机制

要激发管理创新主体的创新热情，还必须建立合理的管理创新评价和奖惩制度。管理创新的原始动机可能是出于责任心、个人成就感和自我实现的需要，也可能是为了生存或为了经济收入，不管出于何种动机，如果管理创新的努力不能得到承认，不能得到公正的评价和合理的奖酬，那么管理创新的动力就有可能会渐渐消失。日本企业通过建立合理化建议奖、管理创新奖等所取得的管理创新成就就是最好的例证。

3. 加大管理创新投入

加大管理创新投入的目的在于为创新人员造就一个良好的经济环境，使创新人员把更多的时间花在具体的创新工作上。对管理创新来说，加大投入不仅包括管理创新所需的资金，更重要的是要在时间、精力、信息、人力等方面加大投入。企业家既要重视管理创新及管理创新的组织，也要给员工创造良好的条件使其能够进行管理创新。例如，美国的成功企业往往让员工自由地利用部分工作时间去探索新的设想，像 IBM、3 M 以及杜邦公司等都允许员工利用 5% ~15% 的工作时间来开发他们的兴趣和设想。

4. 开展创新思维训练

创新思维是形成创新能力的关键。许多企业之所以创新意识薄弱、创新能力低下，很大程度上是因为缺乏创新思维系统教育和训练。许多人并不缺乏创新潜能，缺乏的是将这种创新潜能挖掘出来的思路和方法。由于得不到这种思路和方法，人的创新潜能长期受到禁锢和压抑，导致了人力资源极大浪费。因此，广泛地开展创新思维训练，特别是结合管理实际问题开展创新思维教育，不仅有助于解决实际问题，而且还能不断培养人的创新思维能力。

5. 正确地对待失败

管理创新过程是一个充满不确定性的过程，难免会遇到挫折或失败。创新者和创新的组织者都应该清醒地认识到这一点，要以开放的心胸容纳失败，并在制度上保证失败者不会因此而受到惩处，从而鼓励人们大胆创新。促进创新的一个好方法就是大张旗鼓地宣传创新、鼓励创新，树立"无功便是过"的观念，使因循守旧者受到鞭策，使积极创新者受到鼓舞，这样才能形成奋发向上、勇于开拓的创新氛围。

## 四、管理创新的类型

一般来说，比较重要而且易于取得创新成效的管理创新领域主要有管理理念创新、管理方式方法创新和管理模式创新。

### （一）管理理念创新

1. 管理理念的内涵及特征

所谓管理理念，又称经营理念、管理思想、管理观念等，是管理者管理活动的思想、信条和理想的总称。实践证明，企业的成功取决于观念的更新，观念已经成为管理者素质的重要组成部分。有关管理专家认为，企业的管理模式不是最主要的，而是关键要形成一个新理念，有了新理念，可以寻找模式、创造模式。

理念就其本质来说，属于主观世界的范畴，是人的一种意识和思维的过程，它来源于客观世界，反过来又指导人的行动。因此，人们要想优化自身的行为，首要的是优化自身的理念。具体来说，理念具有主观性、动态性、层次性、能动性等特征。

2. 管理理念创新体系

管理理念是由一系列相应的理念所组成的。管理理念组成体系决定着管理理念创新的系统框架。一般认为，现代企业的管理理念主要是由企业战略观、企业竞争观、企业效益观、企业质量观、市场营销观、品牌经营观、时速管理观和人力资本观等一系列理念和观点组成的。

**（二）管理模式创新**

所谓管理模式，是指基于整体的一整套相互联系的观念、制度和管理方式方法的总称。具有代表性且影响较大的管理新模式主要有集成管理、企业再造、知识管理、网络管理、危机管理、柔性管理等。

1. 集成管理

集成管理是指用于设计、管理、控制、评价、改善企业从市场研究、产品设计、财务状况、加工制作、质量控制、物流直至销售与用户服务等一系列活动的管理思想、方法和技术的总称。集成管理既不纯粹是一种科学管理方法，也不纯粹是一种技术手段，而是二者的结合。它不仅包括企业的战略策略、管理理念、生产组织形式以及相应的管理方法，而且包括体现这些管理思想并对其进行支持的、以计算机和信息技术为中心的技术方法。集成管理包括以技术为中心的集成管理、以市场为中心的集成管理和以知识为中心的集成管理。

2. 企业再造

"企业再造"也称"企业重建"或"企业流程再造"，是由美国管理学家迈克·哈默和詹姆士·钱皮在1990年出版的《再造企业》一书中系统提出的。哈默和钱皮认为，在当今国际化、消费者需求多样化与成熟化的经营环境中，传统的以专业分工、经济规模及连续生产为前提的管理组织原则与管理手段已逐渐不适用了，必须彻底摒弃原有作业流程，针对顾客需要做根本性的重新思考，再造新作业流程。可见，企业再造是对企业原有作业流程进行根本性的重新思考和彻底性的翻新，以便在流程产出关键环节上，如成本、品质、服务和速度等方面获得显著性改善。企业流程再造的创新设计方法包括零基思考法、测定基准法和价值链分析法。

3. 知识管理

知识管理是一项以知识为核心的系统工程，主要由知识整理、知识交流、知识应用和知识创新四个环节组成。这四个环节是相互关联的，知识整理是知识管理的前提和基础，知识交流是实现知识共享的主要途径，知识应用是知识管理的基本目的，知识创新是知识管理的根本目的，是知识整理、知识交流、知识应用的不竭源泉。知识管理必须设立知识管理机构和知识管理职位，建立高效的信息支持系统和知识共享机制，加强人力资源管理和塑造团队学习的企业文化，并且加强对知识的保护，这样才能不断增强和提高企业的核心竞争力。

★小案例

### 美国施乐公司的知识管理

施乐公司内部的知识管理起步较早，公司一方面密切注意和研究知识管理的发展趋势，同时实施"知识创新"研究工作，它们认为最重要的十个知识管理领域如下：

- 对于知识和最佳业务经验的共享；
- 积累和利用过去的经验；
- 将知识作为产品进行生产；
- 建立专家网络；
- 理解和计量知识的价值；
- 对知识共享责任的宣传；
- 将知识融入产品、服务和生产过程；
- 驱动以创新为目的的知识生产；
- 建立和挖掘客户的知识库；
- 利用知识资产。

施乐公司还设立知识主管，目的是将公司的知识变成公司的效益。其专门建立了名为"知识地平线"的内部网络，它包括工作空间、知识管理新闻、历史事件、研究资料、产品技术以及相关网点六方面的内容。

**4. 网络管理**

网络管理是全球网络化条件下产生的一种全新的管理模式，是企业为了实现一定的目标，把各个要素组成相互联结的网络，并使这些要素之间通过某些方式进行交流，互通信息，实现知识、信息等资源共享，从而创造条件促进知识的扩散、应用和发展的过程。网络管理的任务就是制定网络发展战略，培养知识主管，疏通交流渠道，创造智力群体，促进知识的传播应用和发展。

**5. 危机管理**

危机管理就是企业为应付各种危机情境所进行的规划决策、动态调整、化解处理、员工训练等活动的过程，其目的在于消除或降低危机所带来的威胁。危机的发展分为潜伏期、否认期、爆发期和灾难期四个阶段，企业只有针对危机发生和发展过程，及早采取相应的措施和行动，才有可能化解危机，转危为安。

**6. 柔性管理**

所谓柔性管理就是对企业外部环境因素变化具有响应能力、对企业内部因素变化具有应对能力的管理。前者指的是对多变市场中用户需求变化的灵活快速的响应能力；后者指的是对企业内部人、财、物、信息等各生产要素变化的及时适应能力。柔性管理的重点在于强调柔性，包括生产的柔性和组织的柔性。这种柔性反映了企业能够快速适应日趋多元、快变、无法预测的市场竞争体系的能力。柔性管理可以通过增强组织机构的柔性，实现管理方法的柔性化和应用高新技术进行柔性管理来实现。

### （三）管理方式创新

就其理论和实践价值而言，管理理念和管理模式的最终实现，都需要体现在具体的管理方式上。管理方式是管理方法和管理形式，它是企业资源整合过程中所使用的工具，其方式方法是否有效直接影响到企业资源的有效配置。在现代管理方式中，具有代表性且影响较大的管理新方式有：以人为中心的管理方式，如人本管理、人性管理、伦理管理等；以顾客为中心的管理方式，如顾客关系管理、顾客满意战略（CS战略）等；以精密化为中心的管理方式，如准时化生产方式、精益生产方式、敏捷制造、计算机集成制造系统（CIMS）的观念；以物流为中心的管理方式，如物流管理、供应链管理等。

## 第二节　管理创新主体

管理创新活动都是由管理创新主体来进行的。那么究竟谁是管理创新主体呢？按照熊彼特的理论，只有企业家才是创新主体，也就是说企业的各项创新活动都是由企业家来完成的。但从企业管理创新实践看，这种看法并不符合实际。事实上，企业的管理创新主体并不是唯一的，除了企业家创新主体外，还存在许多创新主体，他们同样承担着大量的管理创新活动。因此，在开展管理创新过程中，有必要进一步明确管理创新主体构成，这样才能更好地把握谁来创新以及创新什么等这些最基本、最重要的问题，从而为企业管理创新能力的提高奠定基础。

### 一、管理创新主体的构成

管理创新主体是管理创新过程的参与者和创新活动的承担者，自始至终参与管理创新，并有意识、有目的地将创意付诸实施。具体来说，管理创新主体主要由企业家、内企业家和知识员工三部分人员所构成，并且各自在管理创新中扮演着不同的角色，承担着不同的职责和功能。

#### （一）企业家

这里所指的企业家，不是指企业资产的终极所有者，而是指从事企业管理实践的高级管理人员。企业家在管理创新中扮演着重要的角色，他既可以是管理创新的激励者和组织者，也可以是管理创新活动的具体设计者和实施者。如果企业家有自己的创意，并能设计出具体操作方案加以实施，他就是管理创新的实施者，也是真正意义上的管理创新主体；如果企业家没有自己的创意，但能有效地激发和调动别人进行管理创新的积极性和主动性，善于接受和采纳别人的创意，他就是管理创新的激励者和组织者，严格地说，这样的企业家并不是管理创新的实际主体。事实上，人们也不要求所有的企业家都像先知先觉者那样一定要有创意产生，一个企业家如能善用别人或下属的创意，同样是一个好的企业家。但不管企业家是不是管理创新的实际主体，他都以其所处的特殊地位对管理创新活动产生重大影响，至于影响的程度和方向，则主要取决于企业家对管理创新的态度、积极性和动力。因此，如何建立起有效的对企业家的激励机制，以不断激发其管理创新的积极性，就成为决定管理创新活动能否开展以及开展程度的主要问题。

#### （二）内企业家

内企业家是由美国学者吉福德·平肖首次提出的概念。所谓内企业家，就是对公司内的企业家的简称，是指那些在现行公司体制内，"富有想象力、有胆识的、敢冒个人风险来促成新事物出现的公司雇员"。内企业家处于企业决策层与基层的中间结合部，是具有实际管理经验和业务专长的大量管理人员的集合。由于内企业家处在个人事业发展的中间阶段，思维活跃，对个人价值实现的愿望强烈，因而在管理创新上常常富于献身精神，并表现出果敢、勇于冒险、进取的品德。从这个意义上说，内企业家无疑是一个充满创新活力的管理创新群体。但是，内企业家的管理创新行为既要受到自身权限的约束，又要受到上级行为的影响，其创新构想只有在得到上级认可和支持的情况下，才有可能在各自的领域内进行管理创新，成为管理创新的主体。因此，有远见的企业家应充分重视内企业家的作用，积极促使其成为管理创新的主体，只有造就一种内企业家不断追求、奋发向上的管理创新局面，才能使企业无往而不胜。这就要求企业家必须从更广阔的角度和视野看待管理创新，即使自己不是管理创新的实际主体，也应该像重视技术和产品一样注意发掘或培养内企业家的管理创新能力。事实上，管理创新的成功给企业带来的收益与技术创新一样是不可估量的。如福特汽车公司管理人员创造出的"生产流水线"就曾给福特公司带来了骄人的业绩。

### （三）知识员工

这里之所以强调知识员工，是因为管理创新是一项高度复杂的脑力劳动，是知识的流动过程，它凭借的不是人的体力而是知识与智力。知识与智力是产生创意的源泉，而创意正是创新的开端，没有创意就无法进行创新。因此，在企业里，仅具备体力而不具备知识的简单劳动者只能是理论意义上的管理创新主体，很难成为真正的管理创新主体，只有那些拥有知识与智力的员工才有可能成为管理创新的主体。但是，就单个知识员工来说，其很难成为管理创新主体，因为知识员工在企业中属于操作层，其工作仅仅属于管理创新领域的边缘，形成的管理创意基本上是单一、细小、微观的，其行为要受到上级主管和各种规章制度的严格约束，一切善意的创新设想也必须在这种控制和约束下进行，否则就有可能受到"违反规定"的惩罚及危及自身利益。因此，相比较于企业家和内企业家而言，知识员工的创新行为对于自身来讲是最具有风险性的。此外，知识员工的创意还必须能够体现上级的意图和愿望，否则再好的创意也会因得不到上级的支持而搁浅。

虽然单个知识员工成为管理创新主体非常困难，但知识员工作为一个群体成为管理创新主体却是完全可能的。一方面，企业管理的重心逐渐下移，如小组工作、同事间协调、信息水平传递等，这使知识员工有了更多的机会接触企业管理的实际问题；另一方面，作为群体的知识员工，能够产生大量的管理创意，具有提炼、综合、实施的价值。日本企业通过全员性地参与管理创新，如质量管理小组、合理化建议制度、无缺点运动、创造发明委员会等，创造了许多管理创新成果，如著名的全面质量管理、准时生产、全员设备管理等。

## 二、管理创新主体的能力结构

管理创新主体所具备的能力是各种能力的集合，是具有多种功能、多个层次的能力综合体，其能力结构可分为三个层次：综合素质、创新能力和资源整合能力。综合素质是产生管理创意的前提和基础，创新能力是进行管理创新的必要条件，资源整合能力是开展管理创新的有力保证。

### （一）管理创新主体的综合素质

综合素质主要反映管理创新主体的知识结构、智力及非智力结构等内容。管理创新主体只有不断优化自身的知本、智本和非智本结构，才能为管理创新能力的提高提供有力的支撑。

#### 1. 管理创新主体的知识结构

知识是管理创新主体能力结构中的基础层次，也是最重要的层次，是构成管理创新主体能力的基础框架，并直接影响管理创新主体的创新能力。一般来说，管理创新主体的知识结构主要包括三种类型："I"型的线性知识结构、"T"型的纵横知识结构、"S"型的动态知识结构。"I"型的线性知识结构即管理创新主体只拥有某一领域的专门知识，对其他领域的知识涉及较少，主要侧重于某一领域的知识深度，其创新活动主要集中于技术创新领域。"T"型的纵横知识结构即管理创新主体既拥有某一领域的专门知识，同时也拥有与某一领域相关的其他知识，知识的广度与深度并存。这种知识结构的比例一般为"二八"定律。拥有"T"型的纵横知识结构的管理创新主体才是真正的管理者，才能真正担负起进行全面管理创新的重要职责。"S"型的动态知识结构即管理创新主体既拥有某一领域知识的广度与深度，同时又能随着时间的变化使知识不断得到更新，知识结构呈现出螺旋式的动态变化趋势。这种知识结构才是管理创新主体进行管理创新的理想知识结构。拥有"S"型的动态知识结构的管理创新主体不仅能够承担起进行全面管理创新的重要职责，而且能够在管理创新过程中表现出极强的应变能力。这类知识结构主要包括专业知识、管理知识和相关知识。

2. 管理创新主体的智力和非智力结构

管理创新是一种高效复杂的智力活动。管理创新主体的智力越高，管理创新成功的机会就越大。构成智力的要素主要包括观察力、注意力、记忆力、想象力和思维力。这些要素彼此联系、相互影响、相互渗透，结合成一个有机整体。

管理创新主体除了具备良好的智力因素外，还要具备促进智力要素充分发挥的非智力因素。所谓"非智力因素"，是指理想、性格、情感、意志等因素。这些非智力因素一旦形成，对管理创新主体的事业心、责任感、创新动机、价值观念等都会起到加强和促进的作用，直接影响着管理创新主体的实践活动。而且优良的非智力因素可以直接通过情感的输出、情绪的感染等影响创新环境，有助于形成团结向上的创新氛围。非智力因素不仅是影响管理创新主体能力的重要因素，同时也是管理创新思想产生的源泉。

（二）管理创新主体的创新能力

创新能力是管理创新主体诸多能力的最核心部分，有无创新能力是衡量、检验管理创新主体是优秀还是平庸的重要标志。创新能力包括创新思维能力、应变能力、转化能力等。

创新思维能力是创新能力的核心，创新思维能力来源于创新思维。它是创意产生的源泉，是管理创新主体核心能力的核心。管理创新主体应具备的创新思维能力主要包括批判继承能力、标新立异能力、多维与超越能力、想象与联想能力、学习与借鉴能力等内容。

应变能力是创新能力的重要组成部分，应变能力是管理创新主体的一种"快速反应能力"，是管理创新主体创新能力的集中表现。管理创新主体应具备的应变能力主要体现在：能在变化中产生应对的创意和策略；能审时度势，随机应变；能在变动中辨明方向，持之以恒。

转化能力是指管理创新主体将创意转化为可操作的具体工作方案的能力，这种转化能力与管理创新主体以往的工作经验与工作技能的掌握程度密切相关。因为转化不仅需要有进一步的创意，而且需要有切实可行的具体操作方案。管理创新主体没有实际工作经验就不可能有这方面的技能，最终也不可能成为真正的管理创新主体。管理创新主体应具备的转化能力主要包括综合能力、移植能力、改造能力、重组能力等内容。

（三）管理创新主体的资源整合能力

资源整合能力是管理创新主体开展管理创新活动所必须具备的能力，因为有效整合资源是管理的本质属性，也是管理创新的基本功能。所谓资源整合能力，就是管理创新主体将各种资源及各种力量整合为一个统一整体的能力。资源整合能力是一个包含许多能力的多层次结构。其主要包括信息整合能力、组织协调能力、利益整合能力。管理创新主体的资源整合能力，既包括对有形资源的整合能力，也包括对无形资源的整合能力。由于信息是一种重要的无形资源，所以对信息资源的整合能力也自然成为管理创新主体资源整合能力的重要能力之一。而企业管理是一个复杂的系统，这就要求管理创新主体具备很强的组织协调能力，保证系统内的各个要素处于良好的配合状态，这样不仅有助于降低管理创新的不确定性，增加管理创新成功的概率，而且能获得更高层次的整合力。另外，管理创新主体必须具有很强的利益整合能力，这种利益整合能力不是把分散的，甚至有冲突的利益简单相加，而是在兼顾各方利益的基础上，对眼前利益与长远利益、个人利益与集体利益、局部利益与整体利益作正确处理。

### 三、管理创新主体的创新动机

创新动机是管理创新主体的内在驱动力，是管理创新发生和持续的主要原因。管理创新主体是否致力于管理创新，主要取决于其是否具有进行管理创新的动机和动机的强弱。只有认识并了解管理创新主体的创新动机，才能激发其不断进行管理创新的积极性和热情。

#### （一）管理创新主体的内在需求

管理创新主体的内在需求是引发管理创新动机产生管理创新行为的决定因素，要激发管理创新主体的创新动机，提高并强化管理创新行为，就必须研究管理创新主体的内在需求。所谓管理创新主体的内在需求，是指从事管理创新的人对某种创新目标的渴求。概括起来说，管理创新主体从事管理创新的内在原因主要包括生存压力、经济动力、责任心、成就感等。由于市场竞争或环境变化，企业陷入困境或创新主体的工作受到严重影响时，管理创新主体力求通过管理创新摆脱困境，求得生存。当然，管理创新主体也可能追求经济利益而进行管理创新。在进行管理创新时的经济性动机，可分为两大类：一是追求企业经济效益的提高；二是为了自己个人利益的增加。责任心也是管理创新主体进行管理创新的一个重要动机。这种责任心可能来自管理创新主体的自尊需要，希望自己出色的工作能够赢得上级的赞许和他人的尊重；也可能出自其对社会或对企业的使命意识。另外，创新主体进行管理创新的动机也可能是追求成就感和自我实现需求的满足。管理创新主体对成就感的追求是一个没有止境的过程，一种成就感的获得一旦成为事实，对新的成就感的追求又会随即产生，而且还会产生加速和放大效应，即成就越大成就感越强，成就感越强又促使做出更大的成就。管理创新主体正是在这种成就感的追逐中使管理创新的动力不断得到强化。

#### （二）管理创新主体的外在刺激

管理创新主体的创新动机并不是单一的，而是多元的，不仅与创新主体的价值观有关，而且与外在刺激有关。引发管理创新主体进行管理创新的外在刺激是多方面的，主要包括需求变化、竞争威胁、创新利润、技术进步等。首先，需求变化是推动管理创新首要外部因素。这是因为企业存在价值在于满足市场需求，当市场需求发生变化时，必然要求企业为了生存而围绕市场需求进行管理创新。其次，激烈的市场竞争也会迫使企业不断进行管理创新。企业只有不断进行管理创新，采取比竞争对手效率更高、效益更好的资源整合方式与方法，才能在市场竞争中占据优势而不被竞争对手所淘汰。另外，创新利润也会促使企业进行管理创新。这是因为利润是企业生存发展的基石，丧失了利润也就丧失了生存的能力。追求最大限度的利润是企业存在发展的不竭动力。最后，技术进步也是引发管理创新的重要因素。一方面，技术进步为管理创新提供了必要的物质技术条件；另一方面，科学技术发展又引发了市场需求变化，改变着产业间的技术关联和企业间的竞争格局，这些都对管理创新提出了新的要求和挑战。企业只有不断地进行管理创新，才能适应形势的变化，更好地迎接技术革命的挑战。

# 第三节　创新过程与创新实施

企业管理创新是一个从创新愿望产生到创新方案实现再到创新目标实现的复杂过程。在这个过程中，一般要经过以下几个主要阶段：

## 一、寻找创新机会

创新是对原有秩序的破坏。原有秩序之所以要打破，是因为其内部存在着或出现了某种不协调的现象，这些不协调对系统的发展提供了有利的机会或造成了某种不利的威胁。创新活动正是从发现和利用旧秩序内部的这些不协调现象开始的。不协调为创新提供了契机，旧秩序中的不协调既可存在于系统的内部，也可产生于对系统有影响的外部。

### （一）外部机会

就系统的外部来说，有可能成为创新契机的变化主要如下：

（1）技术的变化，可能影响企业资源的获取、生产设备和产品的技术水平。

（2）人口的变化，可能影响劳动市场的供给和产品销售市场的需求。

（3）宏观经济环境的变化。迅速增长的经济背景可能给企业带来不断扩大的市场，而整个国民经济的萧条则可能降低企业产品需求者的购买能力。

（4）文化与价值观念的转变，可能改变消费者的消费偏好或劳动者对工作及其报酬的态度。

★小案例

**共享单车横空出世**

ofo 共享单车源于北京大学（以下简称北大）一个学生创业项目，创业团队设计这个项目就是抓住校园单车容易丢失这个痛点，2015 年 6 月开始在北大校园推出以 1 换 $N$ 的共享出行计划。ofo 致力于解决城市出行"最后一公里"的问题，它的宣传口号是"随时随地有车骑"，ofo 从用户需求出发，搭建自己的共享平台，成就了自己的商业模式。

2017 年 5 月 3 日，ofo 共享单车宣布正式进入第 100 座城市——拉萨市，成为全球覆盖城市最多的共享单车出行平台。这也标志着 ofo 共享单车成为全球首个，也是目前唯一一个为全球 4 个国家 100 座城市提供服务的共享单车出行平台。

2017 年 9 月 22 日，ofo 共享单车正式宣布进入捷克、意大利、俄罗斯、荷兰 4 国，并登陆五大欧洲名城——布拉格、米兰、莫斯科、鹿特丹、格罗宁根，同时入驻泰国普吉岛。继先前率先进入美国西雅图和英国伦敦后，如今 ofo 共享单车实现了欧洲市场的全面落地。

2018 年 3 月 28 日起，ofo 共享单车首次登陆日本，首先在和歌山市启动服务。ofo 共享单车将以和歌山市为开端，逐渐扩大在日本的服务区域。

### （二）内部机会

就系统内部来说，引发创新的不协调现象主要有以下两方面：

（1）生产经营中的瓶颈是由于其可能影响劳动生产率的提高或劳动积极性的发挥，因而始终困扰着企业的管理人员。这种卡壳环节，既可能是某种材料的质地不够理想，始终找不到替代品，也可能是某种工艺加工方法的不完善，或是某种分配政策的不合理所造成的。

（2）企业以外的成功或失败，如派生产品的销售额及其利润贡献不声不响地、出人意料地超过了企业的主营产品，老产品经过精心整顿改进后，并未得到预期数量的订单……这些出乎意料的成功和失败，往往可以成为企业创新的一个重要源泉。

企业的创新，往往是从密切地注视、系统地分析社会经济组织在运行过程中出现的不协调现象开始的。

## 二、提出创新构想

系统内外部的不协调，使创新主体产生了朦胧的创新意识、欲念和想法，这种意识、欲念和想法经过创新主体的梳理会逐渐形成比较清晰的创新愿望。

### （一）创新愿望的形成阶段

一般来说，创新愿望的产生主要有两种方式：主动型和环境诱发型。主动型创新愿望是由于企业自身效益或发展问题而产生的内在创新冲动；环境诱发型创新愿望是在企业不创新即死亡的外在压力下产生的，它源于企业外部环境变化，如竞争加剧、市场需求变化等给企业带来生存威胁。在这一阶段需要注意的是，企业必须致力于营造一种宽松和谐的创新环境和氛围，建立高效的信息沟通网络，确保创新愿望能够得到及时有效沟通。只有这样才能使人们的创新愿望得以传递和表达，才能激发各类创新主体的灵感，促进创新愿望不断涌现。

### （二）创新的定位阶段

创新涵盖于企业生产经营活动的全过程，每个环节、每个部门都会产生大量的创新愿望，每个创新愿望都有各自的关注点，并反映着不同的创新目标和方向。因此，企业必须在产生大量创新愿望的基础上，组建一个具有足够权威、有各层次创新主体参与的创新小组，负责对各种创新愿望进行归集和整理，并通过对企业内部条件和外部环境深入细致地分析，认清企业现存的差距和薄弱环节，确定企业创新的领域、重点与创新的方向和目标。

### （三）创新方案评价阶段

创新方案评价阶段在创新条件、创新原则和创新目标的约束下，运用科学的理论与方法对提出的各种创新构想进行比较、筛选、综合及可行性分析，以形成具体而又切实可行的、能使企业系统向更高层次发展的创新方案。在这一阶段，应特别注意创新方案的可行性论证和创新进程结果的可检验性。

## 三、创新实施

这是将创新构想付诸实施，并将创新方案转化为创新成果的关键阶段，也是创新过程的重要组成部分。根据实施的先后顺序及内容不同，实施阶段又分为以下三个环节：

### （一）实施准备

创新方案的实施需要相应的条件和各方面的配合，因此在创新方案具体付诸行动前，要大力做好宣传工作和沟通工作，使企业成员深刻认识到创新的必要性、迫切性、可能性，以取得创新主体与客体的认同，克服和消除妨碍变革的心理障碍，并争取激发人们的积极性与创造性，为下一步的实施做好思想和行动上的准备。

### （二）初步实施

初步实施即通过授权部门、各成员实施创新方案，制定短期内即可见效的绩效目标，以增强人们对创新的认同和信心。这一过程中应遵循三个原则：一是坚定性原则，即无论遇到什么阻力和困难，都要有坚定的信心，坚持创新并持续创新；二是稳定性原则，创新是一项复杂的系统工程，具有很高的风险性，因此为了保证创新的进程和方向，必须注意有步骤、有控制地进行，保持企业应有的稳定性，防止企业出现大幅度的动荡；三是应变性原则，即对创新中出现的新的变化或新的环境，要及时反馈并对方案进行必要的修正和调整，以期更好、更快地实现创新目标。

### （三）固定和深化

短期创新成果的示范作用，虽然能够增强人们对创新的认同和信心，形成新的态度和新的行为，但由于旧习惯势力的根深蒂固，以及企业内外环境的变化，还必须利用必要的强化手段，将人们对变革的新行为与新态度固定下来，并持久化，从而保证创新的持续发展。

## 四、创新评价与总结

在经过一段时期的强化、固定以后，创新的领域开始呈现新的范式，并日益稳定，创新效果也日益明显。因此，有必要对创新的效益性进行评价，并科学总结这一创新成果。评价与总结，一方面可在创新成果得到社会承认时对企业经营管理者和广大职工产生激励作用，并促进企业再次比较自身与外界的差距，形成新的创新热情和冲动，以进行更深层次的创新；另一方面也是为了使创新成果能够向更大范围扩散，影响并带动其他企业积极进行创新，以发挥企业创新成果的社会效用。

# 第四节　管理创新能力开发

影响管理创新主体创新能力的个性因素主要有自满、害怕失败、屈从传统、过分自责、忌妒贤能、抱怨等，通过管理创新主体的自我修炼和管理创新环境的不断优化，能够充分挖掘管理创新主体的创造潜能，开发其管理创新能力。

## 一、管理创新主体自我修炼

管理创新能力的提高是一个漫长的过程，既依赖管理创新环境的熏陶及知识、经验的积累，又依赖对管理创新主体长期的培养和训练。管理创新主体要不断提高自身的创新能力，可以按照以下的方法和思路进行自我训练：

### （一）充满热忱

管理创新离不了热忱，热忱是培养和发挥创新能力的前提。一个充满热忱的人，不管他在哪一个工作岗位上，都会把做好本职工作作为一项神圣的天职，并怀着浓厚的兴趣。他在管理创新过程中，无论遇到什么困难或需要付出多大代价，都会坚持不懈、乐此不疲。热忱是一种意识状态，是管理创新的主要推动力，具有感染性，不仅能够鼓舞及激励一个人对创新采取行动，还会对其他所有与它接触的人产生影响。热忱与创新结合在一起，创新将不会显得辛苦或单调。可以相信，只要发挥热忱的力量，即使是普通人也能创造奇迹。

### （二）培养好奇

管理创新来源于人的好奇，没有好奇就无法产生兴趣，缺乏兴趣，管理创新就会变得单调和枯燥。这就要求管理创新主体在遇到问题时不要用"我喜欢它""我不喜欢它"等这些简单的判断，因为它会封闭人们的头脑，切断人们的探求之路，泯灭人们的好奇心，而应该做出"我想知道他正试图表达什么观点"这样的回答，这样可以激励创新者去思考并为自己探求新观点开辟道路。因此，管理创新主体要设法扮演不同的角色以增强自己的好奇心，这样就会使自己的头脑开阔，从而不断产生新的思想和新的发现。

### （三）管理创意

创意是思想的果实，是创新的前提。但创意一般较脆弱，如不进行适当管理，就会稍纵即逝或毫无价值。因此，管理创新主体必须学会管理自己的创意。第一，创意是瞬间灵感，一旦产生了某种灵感，应随时记录下来，不要让创意流失。第二，定期翻阅创意，不断进行筛选。把有价值的创意保留下来，没有意义的创意要及时处理。第三，深入思考，不断完善创意。要增加创意的深度和广度，把相关事物联结起来，从各种角度去研究。第四，要关注偶然发现。由于偶然发现不在预料之中，又不属于旧思想体系，所以往往可以成为创新起点。

### （四）学会专注

管理创新的成功源于专心致志的精神。因此创新者必须学会专注，要把注意力高度集中在平静的、能够赋予能力的事情上。一旦管理创新主体感到集中精力有困难、不能清晰地思考时，或是无法排除头脑中的忧虑或担心时，或是想从一项任务中得到解脱而进入另一项任务时，或是为专攻一件小事而做大量无用功时，这时就必须采取明智的行动——尽量让自己的大脑得到短暂的休息，把注意力集中在某个具体、令人愉快、平静的事物上。这样管理创新主体就会惊奇地发现自己已经拥有清晰的头脑和饱满的精力去思考问题，管理创新会变得更为容易，也更有效率。

### （五）控制自我

自我控制是指导创新行动的平衡轮，它能够发挥创新者的创新能力。一个人有自制力才能抓住成功的机会。提高控制自我的能力，应注意以下方面：一是控制时间；二是控制思想；三是控制对象；四是控制沟通方式；五是控制承诺；六是控制目标。

### （六）把握现在

管理创新设想只有付诸行动才能成为真正的管理创新，没有行动或不能付诸实施的创新设想是没有意义的。管理创新主体要想获得创新成功，必须从现在做起，从小事做起，不断地去发现问题、研究问题、解决问题，不能好高骛远，应该脚踏实地做好每一件事，要以坚强的毅力克制自己，这样才能更好地抓住管理创新的机会。

## 二、管理创新环境优化

管理创新环境是指有益于人们发挥创新精神，能够推动管理创新活动获得成功的各种因素和条件。管理创新环境可分为内部环境和外部环境，内部环境是指企业的创新氛围和创新意识；外部环境是指影响管理创新主体发挥创新能力的外部因素和条件。

### （一）形成管理创新团队

管理创新团队之所以能够推动管理创新事业成功，是因为，一方面管理创新的方式已经由个人独立创新过渡到了协作化的群体创新。创新团队的出现正是顺应了这一必然趋势，因此能够有效地促进创新活动成功。另一方面，管理创新团队能为每个成员提供一种可以依靠、可以借助的团队力量，因而可以克服管理创新过程中所遇到的各种障碍。

### （二）建立民主氛围

民主氛围是指这样一种集体气氛，即每个成员都有自由探索新领域的权利，都有自由发表新见解的权利，他既能为组织的共同目标而努力，又可以发展个人独特的兴趣和才能。在这样的民主氛围中，集体能够吸收具有不同特点和专长的成员，使他们得以博采众长；允许每个成员毫无顾虑地提出自己的新思想；鼓励每个成员进行最大胆的联想。这样，在集体活动中就会不断有新思想的碰撞，有不同观点的交叉渗透，就会不断有所创新。

### （三）优化激励手段

人都是可以被激励的。一般认为，人的动力主要来自两个方面：一方面是目标实现的可能性；另一方面是自身利益的满足程度。因此，激发人们进行管理创新的动力和积极性，也需从这两个方面进行：从行为目标实现的可能性来看，激励过程主要是帮助人们建立起科学的创新目标；从行为目标能够满足自身利益的程度来看，激励过程主要是利用物质手段和精神手段来满足人们不断增长的物质和精神需要。这样，才能促使管理者积极主动地进行管理创新。

### （四）促进人才合理流动

所谓促进人才合理流动，就是在企业中，要让管理人员的工作、生活环境经常有所变化，包括调动工作、进行工作兼职、改换生活方式等，而不是让他们长期禁锢在一个狭小封闭的天地里。要创造条件使带有不同思想方式、不同生活习惯和不同生产经验的人们互相交流、竞争，淘汰劣势，发展优势，从而产生人类的优势增长效益——"混合人群"效应。这样才能不断碰撞出创新的思想火花，推动管理创新的加速进行。如号称"美国制造之父"的斯莱特，他从英国移民到美国，就为美国带来了当时英国先进的组织技术和工厂管理技术。可以说，美国经济社会的发展，在很大程度上得益于这种"混合人群"效应。由此可见，激发企业管理创新能力的一个最简便方法，就是要让管理创新主体合理流动起来。

## 本章小结

本章主要介绍了管理创新的含义、特点、类型，管理创新主体的构成和能力结构，创新过程与创新实施，管理创新主体的管理创新能力开发。

## 知识结构图

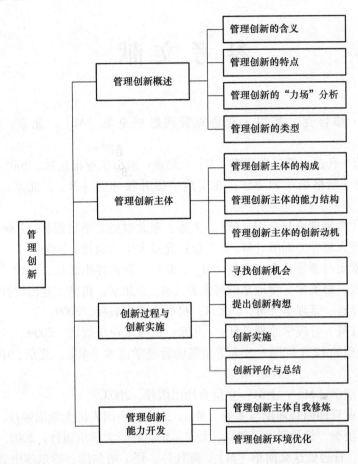

管理创新
- 管理创新概述
  - 管理创新的含义
  - 管理创新的特点
  - 管理创新的"力场"分析
  - 管理创新的类型
- 管理创新主体
  - 管理创新主体的构成
  - 管理创新主体的能力结构
  - 管理创新主体的创新动机
- 创新过程与创新实施
  - 寻找创新机会
  - 提出创新构想
  - 创新实施
  - 创新评价与总结
- 管理创新能力开发
  - 管理创新主体自我修炼
  - 管理创新环境优化

## 学习指导

　　学习本章知识，首先要理解管理创新的含义和特点，分清管理创新的不同类型，掌握管理创新的主要内容，明白创新的步骤，并通过平时阅读有关创新的书籍，训练自己的创新思维，让自己具备创新地分析问题、解决问题的能力。

## 拓展阅读

"创新理论"鼻
祖——熊彼特

# 参 考 文 献

［1］［美］彼得·德鲁克．彼得·德鲁克管理思想全集［M］．北京：中国长安出版社，2006.

［2］［美］哈罗德·孔茨．管理学精要［M］．北京：机械工业出版社，2005.

［3］［美］理查德·哈格斯．领导学：在实践中提升领导力［M］．北京：机械工业出版社，2009.

［4］俞文钊．现代激励理论与应用［M］．大连：东北财经大学出版社，2006.

［5］李小圣．经理人领导力训练［M］．北京：北京大学出版社，2008.

［6］亚瑟．领导素质与领导艺术大全集［M］．北京：新世界出版社，2010.

［7］阚雅玲，朱权，游美琴．管理基础与实务［M］．北京：机械工业出版社，2008.

［8］梁士伦，姚泽有．管理学［M］．北京：机械工业出版社，2009.

［9］冯拾松，赵红英．管理学原理［M］．北京：机械工业出版社，2009.

［10］焦叔斌．管理的12个问题——大道至简的管理学读本［M］．北京：中国人民大学出版社，2009.

［11］罗龙昌．管理学［M］．上海：立信会计出版社，2003.

［12］王建民．企业管理创新理论与实务［M］．北京：中国人民大学出版社，2003.

［13］刘银花，姜法奎．领导科学［M］．大连：东北财经大学出版社，2002.

［14］［美］波特．管理就这么简单［M］．陈桂玲，译．哈尔滨：哈尔滨出版社，2005.

［15］王诚，徐尚刚．管理其实很容易［M］．北京：中国纺织出版社，2002.

［16］郭咸纲．管理百事通［M］．广州：广东经济出版社，2002.

［17］何学林．战略决定成败：细节主义暂缓执行［M］．北京：企业管理出版社，2005.

［18］陶长琪．决策理论与方法［M］．北京：中国人民大学出版社，2010.

［19］周三多．管理学——原理与方法［M］．上海：复旦大学出版社，2014.

［20］李启明．现代企业管理［M］．北京：高等教育出版社，2017.

［21］王关义．现代企业管理［M］．北京：清华大学出版社，2015.

［22］符运能．管理学——理论与应用［M］．北京：中国纺织出版社，2015.

［23］杨善林．企业管理学［M］．北京：高等教育出版社，2015.

［24］［美］斯蒂芬·罗宾斯．管理学［M］．北京：中国人民大学出版社，2012.

［25］姚顺波．现代企业管理学［M］．北京：科学出版社，2015.